创新型计算机精品教材

# 数据库开发技术
# 项目化教程

主审　吴赟婷

主编　吴建梅　刘双双

**内容提要**

本书采用项目任务式编写方式，以茶叶在线销售系统数据库的设计、实施、运行与维护为主线，全面介绍数据库的基础知识和使用方法，帮助读者快速掌握数据库开发技术的知识和技能。全书共 9 个项目，内容涵盖数据库基础、数据库设计、数据库创建与管理、数据表创建与管理、数据查询、数据库查询优化、数据库业务逻辑处理、数据库安全管理与维护，以及图书管理系统开发。

本书可作为各类院校计算机科学与技术、软件工程、软件与信息服务等专业及计算机教育培训机构的专用教材，也可供数据库开发爱好者自学使用。

**图书在版编目（CIP）数据**

数据库开发技术项目化教程 / 吴建梅，刘双双主编.
上海 : 上海交通大学出版社，2024.9.（2025.8.重印）-- ISBN 978-7-313-31293-8

Ⅰ. TP311.13

中国国家版本馆 CIP 数据核字第 20244UZ256 号

**数据库开发技术项目化教程**
SHUJUKU KAIFA JISHU XIANGMUHUA JIAOCHENG

主　　编：吴建梅　刘双双
出版发行：上海交通大学出版社　　地　　址：上海市番禺路 951 号
邮政编码：200030　　电　　话：021-64071208
印　　制：三河市祥达印刷包装有限公司　　经　　销：全国新华书店
开　　本：787 mm×1092 mm　1/16　　印　　张：16.75
字　　数：387 千字
版　　次：2024 年 9 月第 1 版　　印　　次：2025 年 8 月第 2 次印刷
书　　号：ISBN 978-7-313-31293-8　　电子书号：ISBN 978-7-89564-100-6
定　　价：58.00 元

# 本书编委会


主　审　吴赟婷

主　编　吴建梅　刘双双

副主编　陈姣姣　乔振华

　　　　邱　敏　张金勇

随着信息技术的飞速发展，数据库已经成为各类信息系统的核心组成部分，相关行业也对数据库开发人员提出了更高的要求。为满足企业对数据库开发人才的需求，我们结合数据库开发技术发展现状和多所院校人才培养方案的要求，精心规划和编写了本书。

本书紧跟数据库技术的发展趋势，通过理论与实践相结合的方式，提供了从数据库设计到开发的完整学习路径，覆盖了数据库开发的各个关键环节，确保了内容的完整性和实用性。

## 本书特色

### 1. 春风化雨，立德树人

党的二十大报告指出："育人的根本在于立德。"本书积极贯彻党的二十大精神，探索价值塑造、能力培养、知识传授"三位一体"的立德树人新路径，在正文合适位置安排了"文化赏析""拓展阅读"栏目，将能够体现传统文化、职业理想、职业道德等的内容潜移默化地融入知识和技能教育，引导学生将个人价值实现与国家民族发展紧密相连，力求培养有担当、高素质、高水平的专业型人才。

### 2. 校企合作，协同育人

本书在编写过程中得到了相关企业的支持，教材中的任务实施案例来自企业真实项目，同时对接职业技能标准和1+X证书要求，将岗位技能要求、职业技能竞赛、职业技能等级证书标准等相关内容有机融入教材，可以使学生更好地认识和理解所学知识，做到即学即练、学以致用，还可以锻炼学生对数据库开发职业岗位的工作思维和实践技能，为以后更快地适应企业工作打下坚实的基础。

### 3. 全新形态，全新理念

本书秉承“实例教学，讲练结合”的教学理念，采用“项目引领，任务驱动”的编写方式，除最后一个项目（综合案例）外，每个项目均由项目目标、项目描述、具体任务、项目实训和项目评价组成。

（1）项目目标：包括知识目标、技能目标和素质目标，便于学生有针对性地学习相关知识、掌握具体技能和培养优良素质。

（2）项目描述：首先简单介绍项目内容，然后分别介绍项目中各任务的主要内容。

（3）具体任务：每个项目至少包含两个任务，每个任务又由任务描述、相关知识点、任务实施和任务拓展组成。其中，任务描述介绍当前任务的知识要点，确保学生对当前任务有一个清晰的认识；相关知识点讲解当前任务涉及的理论知识；任务实施给出使用当前任务知识点完成实施要求的具体步骤；任务拓展提出思考问题，培养学生的创新思维和解决问题能力。

（4）项目实训：安排与项目内容相关的实训，提高学生的实操能力。

（5）项目评价：安排学习成果评价表供学生与教师填写，帮助学生了解自己的学习情况。

此外，本书在正文合适位置安排了“提示”“知识库”等栏目，以降低学生的学习难度，提高学生的学习积极性和学习效率。

### 4. 典型案例，代码解析

本书在前 8 个项目的知识点讲解与任务实施中安排了茶叶在线销售系统案例；在前 8 个项目的项目实训中安排了重点考察学生实操能力的学生选课系统案例；在最后一个项目中安排了图书管理系统案例，并为这些案例配备了相应代码及解析，还在附录中提供了茶叶在线销售系统数据库与学生选课系统数据库的物理模型图与数据表结构，方便学生随时查阅。

### 5. 资源升级，平台支撑

本书配有丰富的数字资源，学生可以借助手机或其他移动设备扫描二维码观看微课视频，也可以登录文旌综合教育平台“文旌课堂”查看和下载本书配套资源，如教学课件、任务拓展答案、素材与实例等。学生在学习过程中有什么疑问，也可以登录该平台寻求帮助。

此外，本书还提供了在线题库，支持“教学作业，一键发布”，教师只需通过微信或“文旌课堂”App 扫描扉页二维码，即可迅速选题、一键发布、智能批改，并查看学生的作业分析报告，提高教学效率，提升教学体验。学生可在线完成作业，巩固所学知识，提高学习效率。

## 特别说明

（1）在本书编写过程中，编者参考了大量资料，在此向相关作者表示衷心的感谢。同时，也对所有关心本书和帮助我们的老师与领导表示衷心的感谢。

（2）本书参考的资料大部分已获授权，但由于部分资料来自网络，我们暂时无法联系到原作者。对此，我们深表歉意，并欢迎原作者随时与我们联系。

（3）由于编者水平有限，书中可能存在疏漏或不妥之处，敬请各位读者批评指正。

（4）本书所有案例名及案例中用到的人名均为化名。


本书配套资源下载网址和联系方式

网址：https://www.wenjingketang.com

电话：400-117-9835

邮箱：book@wenjingketang.com

片 头

# 目录

CONTENTS

# 项目 1

# 数据库基础

## 项目目标

### 知识目标

- 掌握数据库、数据库管理系统、数据库系统的概念，以及数据库系统的体系结构。
- 掌握数据模型的概念并熟悉常用的逻辑模型。
- 了解常见的数据库、大数据技术与传统数据库技术的关系，以及数据库相关职业。
- 掌握关系的定义、关系模型的相关术语和关系的完整性。
- 熟悉关系运算和关系型数据库的标准语言。
- 了解常用的 MySQL 图形化管理工具。

### 技能目标

- 能够根据实际情况安装与配置 MySQL。
- 能够根据实际情况安装与使用 Navicat。

### 素质目标

- 遵守职业道德规范，树立远大职业理想。
- 明确数据库相关职业的工作内容和社会价值，培养维护数据安全的职业操守。
- 培养独立分析问题、解决问题的能力。

## 项目描述

本项目致力于为数据库开发做准备，通过两个精心设计的任务，全面介绍数据库的基础知识。

任务 1.1 认识数据库：介绍数据库系统的基础知识、数据模型和常见的数据库，阐述大数据技术与传统数据库技术的关系，介绍数据库相关职业和安装与配置 MySQL 的方法。

任务 1.2 了解关系型数据库：介绍关系型数据库的基础知识、关系型数据库的标准语言、常用的 MySQL 图形化管理工具，以及使用 Navicat Premium 连接 MySQL 的方法。

总的来说，本项目不仅能够帮助学生建立数据库开发技术的理论框架，还为他们实际操作和应用数据库打下基础。

# 任务 1.1 认识数据库

## 任务描述

数据库在数字教育中的重要性和应用

要进行数据库开发，应先认识数据库。本任务将介绍数据库的基础知识，以及安装与配置数据库软件的方法。同学们可以先参考以下要点进行自主学习。

（1）理论知识学习：预习数据库基础知识，包括数据库的相关概念、数据库管理系统的作用等。

（2）案例研究：扫描二维码查看资料，了解数据库在数字教育中的应用，以及数据库在教育平台、在线课程和学习管理系统中的作用。

（3）技术分析：搜索不同数据库（如关系型数据库与 NoSQL 数据库）的比较分析资料，了解它们的特点和适用场景。

（4）技术趋势关注：搜索关于数据库最新发展趋势的技术报告或文章，了解云数据库、NoSQL 数据库、大数据技术等的最新信息。

认识数据库

### 1.1.1 数据库系统概述

#### 1. 数据库、数据库管理系统和数据库系统

##### 1）数据库

数据库（database, DB）是按照一定的数据模型长期存储在计算机内的、有组织的、可共享的大量数据（如音频、图像、符号、文字等）的集合。数据库的存在极大地便利

了人们的日常生活和工作。例如，人们能够查看银行卡的余额，实际上就是通过查询相关数据库中的数据实现的。

随着信息技术的发展，数据量急剧增加，科学地保存和管理大量复杂数据变得尤为重要。数据库在这一过程中发挥着关键作用，它使人们能够收集、处理大量数据，并进一步获取有用的信息。例如，企业人事部门需要管理员工的基本信息（如员工编号、姓名、年龄等），这些信息被组织并存储在数据库中，形成可供查询的“数据仓库”，人事部门可以方便地从中查询某个员工的基本情况，也可以对满足特定条件（如工龄超过 10 年）的员工人数进行统计。同样，图书馆的馆藏图书和图书借阅情况等信息也可以存储在数据库中，以便有效管理图书信息。

2）数据库管理系统

数据库管理系统（database management system, DBMS）是操纵和管理数据库的软件，用于建立、使用和维护数据库，为应用程序提供访问数据库的方法。通过数据库管理系统，用户可以访问数据库中的数据。

一般来说，DBMS 具有数据定义、数据操纵、数据库运行管理及数据字典等功能。

（1）数据定义。DBMS 提供的数据定义语言（data definition language, DDL）能够定义数据库的体系结构、数据的完整性和安全控制等。这些定义存储在数据字典中，是 DBMS 存储和管理数据的依据。

（2）数据操纵。DBMS 提供的数据操纵语言（data manipulation language, DML）能够实现对数据库中数据的基本操作，如插入、修改、删除和查询等。

DML 有两类，分别是自主型 DML 和宿主型 DML。自主型 DML 语句可以单独使用，不依赖于任何高级语言；宿主型 DML 语句必须嵌入宿主语言（如高级语言 C、Java 等）中才能使用。在使用高级语言编写的应用程序中，需要使用宿主型 DML 语句访问数据库中的数据。因此，DBMS 通常具有编译或解释高级语言的功能。

（3）数据库运行管理。数据库运行管理包括数据的并发控制、数据的安全性保护、数据的完整性控制和数据库的恢复。

① 数据的并发控制。当多个用户同时存取、修改数据库中的数据时，可能会发生由于相互干扰而得到错误结果或使得数据的完整性遭到破坏的情况，因此 DBMS 必须对多个用户的并发操作进行控制。

② 数据的安全性保护。数据的安全性保护是指保护数据以防止不合法的使用造成数据泄露或破坏。DBMS 的每个用户只能按规定对某些数据以某种方式进行使用和处理。

③ 数据的完整性控制。数据的完整性控制是指设计一定的完整性规则以确保数据库中数据的正确性、有效性和相容性。例如，当插入或修改数据时，若该数据不遵循完整性规则，则 DBMS 不会执行相应操作。

④ 数据库的恢复。计算机系统的硬件故障、软件故障或操作员的失误等会影响数据

库中数据的正确性，甚至造成部分数据或全部数据的丢失。因此，DBMS 必须具有将数据库从错误状态恢复到某一已知正确状态（完整状态或一致状态）的功能，即数据库的恢复功能。

（4）数据字典。数据字典也称系统目录或元数据仓库，其中存储数据库中所有对象的相关信息，如数据表、视图、索引、存储过程等对象的名称、类型、创建时间、访问权限等信息。

数据字典对于 DBMS 的运行至关重要，因为它存储了数据库对象的详细信息，使得 DBMS 能够正确地管理和维护这些对象。例如，当用户执行查询操作时，DBMS 会查询数据字典以确定查询的数据表等对象是否存在，以及用户是否有权限访问它们。

### 3）数据库系统

数据库系统是指主要由数据库、数据库管理系统、应用程序和数据库管理员（database administrator, DBA）组成的存储、管理、处理和维护数据的系统，如图 1-1 所示。

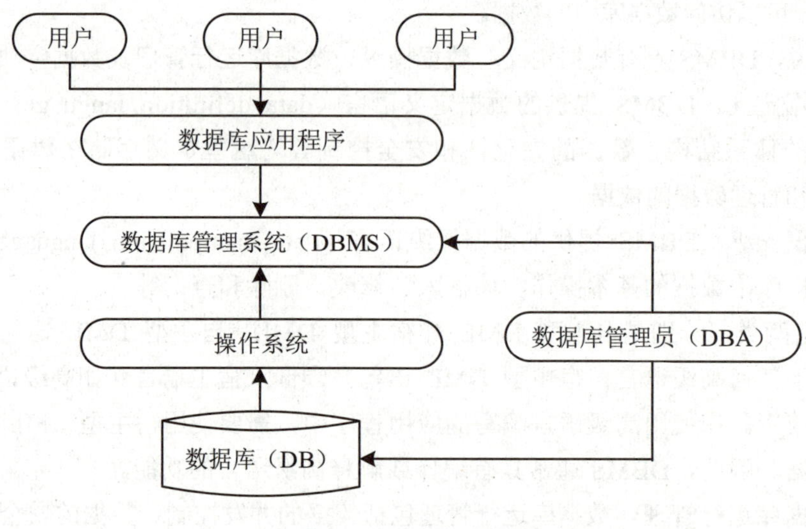


图 1-1　数据库系统

### 知识库

数据库、数据库管理系统和数据库系统之间存在着密切的关系。简单来说，数据库是数据的集合或存储方式，数据库管理系统是管理数据库的工具，而数据库系统是一个完整的体系，它将数据库和相关组件集成在一起，以支持数据的有效管理和应用。

例如，某公司使用数据库系统存储和管理客户信息、订单信息、产品信息等，其中数据库用于存储这些数据，数据库管理系统用于管理和操作这些数据。

总之，数据库是数据库系统的核心，数据库管理系统是数据库系统的重要组成部分。没有数据库管理系统，就无法有效地管理和操作数据库中的数据。

### 2. 数据库系统的体系结构

虽然不同数据库系统处理数据的方式不同，支持的数据模型不同，使用的数据库语言也不同，但它们的体系结构基本上都具有相同的特征，即采用外模式、模式和内模式三级模式与外模式/模式、模式/内模式二级映像。

（1）外模式。外模式也称子模式或用户模式，它是对数据库用户能够看到和使用的局部数据的逻辑结构和特征的描述，是数据库用户的数据视图。外模式是数据库系统三级模式结构的最外层，它通常是模式的子集。一个数据库可以有多个外模式。

（2）模式。模式也称概念模式或逻辑模式，它是对数据库中全部数据的逻辑结构和特征的描述。模式是数据库系统三级模式结构的中间层，它既不涉及数据的物理存储细节和硬件环境，也与使用的应用开发工具及高级语言无关。一个数据库只有一个模式。

（3）内模式。内模式也称存储模式或物理模式，它是对数据库中全部数据的物理结构的描述，是数据在数据库内部的组织方式。内模式是数据库系统三级模式结构的最内层，也是最靠近物理存储的一层。一个数据库只有一个内模式。

（4）外模式/模式映像。数据库的模式可以对应任意多个外模式，对于每个外模式，都存在一个外模式/模式映像，它定义了该外模式与模式之间的对应关系。当数据库的模式发生变化时，由数据库管理员对外模式/模式映像做出相应改变，就能使外模式保持不变，从而使应用程序也保持不变，确保了数据的逻辑独立性。

（5）模式/内模式映像。由于数据库中只有一个模式和一个内模式，因此模式/内模式映像是唯一的。模式/内模式映像定义了数据的全局逻辑结构与物理结构，也就是模式与内模式之间的对应关系。当数据的物理结构发生变化时，由数据库管理员对模式/内模式映像做出相应改变，就能使模式保持不变，从而使应用程序也保持不变，确保了数据的物理独立性。

## 1.1.2　数据模型

### 1. 数据模型的概念

数据模型（data model）是对现实世界数据的模拟和抽象，是数据库系统中用于提供信息表示和操作手段的形式架构，其主要作用是确定数据库系统中数据的定义和格式，从而使用户更容易理解数据的含义并在数据库系统中存储和使用数据。按照应用层次划分，可将数据模型分为概念模型、逻辑模型和物理模型。

（1）概念模型。概念模型也称信息模型，主要用于描述现实世界数据的概念化结构。概念模型不依赖于具体的操作系统或数据库管理系统，也不涉及信息在计算机中的表示和处理方法，须将其转换成逻辑模型才能在数据库管理系统中存储和使用。

（2）逻辑模型。逻辑模型是用户在数据库中所看到的数据模型，它以计算机的角度对数据进行建模，是对概念模型的进一步分解和细化。逻辑模型用于尽可能详细地描述

数据，但它并不考虑数据的物理结构。

（3）物理模型。物理模型用于描述数据在存储介质上的组织结构。每个物理模型都对应一个逻辑模型。为了保证数据的独立性与可移植性，大部分物理模型的实现工作由数据库管理系统自动完成，而数据库开发人员只需要设计数据类型、索引等。

### 2. 逻辑模型

数据库管理系统的类型与逻辑模型息息相关。逻辑模型通常有一组严格定义的语法，人们可以使用它来定义、操纵数据库中的数据。目前常用的逻辑模型有层次模型、网状模型、关系模型和面向对象模型等。

#### 1）层次模型

层次模型（见图 1-2）用树形结构表示各类实体（事物）及实体之间的联系（事物之间的关系）。树形结构用节点表示实体，用节点之间的连线（有向边）表示实体之间的联系。通常把连接的两个节点中位于上方的节点称为父节点，位于下方的节点称为子节点。

在数据库中，满足以下两个条件的逻辑模型称为层次模型。

（1）有且只有一个节点没有父节点，这个节点称为根节点。

（2）除根节点外，其他节点有且只有一个父节点。

由此可见，层次模型描述的是一对多的实体联系，即一个父节点可以有一个或多个子节点。

#### 2）网状模型

在现实世界中，事物之间的关系更多的是非层次关系，用层次模型表示这种关系不够直接，网状模型（见图 1-3）则可以克服这一点。与层次模型相同的是，网状模型也用节点表示实体，用节点之间的连线（有向边）表示实体之间的联系。与层次模型不同的是，网状模型中的任意节点之间都可以有联系。

在数据库中，满足以下两个条件的逻辑模型称为网状模型。

（1）允许多个节点无父节点。

（2）一个节点可以有多个父节点。

由此可见，网状模型比层次模型更具普遍性，它既可以描述一对多的实体联系，也可以描述多对多的实体联系，因此可以更全面地描述现实世界。简单来说，层次模型是网状模型的一个特例。

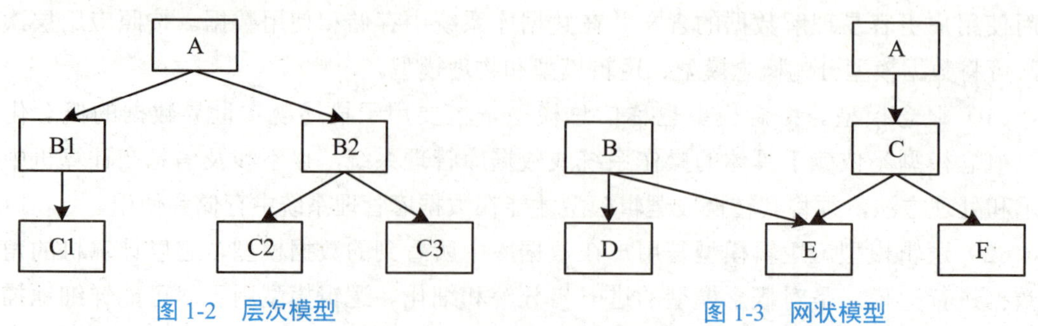


图 1-2　层次模型　　图 1-3　网状模型

### 3）关系模型

关系模型是目前应用最广泛，也是最重要的一种逻辑模型。关系模型的概念是 E.F.Codd 在 1970 年发表的《大型共享数据库数据的关系模型》论文中首次提出的，E.F.Codd 同时开创了数据库关系方法和关系数据理论的研究，进而创建了关系型数据库系统（relational database system, RDBS）。最重要的是，RDBS 提供了结构化查询语言（structured query language, SQL）。SQL 用于定义和操纵数据，增强了数据库的查询功能，使得 RDBS 得到了广泛的应用。

关系模型由一组关系组成，每个关系的数据结构都是一张规范的二维表，表中的数据可以表示实体本身，也可以表示实体之间的联系。例如，表 1-1 就是一个表示茶叶信息的关系。

表 1-1　茶叶表

| 茶叶 ID | 茶叶名 | 类别 ID | 单价（单位：元/500 g） | 库存量（单位：g） |
|---|---|---|---|---|
| T001 | 西湖龙井 | TP002 | 716 | 5022 |
| T002 | 洞庭碧螺春 | TP002 | 288 | 3404 |
| T003 | 庐山云雾 | TP002 | 1072 | 5122 |
| T004 | 安吉白茶 | TP002 | 268 | 6027 |
| T005 | 安溪铁观音 | TP004 | 288 | 7058 |

关系模型主要有以下优点。

（1）关系模型是建立在严格的数学概念基础上的，具有一定的数据理论依据。

（2）关系模型的数据结构非常清晰、简单，无论是实体本身还是实体之间的联系都用关系表示，且这些关系是规范化的。

（3）在用户看来，无论是原始数据还是查询结果都以二维表形式存储，因此无须考虑数据的存储路径，提高了数据的独立性和安全性，以及数据库开发人员的开发效率。

### 4）面向对象模型

面向对象模型的核心概念是对象（object）和类（class）。

（1）对象。对象表示一个实体，它除了包含对象的属性外，还包含对象的行为（对属性操作的方法）。例如，某个学生对象的学号为 2024001、姓名为王小明、年龄为 18 岁、性别为男，该对象的行为包括参加考试、提交作业等。

在面向对象模型中，对象有三个要素，分别是识别对象的唯一标识符、描述对象的属性和对象能够执行的操作。

（2）类。类是对具有相同属性和行为的所有对象的抽象描述。每个类都由两部分组成，其一是对象类型，即描述对象属性的集合；其二是对象进行的操作，即描述对象行为的集合。

例如，学生是一个类，它定义了学生具有的属性（学号、姓名、年龄、性别等）和行为（参加考试、提交作业等），学生王小明是学生类的对象，学生类的所有对象都能够进行相同的操作。

由于面向对象模型不仅能够描述对象的属性，还能描述对象的行为等，因此它能够支持其他模型不能支持的复杂应用。当然，面向对象模型也有缺点，如由于结构复杂导致系统实现难度较大等。

**知识库**

> 按照使用的逻辑模型划分，可以将数据库分为层次型数据库、网状型数据库、关系型数据库和面向对象数据库等。不同类型的数据库因其使用的逻辑模型不同，而展现出各自独特的特点和适用场景。
>
> 层次型数据库使用层次模型组织数据，呈现出明确的层次关系；网状型数据库的数据有着更为复杂和灵活的关联形式；关系型数据库通过规范的二维表结构实现了数据的高效存储、管理和查询；面向对象数据库能够对具有复杂属性和行为的对象进行有效管理和操作。

### 3. 数据模型的三要素

数据模型有三个要素，分别是数据结构、数据操作和数据的完整性约束。

#### 1）数据结构

数据结构是实体和实体之间联系的表达和实现，包括数据的基本结构、数据的取值范围和数据之间的联系，它是对数据静态特征的描述。例如，在茶叶在线销售系统中不仅会存储茶叶本身的信息（如茶叶的名称、单价等属性），也会存储对属性的限制条件（如茶叶单价的取值不小于0），还会存储茶叶和订单之间的联系。

#### 2）数据操作

数据操作是对数据库中各种对象的操作的集合，包括具体操作及操作规则，它是对数据动态特征的描述。数据库的数据操作主要有查询和更新（包括插入、修改、删除）两大类。数据模型必须定义数据操作的确切含义、操作符号、操作规则（如优先级）及实现操作的语言等。

#### 3）数据的完整性约束

数据的完整性约束是对数据静态和动态特征的限定，用于描述数据模型中数据及其联系应该具有的制约规则和依存规则，以保证数据正确、有效和相容。

数据模型应该规定数据及其联系必须满足的基本且通用的完整性约束条件。例如，在关系模型中，关系必须满足实体完整性和参照完整性（具体内容在 1.2.1 小节详细介绍）两个约束条件。

此外，数据模型还应该提供定义完整性约束条件的机制，以便规定特定数据必须满足的语义约束条件。例如，学生信息中要求学生性别必须是男或女。

### 1.1.3　常见的数据库

在当今社会，选择合适的数据库对于支撑企业的数据管理和数据分析需求至关重要。随着科学技术的发展和业务需求的多样化，数据库也在不断发展并得到了广泛应用。目前常见的数据库主要包括关系型数据库、NoSQL 数据库和 NewSQL 数据库（见图 1-4），它们在不同的应用场景中发挥着各自独特的优势。

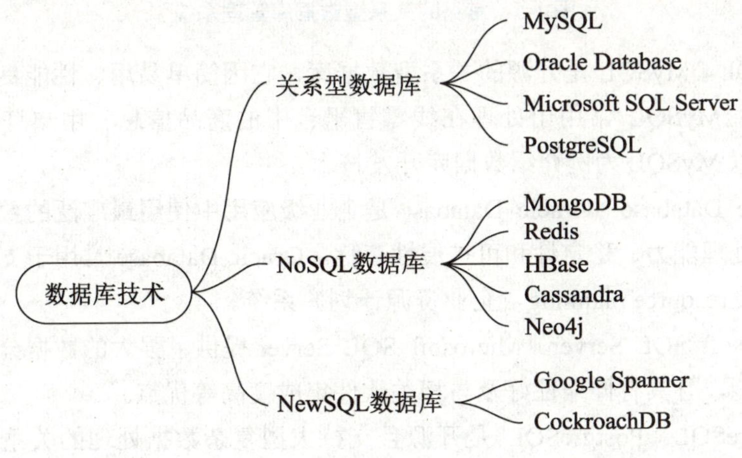


图 1-4　常见的数据库

#### 1. 关系型数据库

关系型数据库是基于关系模型的数据库。

##### 1）关系型数据库的特点

关系型数据库具有以下特点。

（1）数据结构化。关系型数据库的数据以二维表形式呈现，具有明确的结构。

（2）数据一致性。关系型数据库严格遵循事务处理机制，保证数据的一致性。

（3）数据独立性。关系型数据库的逻辑结构和物理结构相互独立。

##### 2）常见的关系型数据库管理系统

常见的关系型数据库管理系统有 MySQL、Oracle Database、Microsoft SQL Server 和 PostgreSQL 等（见图 1-5），它们拥有统一的二维表结构和高效的结构化查询语言，以及事务的 ACID 特性和数据完整性约束，这些优势使它们成为传统企业的优先选择。

图 1-5　常见的关系型数据库管理系统

（1）MySQL。MySQL 是开源的关系型数据库，它因简单易用、性能良好而受到中小型企业的青睐。MySQL 常用于处理在线零售平台中的商品信息、用户订单和支付信息等，本书主要以 MySQL 为例介绍数据库开发技术。

（2）Oracle Database。Oracle Database 是企业级应用中使用最广泛的数据库之一，它以强大的数据处理能力、稳定性和可扩展性著称。Oracle Database 常用于支撑大型企业的 ERP（enterprise resource planning，企业资源计划）系统。

（3）Microsoft SQL Server。Microsoft SQL Server 提供了强大的数据分析、数据报告和商业智能功能，且具有伸缩性好及与相关软件集成度高等优点。

（4）PostgreSQL。PostgreSQL 是开源且支持大型复杂数据处理的关系型数据库，它以高度的兼容性和先进的特性（如支持 JSON 和 JSONB 数据类型）而受到欢迎。

## 知识库

事务是数据库操作的最小执行单位，它是用户定义的一组操作序列。事务具有以下 4 个特性，它们简称为 ACID 特性。

（1）原子性（atomicity）。事务中包含的操作要么全部执行，要么全部不执行。

（2）一致性（consistency）。事务的执行必须保证数据库从一个一致性状态变为另一个一致性状态。例如，某公司进行银行转账事务，即从账户甲转出 1000 元到账户乙，该事务必须包含两个操作，一是从账户甲减去 1000 元；二是向账户乙添加 1000 元。如果事务中只有其中一个操作，则事务执行完成时银行数据库将处于数据不一致的状态。

（3）隔离性（isolation）。一个事务的执行不受其他事务干扰，即一个事务的内部操作及操作的数据对其他并发事务是隔离的，并发执行的各个事务之间不会互相干扰。

（4）持久性（durability）。一个事务一旦提交，它对数据库中数据的改变是持久的，即使数据库出现故障，也不会丢失已经提交的事务。

### 2. NoSQL 数据库

随着大数据时代的到来，NoSQL（not only SQL）数据库应运而生。NoSQL 数据库是非关系型数据库的统称，它们不依赖于传统的关系模型，而是使用其他方式组织数据。

#### 1）NoSQL 数据库的特点

NoSQL 数据库具有以下特点。

（1）灵活的数据模型。NoSQL 数据库能够支持不同的数据结构。

（2）可扩展性。NoSQL 数据库能够轻松应对数据量和并发访问量的增长。

（3）高性能。NoSQL 数据库的读写速度快，尤其适合处理大规模数据及应对高并发请求。

#### 2）常见的 NoSQL 数据库管理系统

常见的 NoSQL 数据库管理系统有 MongoDB、Redis、HBase、Cassandra 和 Neo4j 等，它们灵活的数据模型和可扩展的架构满足了处理非结构化数据和实现数据快速读写的需求。

（1）MongoDB。MongoDB 是文档型数据库，它能够处理大量半结构化或非结构化数据。

（2）Redis。Redis 是开源的键值存储系统，常用于高性能的缓存服务器和消息队列，如电商平台实时推荐系统的高性能缓存服务器。

（3）HBase。HBase 是面向列的分布式 NoSQL 数据库，适合处理规模较大的数据，如日志数据、交易数据等。

（4）Cassandra。Cassandra 是分布式 NoSQL 数据库，支持多个数据中心和云平台的分布式存储，适合处理大型活动数据集。

（5）Neo4j。Neo4j 是图数据库，专为高效处理复杂的连接查询和图形查询而设计。

**知识库**

> 分布式数据库将数据分布在多个物理位置上，并通过网络连接在一起。分布式数据库具有高可用性、可扩展性、数据分布均衡等特点。

### 3. NewSQL 数据库

NewSQL 数据库结合了关系型数据库和 NoSQL 数据库的优点，在关系型数据库的基础上进行了升级。

#### 1）NewSQL 数据库的特点

NewSQL 数据库具有以下特点。

（1）支持事务。NewSQL 数据库保留了传统关系型数据库的事务处理能力。

（2）支持高并发。NewSQL 数据库能够处理大量并发请求。

（3）可扩展性。NewSQL 数据库能够轻松应对数据量和并发访问量的增长。

### 2）常见的 NewSQL 数据库管理系统

常见的 NewSQL 数据库管理系统有 Google Spanner 和 CockroachDB 等，它们适用于现代企业应用，尤其是需要高并发处理和分布式存储的在线事务处理（on-line transaction processing, OLTP）和在线分析处理（on-line analysis processing, OLAP）系统。

（1）Google Spanner。Google Spanner 结合关系型数据库事务的 ACID 特性和 NoSQL 数据库的水平扩展能力，提供全球分布式数据库服务。Google Spanner 常用于全球金融交易平台，确保跨区域数据处理的强一致性和低延迟。

（2）CockroachDB。CockroachDB 是一个支持水平扩展、强一致性事务、自动数据复制和故障转移的数据存储系统。CockroachDB 常用于需要高可靠性和强一致性的服务，如移动支付等，因为它能够提供分布式事务的原子性保证。

### 拓展阅读

数据库自诞生之初就不断演化，以适应不断变化的数据管理需求。从简单的文件系统，到结构化的关系型数据库，再到应对大数据挑战的 NoSQL 数据库和 NewSQL 数据库，每次技术的跃进都是为了更好地处理增长的数据量、多样化的数据类型及高并发的访问需求，这一发展历程也展示了数据库的适应性。下面介绍几个比较有前景的数据库发展方向。

（1）云数据库服务。随着云计算的普及，云数据库服务已经成为数据库发展的重要趋势。云数据库服务（如 Amazon RDS、Google Cloud SQL 和 Azure SQL Database）具有高可用性、弹性伸缩等特点，极大地简化了数据库的管理和维护工作，这使得企业能够将更多精力集中在核心业务和应用的开发上。

（2）自动化和智能化管理。面对日益复杂的数据环境和管理需求，数据库正向自动化和智能化方向发展。利用机器学习和人工智能技术，数据库能够实现自动调优、自我修复和安全防护等功能。这种智能化管理不仅提高了数据库系统的运行效率，还显著减轻了数据库管理员的工作负担。

（3）多模型数据库。面对多样化数据类型和复杂应用需求，多模型数据库应运而生。这类数据库支持文档、图形、键值对等多种数据模型。例如，ArangoDB 和 OrientDB 等数据库使开发人员能够在单一的数据库系统中使用多种数据模型，极大地简化了应用开发和数据管理的流程。

（4）边缘数据库。物联网技术的快速发展使得传感设备所在边缘产生的数据大量增多，对它们进行数据处理的重要性日益增加。边缘计算要求在数据产生的位置进行数据存储和处理，以减少延迟和节省带宽。为应对这一需求，边缘数据库开始兴起。TimescaleDB 和 CrateDB 等数据库能够在边缘设备上运行，支持快速的数据处理和实时决策。

（5）区块链数据库。区块链技术以其不可篡改性和共识机制引发了数据库相关技术的变革。区块链数据库（如 BigchainDB）具有数据透明性、安全性和去中心化等特点，适用于对数据安全和信任度要求高的应用场景。

随着数据量的激增和应用需求的多样化，数据库将更加智能、灵活和高效。对于开发人员和企业来说，了解多种数据库，并选择和使用满足自身需求的数据库和服务，是实现数据价值最大化和促进业务发展的关键。

### 1.1.4　大数据技术与传统数据库技术的关系

随着信息技术的飞速发展，数据量呈指数级增长，传统数据库技术在处理海量数据和非结构化数据方面遇到了挑战，这推动了大数据技术的发展。大数据是指规模庞大、结构复杂、来源广泛的数据集合，其规模之大和结构之复杂超出了传统数据库技术的处理能力。

大数据技术不仅包括数据存储，还涵盖数据处理、数据分析和数据可视化等方面。虽然大数据技术与传统数据库技术在概念、技术实现及应用场景上存在差异，但它们在处理和管理数据方面有着密切的联系。

#### 1. 大数据技术与传统数据库技术的共同点

大数据技术与传统数据库技术的共同点体现在以下方面。

（1）数据管理的核心目标。无论是大数据技术还是传统数据库技术，它们的核心目标都是有效地存储、处理和分析数据，以支持决策制订和业务流程管理。

（2）数据处理和分析功能。虽然大数据技术与传统数据库技术的实现和优化手段可能不同，但是它们都提供了数据处理和分析功能。

#### 2. 大数据技术与传统数据库技术的差异

大数据技术与传统数据库技术的差异体现在以下方面。

（1）数据规模和类型。大数据技术专为处理海量数据设计，不仅包括结构化数据，还包括半结构化数据和非结构化数据；传统数据库技术更适合处理结构化数据和规模相对较小的数据集。

（2）技术架构。大数据技术通常采用分布式处理架构（如 Hadoop 和 Spark）；传统数据库技术更多采用集中式处理架构。

（3）实时处理能力。大数据技术具有实时或近实时的数据处理能力，支持快速决策；传统数据库技术在处理实时数据方面存在一定的限制。

#### 3. 大数据技术与传统数据库技术的融合与协同

在实际应用中，大数据技术与传统数据库技术经常需要协同工作。例如，企业可能使用传统数据库技术管理日常业务数据，同时使用大数据技术处理日志数据、社交媒体数据等非结构化数据。通过结合两者的优势，企业能够获得更全面的数据视图，更好地理解业务运行状况，从而做出更有效的决策。

大数据技术的应用场景极其广泛，如各类应用的内容推荐、金融分析、智能医疗和智能交通等。而传统数据库技术作为大数据技术栈中的一部分，也在这些应用场景中扮演着关键角色。

### 1.1.5 数据库相关职业

从数据库的日常运维到数据的深度分析，各类职业都对数据库开发技术专业人员提出了独特的要求。下面介绍几个数据库相关职业的职责、所需技能及就业机会。

#### 1. 数据库管理员

在探索数据库领域的多样化职业时，排在首位的便是数据库管理员，该职业在维持数据生态系统的核心运转中扮演着不可或缺的角色。数据库管理员需要熟练使用 SQL，并深入了解常用数据库管理系统，同时还需要掌握操作系统和计算机网络的基础知识。

数据库管理员在各种行业中都有广泛的就业前景，特别是金融服务、医疗保健、技术服务、政府机构等。

#### 2. 数据库开发人员

数据库开发人员负责构建高效的数据库查询系统，编写存储过程和触发器（具体内容在项目 7 详细介绍），设计数据模型，以满足业务需求。数据库开发人员需要精通 SQL，熟悉至少一种高级语言，并且具备良好的逻辑思维和解决问题的能力。

数据库开发人员在软件开发公司、大型企业的信息技术部门、云计算服务提供商及提供定制数据库解决方案的咨询公司等有很好的就业前景。

#### 3. 数据工程师

数据工程师的职责是构建和管理数据流水线，贯穿了数据的采集、存储、处理及分析的整个流程。数据工程师需要掌握数据仓库技术，具备一定的编程能力，并了解大数据生态系统中的各种技术。

数据工程师适合在数据密集型行业工作，如电子商务、数据分析、金融科技、互联网等。

#### 4. 数据分析师

数据分析师的职责是运用统计学方法，使用各种数据分析工具对数据进行分析，并生成分析报告及进行数据可视化，以支持业务决策。数据分析师需要掌握统计学基础知识，熟练使用 SQL 和数据分析工具（如 Tableau 或 Power BI），并具备强烈的好奇心和分析问题的能力。

数据分析师在零售、营销、金融服务、咨询、健康保健等行业需求旺盛。

#### 5. 数据科学家

数据科学家的职责是利用机器学习、深度学习等技术构建预测模型和算法，以从复

杂数据中挖掘更深层次的信息。数据科学家需要有扎实的数学知识和统计学知识，精通 Python 或 R 等高级语言，并了解常用的机器学习框架和算法。

数据科学家在许多前沿技术行业都有极好的就业机会，如人工智能、机器学习、数据分析、生物技术、金融科技和健康信息技术等。

### 拓展阅读

在当今的大数据时代，数据库的重要性不言而喻，作为数据库开发与管理的从业者，理应严格遵守职业道德规范，培养维护数据安全的职业操守。通过了解数据库相关职业，大家要更加明确数据库领域各职业的工作内容和社会价值，自觉树立远大职业理想，将职业生涯、职业发展脉络与国家发展的历史进程融合起来。

## 任务实施——安装与配置 MySQL

茗香居是一家专注于在线销售高品质茶叶的公司，由于业务扩展和发展需求，公司目前使用的数据库难以有效处理高并发交易和维护大量客户数据，对操作效率和客户体验产生了负面影响。为了提升业务运作效率和数据处理能力以支撑在线交易、库存管理和客户数据分析，茗香居计划将数据库迁移到功能更加强大的 MySQL。

MySQL 支持多种操作系统，如 Windows、UNIX、Linux 和 Mac OS 等，本书选用适用于 Windows 操作系统的 MySQL。在 Windows 操作系统下，MySQL 官方提供了两种安装版本，分别是二进制分发版（扩展名为 msi 的文件）和免安装版（扩展名为 zip 的文件），本书使用 MySQL 8.0.30 二进制分发版。

### 1．下载 MySQL

步骤 1 在浏览器中访问 MySQL 官方网站，在首页中单击“DOWNLOADS”超链接，如图 1-6 所示。

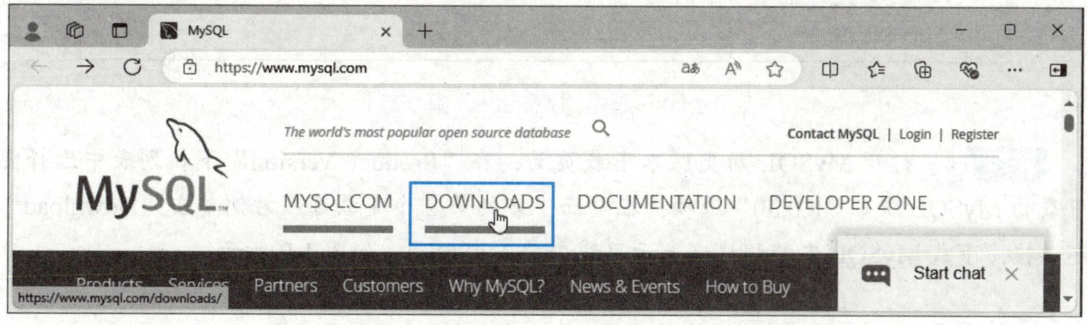


图 1-6 单击“DOWNLOADS”超链接

步骤 2 在打开的页面中单击“MySQL Community (GPL) Downloads”超链接，打开 MySQL 社区版下载页面，单击“MySQL Installer for Windows”超链接，如图 1-7 所示。

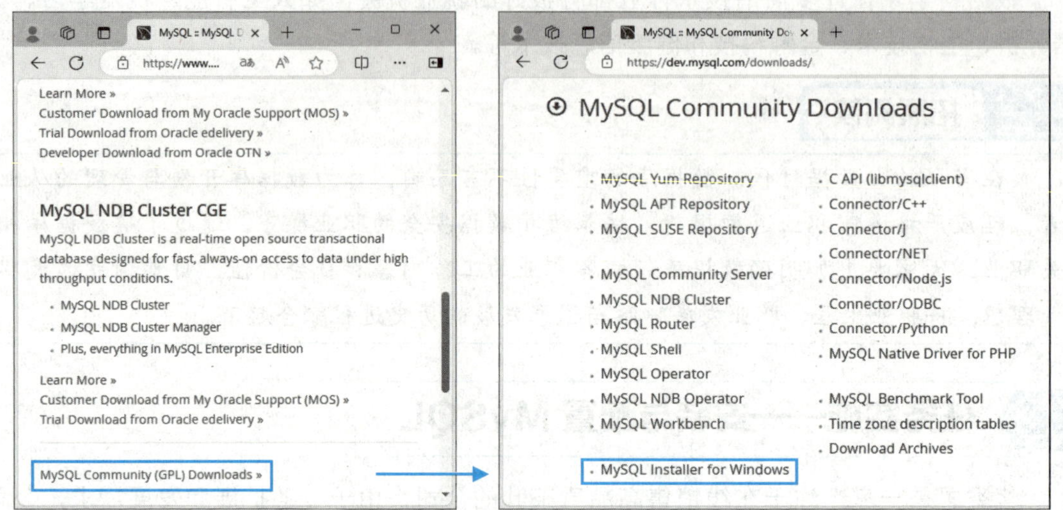


图 1-7 打开 MySQL 社区版下载页面并单击超链接

步骤 3 打开 MySQL 安装程序下载页面，单击“Archives”超链接，如图 1-8 所示。

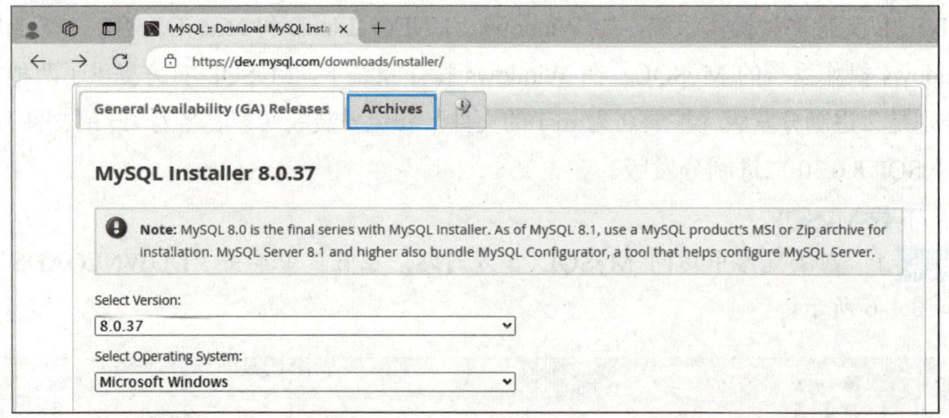


图 1-8 单击“Archives”超链接

步骤 4 打开 MySQL 历史版本下载页面，在“Product Version”下拉列表中选择要下载的 MySQL 版本“8.0.30”选项，在页面下方的第 2 个下载选项右侧单击“Download”超链接，下载 MySQL 安装程序（表示离线安装 MySQL），如图 1-9 所示。

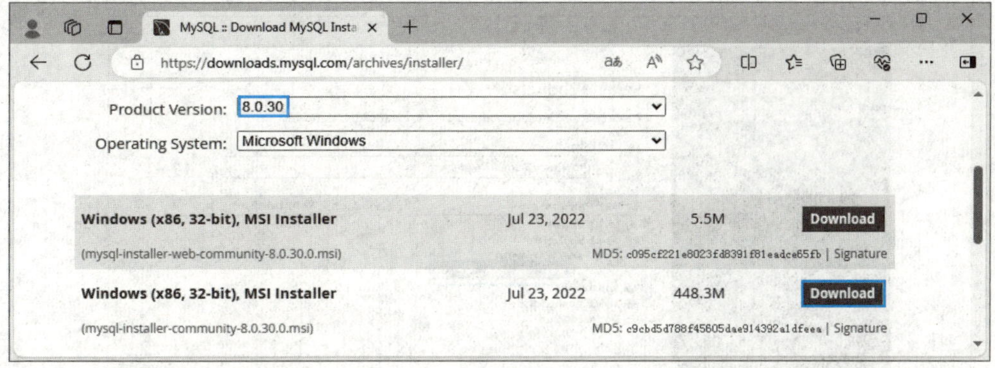


图 1-9 MySQL 安装程序

## 2. 安装 MySQL

步骤 1 双击下载的 MySQL 安装程序，打开“MySQL Installer”对话框，选中“Custom”单选钮，单击“Next”按钮，如图 1-10 所示。

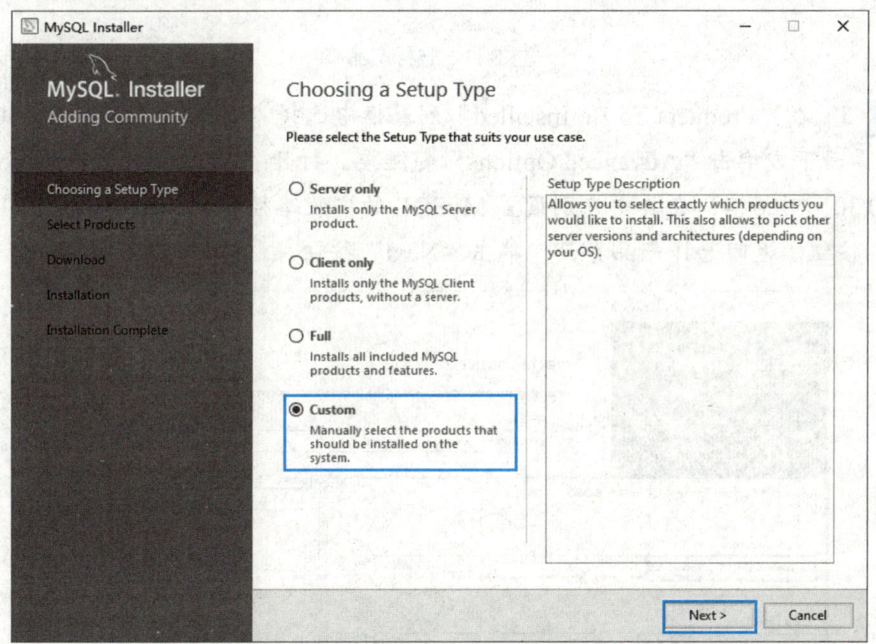


图 1-10 选择安装类型

步骤 2 打开选择产品界面，在“Available Products”列表框中依次双击“MySQL Servers”/“MySQL Server”/“MySQL Server 8.0”，并选择“MySQL Server 8.0.30 - X64”选项（见图 1-11），单击界面中部的右箭头按钮➡。

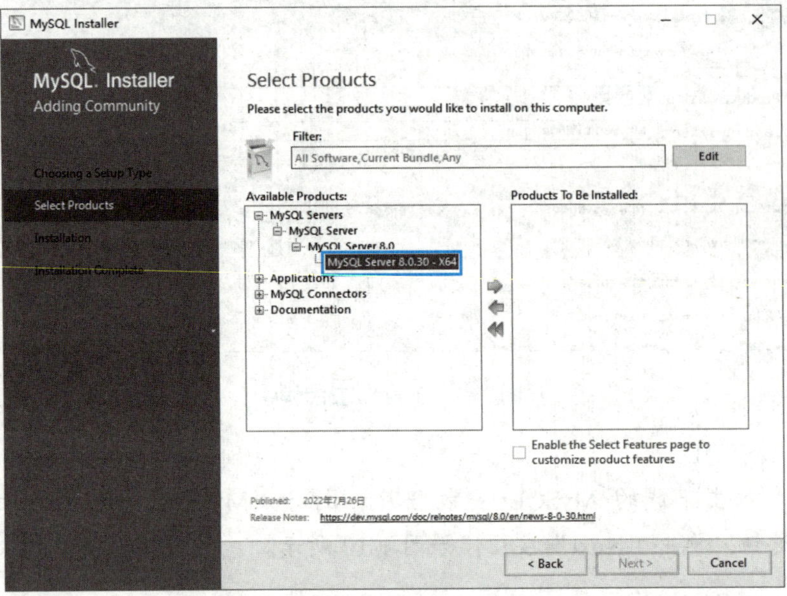


图 1-11 选择产品

步骤 3 在“Products To Be Installed”列表框中选择“MySQL Server 8.0.30 - X64”选项，在界面下方单击“Advanced Options”超链接，打开“Advanced Options for MySQL Server 8.0.30”对话框，在其中分别设置 MySQL 的安装路径和数据路径（见图 1-12），单击“OK”按钮，返回选择产品界面，单击“Next”按钮。

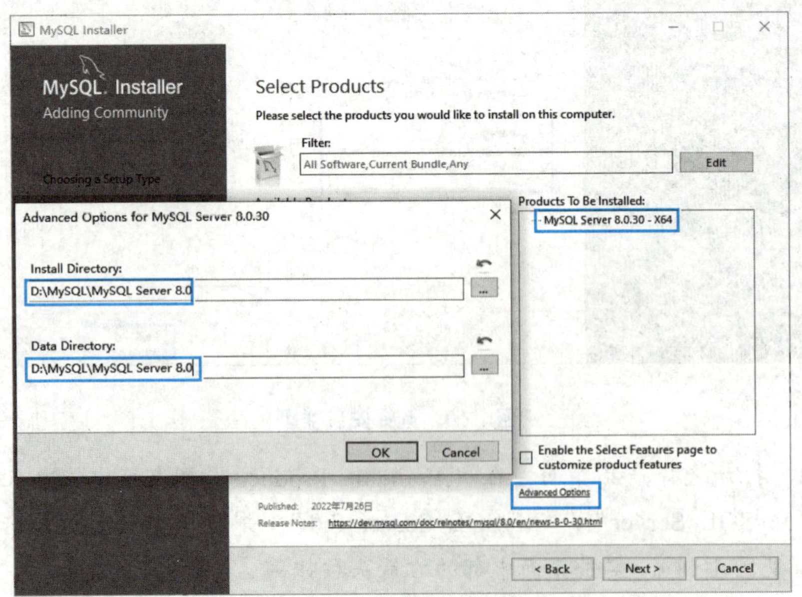


图 1-12 设置 MySQL 的安装路径和数据路径

**提示** 

MySQL 安装程序默认将 MySQL 安装在系统盘，但在实际应用中，随着时间的推移，MySQL 产生的数据量会越来越大，从而影响系统运行，因此通常会修改 MySQL 的安装路径和数据路径（注意不能设置为磁盘中已存在的文件夹的地址）。

**步骤 4** 打开安装界面，单击“Execute”按钮（见图 1-13），安装程序自动开始安装 MySQL Server 8.0.30，安装完成后单击“Next”按钮，打开产品配置界面，再次单击“Next”按钮。

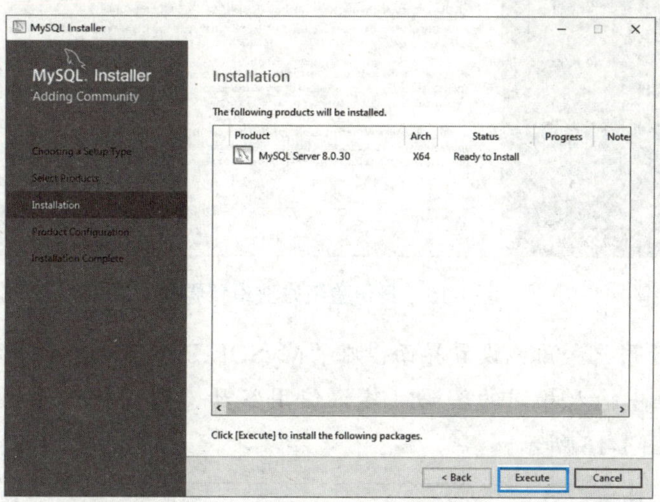


图 1-13　单击“Execute”按钮

**步骤 5** 打开类型和网络设置界面（见图 1-14），保持默认设置，单击“Next”按钮。

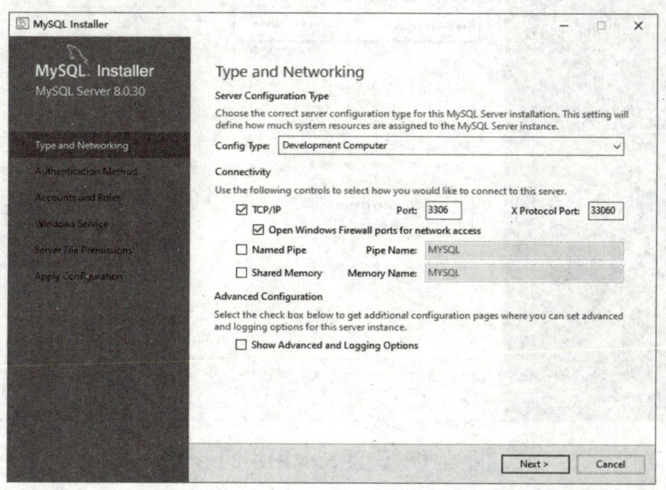


图 1-14　类型和网络设置界面

步骤 6 打开身份验证方法设置界面（见图 1-15），保持默认设置，单击“Next”按钮。

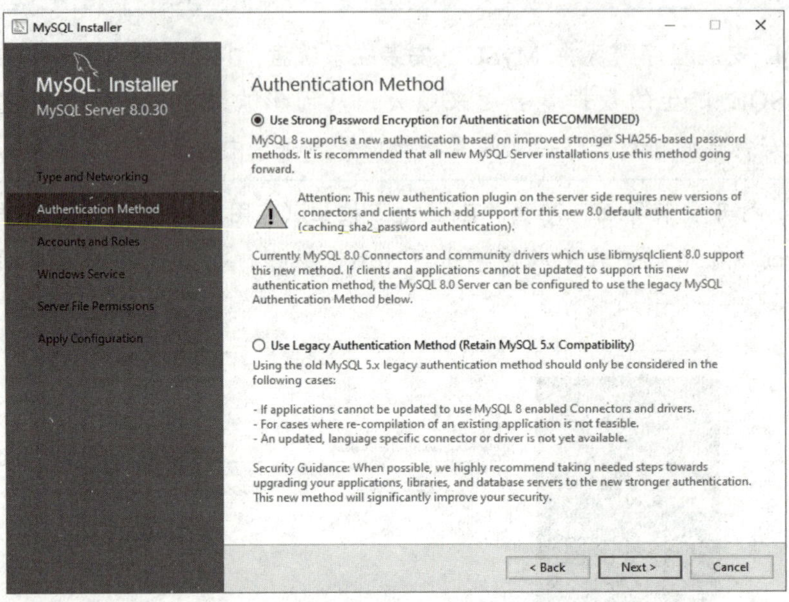


图 1-15　身份验证方法设置界面

步骤 7 打开用户和角色设置界面，在“MySQL Root Password”编辑框和“Repeat Password”编辑框中输入相同的密码（建议使用字母、数字与符号混合的密码），单击“Next”按钮，如图 1-16 所示。

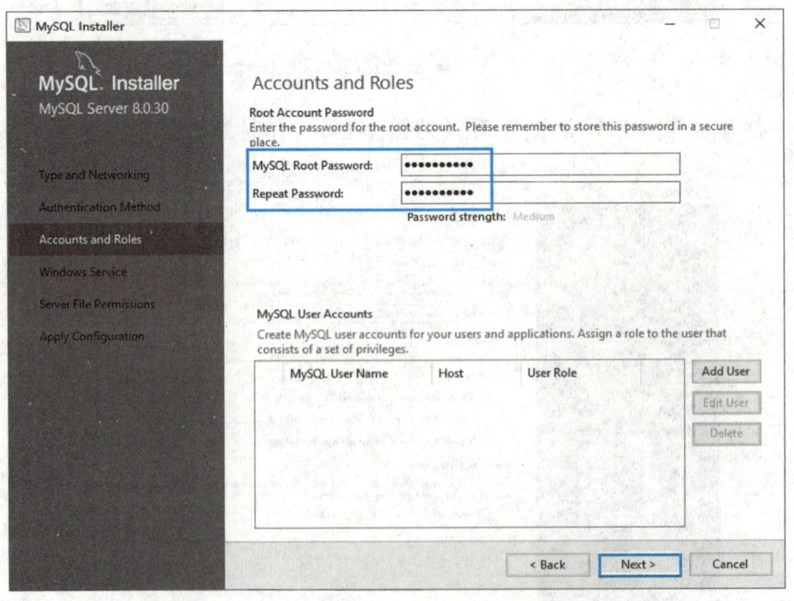


图 1-16　设置 root 用户的密码

步骤 8 打开 Windows 服务设置界面（见图 1-17），保持默认设置，单击“Next”按钮。

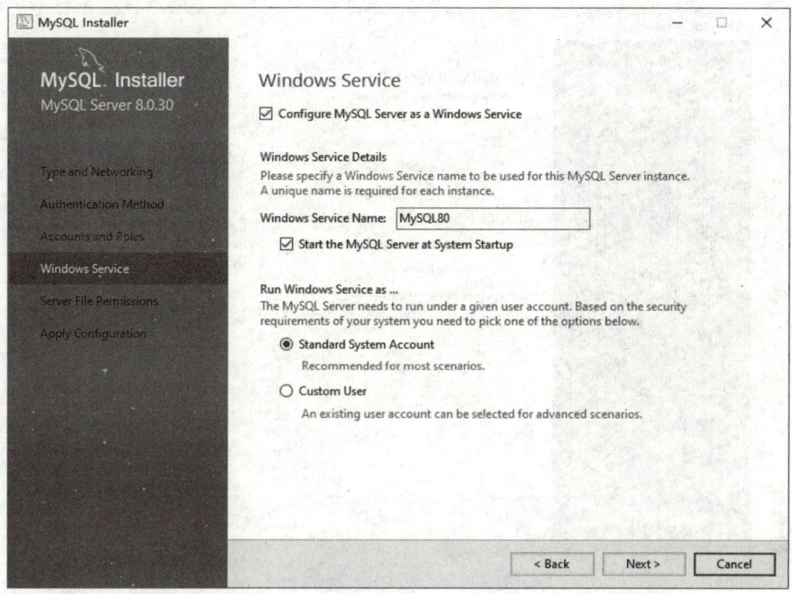


图 1-17　Windows 服务设置界面

步骤 9　打开服务器文件权限设置界面（见图 1-18），保持默认设置，单击“Next”按钮。

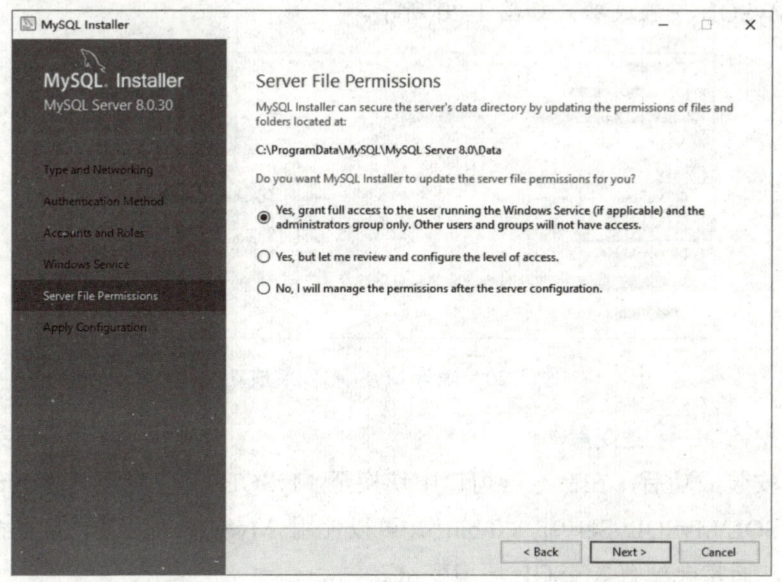


图 1-18　服务器文件权限设置界面

步骤 10　打开应用配置界面（见图 1-19），单击“Execute”按钮进行配置，配置完成后单击“Finish”按钮。

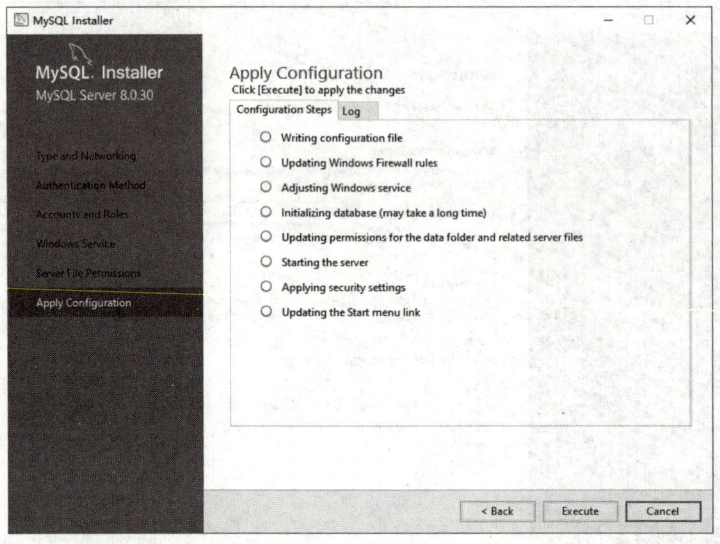


图 1-19　应用配置界面

步骤 11　打开产品配置界面，单击“Next”按钮，打开安装完成界面，单击“Finish”按钮，关闭“MySQL Installer”对话框。

步骤 12　按“Ctrl+Shift+Esc”组合键打开“任务管理器”窗口并找到“mysqld.exe”进程，确认 MySQL 安装成功，如图 1-20 所示。

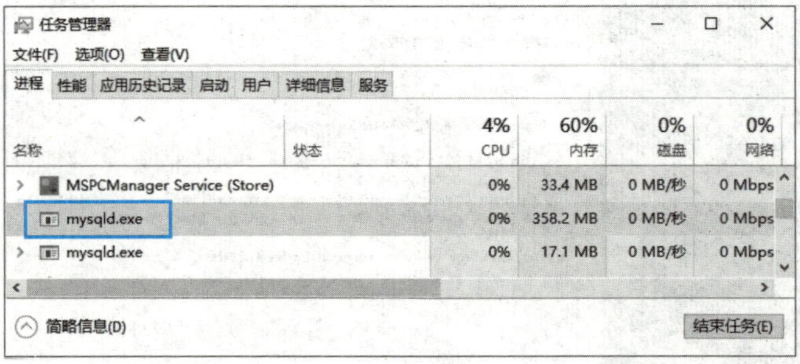

图 1-20　确认 MySQL 安装成功

### 3. 配置 MySQL 环境变量

MySQL 安装成功后，在命令行窗口中切换至 MySQL 安装路径下的 bin 文件夹（此处为“D:\MySQL\MySQL Server 8.0\bin”）可以使用 MySQL。为了直接在命令行窗口中使用 MySQL，通常会配置 MySQL 环境变量。

步骤 1　在桌面区右击“此电脑”图标，在弹出的快捷菜单中选择“属性”选项，打开“设置”窗口，在窗口右侧单击“高级系统设置”文字链接，打开“系统属性”对话框，在“高级”选项卡中单击“环境变量”按钮，如图 1-21 所示。

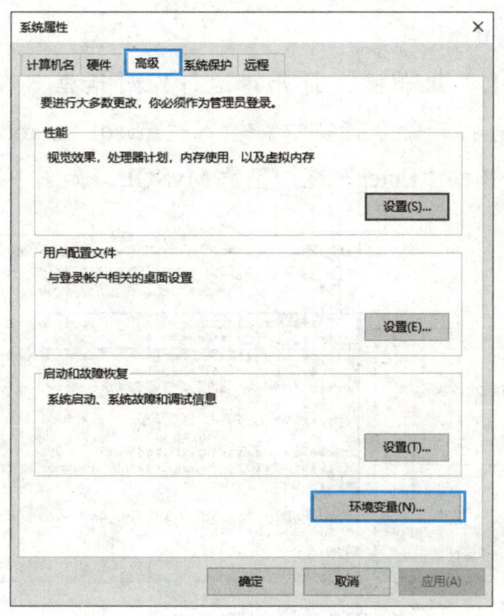


图 1-21 单击“环境变量”按钮

步骤 2 打开“环境变量”对话框，在“系统变量”列表框中选择“Path”选项，单击下方的“编辑”按钮，打开“编辑环境变量”对话框，单击“新建”按钮，在编辑框中输入 MySQL 安装路径下的 bin 文件夹的地址“D:\MySQL\MySQL Server 8.0\bin”，单击“确定”按钮，如图 1-22 所示。

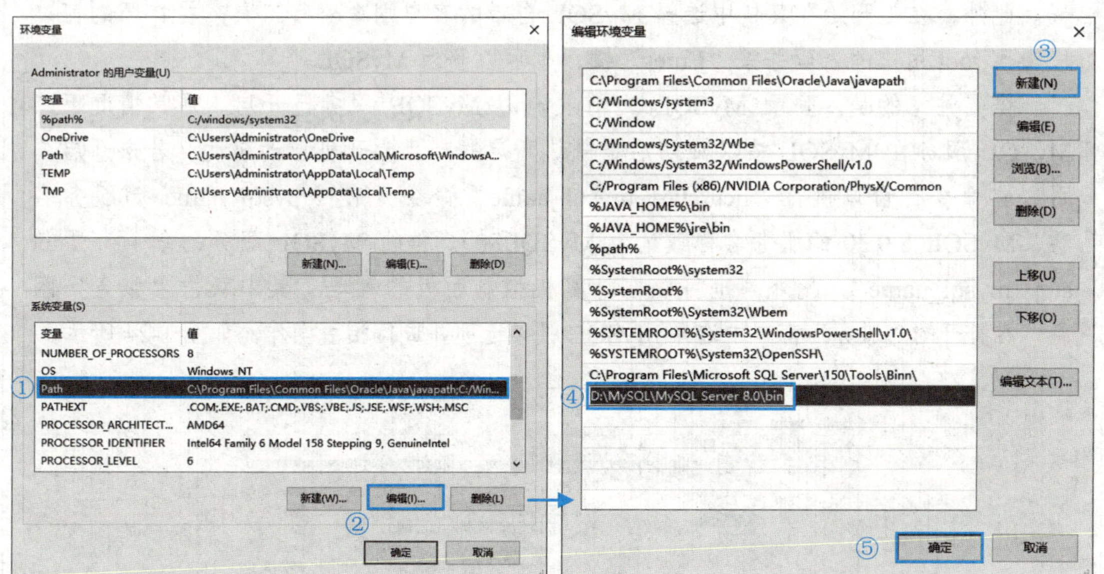


图 1-22 新建环境变量

步骤 3 返回“环境变量”对话框，单击“确定”按钮，返回“系统属性”对话框，单击“确定”按钮，完成配置。

## 4．登录和退出 MySQL

**步骤 1** 按“Win+R”组合键，打开“运行”对话框，在“打开”编辑框中输入“cmd”并按“Enter”键，打开命令行窗口，输入“mysql -u root -p”并按“Enter”键，然后输入 root 用户的密码并按“Enter”键，登录 MySQL，如图 1-23 所示。

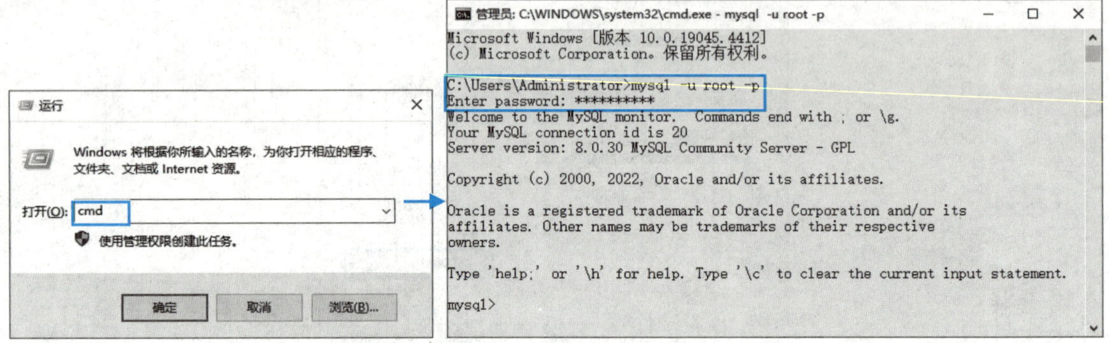


图 1-23　登录 MySQL

**提示**

“mysql -u root -p”命令用于登录 MySQL。其中，“-u”后面的参数为用户名，此处为“root”，即安装 MySQL 时默认创建的用户，拥有最高的操作权限；“-p”后面省略了表示用户登录密码的参数，按“Enter”键确认命令后，系统会提示输入密码。此外，在“开始”菜单中选择 MySQL 自带的客户端命令行工具，在打开的窗口中输入 root 用户的密码并按“Enter”键，也可以登录 MySQL。

需要注意的是，登录 MySQL 之前须确认 MySQL 服务已开启。通常情况下，MySQL 服务在 MySQL 安装成功后是默认开启的，且为开机自动启动，若未开启，可以在命令行窗口执行“net start mysql_name”命令开启（mysql_name 为服务名称，MySQL 8.0.30 的服务名称默认为 MySQL80）。停止 MySQL 服务的命令为“net stop mysql_name”。此外，也可以在计算机控制面板的管理工具中双击“服务”图标，在打开的“服务”窗口中选择 MySQL 服务选项并进行相关操作，如图 1-24 所示。

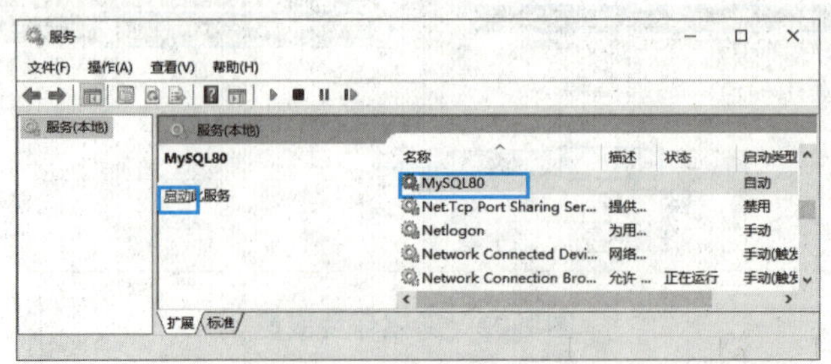


图 1-24　MySQL 服务选项及相关操作

步骤 2 登录 MySQL 后，会显示 MySQL 命令提示符“mysql>”。MySQL 使用完毕，输入“quit”命令并按“Enter”键，退出 MySQL，如图 1-25 所示。

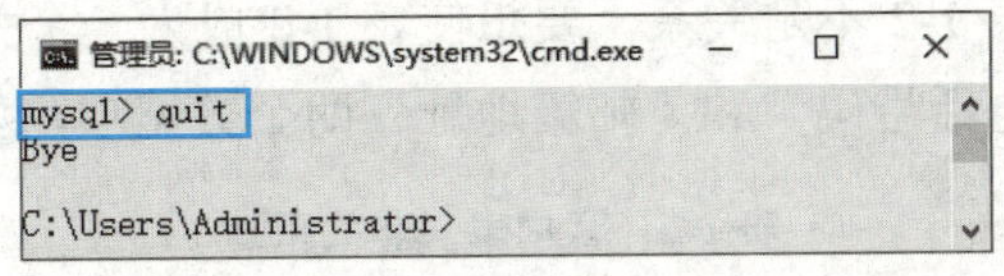


图 1-25　退出 MySQL

## 任务拓展

本任务介绍了数据库的基础知识，以及安装与配置 MySQL 的方法。安装与配置 MySQL 为今后的学习和实践提供了必要的基础环境，且只有正确安装与配置 MySQL，才能在图形化管理工具中进行相关操作。在 MySQL 的安装与配置过程中可能会遇到一些问题，同学们要有解决此类问题的能力。下面给同学们留几个思考题。

（1）数据库是如何存储数据的？

（2）大数据和数据库有什么区别和联系？

（3）数据库相关职业有哪些？

（4）在安装 MySQL 时，如果安装程序突然停止工作，如何解决？

（5）MySQL 安装成功后，如果无法开启 MySQL 服务，如何解决？

（6）如果无法使用 MySQL 用户登录 MySQL，如何解决？

（7）如何将 MySQL 完全卸载？

# 任务 1.2　了解关系型数据库

## 任务描述

关系型数据库是目前最重要、最流行、应用最广泛的数据库。本任务将继续介绍关系型数据库的相关知识及 MySQL 图形化管理工具的使用方法。

### 1.2.1　关系型数据库概述

关系型数据库是关系的集合，可以说关系是关系型数据库中最重要的概念。

#### 1. 关系的定义

关系是由行和列组成的二维表，每个关系都有一个关系名，表 1-1 就是一个表示茶叶信息的关系。不是所有二维表都是关系，只有满足以下几个条件的二维表才能称为关系。

（1）表中的每项都必须是不可再分的最小数据项，这也是对关系的基本限定。例如，表 1-2 的“客户联系方式”中包含“电话号码”和“邮箱地址”两个数据项，因此它不是最小的数据项，故表 1-2 不是关系。要想使表 1-2 成为一个关系，需要把“客户联系方式”数据项分解为“电话号码”和“邮箱地址”两个数据项，如表 1-3 所示。

表 1-2　客户表（非关系）

| 客户 ID | 客户姓名 | 客户联系方式 | |
|---|---|---|---|
| | | 电话号码 | 邮箱地址 |
| U001 | 刘明 | 135****7089 | 355477***@qq.com |
| U002 | 王丽丽 | 132****7829 | 435770***@qq.com |
| U003 | 黄国栋 | 133****2342 | 54770***@qq.com |
| U004 | 谢立秋 | 181****2192 | 893023***@qq.com |
| U005 | 李霞 | 132****4576 | 894770***@qq.com |
| U006 | 戴遥 | 152****6690 | 3435554***@qq.com |

表 1-3　客户表（关系）

| 客户 ID | 客户姓名 | 电话号码 | 邮箱地址 |
|---|---|---|---|
| U001 | 刘明 | 135****7089 | 355477***@qq.com |
| U002 | 王丽丽 | 132****7829 | 435770***@qq.com |
| U003 | 黄国栋 | 133****2342 | 54770***@qq.com |
| U004 | 谢立秋 | 181****2192 | 893023***@qq.com |
| U005 | 李霞 | 132****4576 | 894770***@qq.com |
| U006 | 戴遥 | 152****6690 | 3435554***@qq.com |

（2）表中不能出现数据完全相同的行。

（3）表中同一列数据的数据类型必须相同，来自同一个域，且每列的列名（属性名）均不同。

（4）表中各行或各列的次序可以任意交换，且交换后不会改变关系的实际意义。例如，将表 1-3 中的“客户姓名”和“电话号码”两列交换次序，并不会改变该关系的实际意义。

### 2. 关系模型的相关术语

关系型数据库是使用关系模型的数据库，下面介绍关系模型的相关术语。

（1）关系（relation）。在关系型数据库中，关系即表示实体或实体之间联系的二维表，如表 1-3 所示。

（2）元组（tuple）。关系中的一行为一个元组（也称一条记录）。例如，表 1-3 中的每行都是一个元组，第一个元组可表示为（U001，刘明，135****7089，355477***@qq.com）。

（3）属性（attribute）。关系中的一列为一个属性，每个属性都有属性名。例如，表 1-3 有 4 列，分别对应 4 个属性，即客户 ID、客户姓名、电话号码、邮箱地址。

（4）域（domain）。属性的取值范围称为该属性的域（或值域）。属性的域由属性的性质及要表达的实际含义确定，如电话号码的域通常为 11 位的数字。

（5）候选键（candidate key）和主键（primary key）。关系中可以唯一确定一个元组的属性或属性组称为候选键。如果候选键有多个，通常会选定其中一个作为主键（也称主关键字或主码）。例如，表 1-3 中的客户 ID 可以唯一确定一个客户，因此可将客户 ID 作为该关系的主键。

（6）外键（foreign key）。外键也称外关键字或外码。如果一个关系中的属性或属性组不是该关系的主键，而是另一个关系的主键，则称该属性或属性组是该关系的外键。

（7）关系模式（relation schema）。关系模式用于描述关系的结构，即二维表的结构，一般表示为关系名（属性 1，属性 2，……，属性 *n*）。例如，表 1-3 可描述为客户（客户 ID，客户姓名，电话号码，邮箱地址）。

### 3. 关系的完整性

关系的完整性是对关系的某种约束条件，包括实体完整性（entity integrity）、域完整性（domain integrity）、参照完整性（referential integrity）和用户定义完整性。

#### 1）实体完整性

实体完整性是指每个关系必须有主键，且主键对应的所有属性的值均不能为空，它的目的是确保关系中的每个元组是可识别的和唯一的。

例如，在选课（学号，课程编号，成绩）关系中，主键为学号和课程编号，则学号与课程编号两个属性的值均不能为空。

#### 2）域完整性

域完整性要求表中数据的取值在某一个特定的范围内。域完整性可以使用默认值约束、检查约束、外键约束和数据类型等多种方法实现。

例如，学生表中性别属性的域是“男”和“女”，当输入其他值时，MySQL 将拒绝执行该操作。

#### 3）参照完整性

参照完整性是用来维护表之间数据一致性的手段。通过实现参照完整性，可以避免因改变一个表的数据而造成另一个表的数据变成无效的值。参照完整性可以通过外键约束、检查约束、存储过程和触发器等多种方法实现。

例如，客户表的主键是客户 ID；订单表的主键是订单 ID，外键是客户 ID。当在订单表中输入客户 ID 值时，只能输入客户表中已经存在的客户 ID 值，且如果要删除客户表中的一个元组，而订单表中存在该客户的客户 ID 值，则 MySQL 将拒绝执行该操作。

#### 4）用户定义完整性

用户定义完整性是指用户根据实际应用自行定义数据的约束条件。用户定义完整性可以通过存储过程、触发器，以及数据的约束等多种方法实现。

例如，规定客户对茶叶的评分必须大于或等于 0 且小于或等于 5。

这些完整性机制可以使数据库管理系统提供更加可靠的数据，同时避免在多个用户同时操作数据库时出现数据不一致的情况。

### 4. 关系运算

按运算符分类，可将关系运算分为传统的集合运算和专门的关系运算两类。

#### 1）传统的集合运算

传统的集合运算包括并（union）、差（difference）、交（intersection）和广义笛卡尔积（extended cartesian product），这些运算是双目运算（两个关系之间的运算），但并不是任意两个关系都可以进行这些运算。除了广义笛卡尔积运算外，其他的集合运算要求参加运算的两个关系必须是相容的，即两个关系具有相同的属性个数，且两个关系各自的第 $i$ 个属性具有相同的域。例如，关系 $R$（见表 1-4）与关系 $S$（见表 1-5）就是相容的。

表 1-4　$R$

| A | B | C |
|---|---|---|
| a1 | b1 | c1 |
| a1 | b1 | c2 |
| a2 | b2 | c1 |

表 1-5　$S$

| A | B | C |
|---|---|---|
| a1 | b1 | c1 |
| a2 | b2 | c1 |
| a2 | b3 | c2 |

下面以关系 $R$ 与关系 $S$ 为例介绍传统的集合运算。设 $t$ 是元组变量，$t \in R$ 表示 $t$ 是关系 $R$ 的一个元组，$t \notin R$ 表示 $t$ 不是关系 $R$ 的一个元组。

（1）并运算。关系 $R$ 与关系 $S$ 的并运算表示如下，结果如表 1-6 所示。

$$R \cup S=\{t|t \in R \vee t \in S\}$$

由此可见，并运算的结果由属于关系 $R$ 或属于关系 $S$ 的元组组成，即将关系 $R$ 与关系 $S$ 的所有元组合并后删去重复元组，运算结果仍与关系 $R$ 或关系 $S$ 具有相同的属性个数。

（2）差运算。关系 $R$ 与关系 $S$ 的差运算表示如下，结果如表 1-7 所示。

$$R-S=\{t|t \in R \wedge t \notin S\}$$

表 1-6　$R \cup S$

| A | B | C |
|---|---|---|
| a1 | b1 | c1 |
| a1 | b1 | c2 |
| a2 | b2 | c1 |
| a2 | b3 | c2 |

表 1-7　$R-S$

| A | B | C |
|---|---|---|
| a1 | b1 | c2 |

由此可见，差运算的结果由属于关系 $R$ 而不属于关系 $S$ 的元组组成，即从关系 $R$ 中删除其与关系 $S$ 相同的元组，运算结果仍与关系 $R$ 或关系 $S$ 具有相同的属性个数。

（3）交运算。关系 $R$ 与关系 $S$ 的交运算表示如下，结果如表 1-8 所示。

$$R \cap S=\{t|t \in R \wedge t \in S\}$$

由此可见，交运算的结果由既属于关系 $R$ 又属于关系 $S$ 的元组组成，运算结果仍与关系 $R$ 或关系 $S$ 具有相同的属性个数。

表 1-8　$R \cap S$

| *A* | *B* | *C* |
|---|---|---|
| *a1* | *b1* | *c1* |
| *a2* | *b2* | *c1* |

（4）广义笛卡尔积。具有 $n$ 列的关系 $R$ 与具有 $m$ 列的关系 $S$ 的广义笛卡尔积是一个 $n+m$ 列的元组的集合，元组的前 $n$ 列是关系 $R$ 中的元组，后 $m$ 列是关系 $S$ 中的元组。若关系 $R$ 有 $k_1$ 个元组，关系 $S$ 有 $k_2$ 个元组，则关系 $R$ 和关系 $S$ 的广义笛卡尔积有 $k_1 \times k_2$ 个元组。关系 $R$ 与关系 $S$ 的广义笛卡尔积表示如下。

$$R \times S=\{t_r \frown t_s|t_r \in R \wedge t_s \in S\}$$

其中，“$t_r \frown t_s$”表示其中一个元组的前 $n$ 列是关系 $R$ 中的元组 $t_r$，后 $m$ 列是关系 $S$ 中的元组 $t_s$。上述广义笛卡尔积结果如表 1-9 所示。

表 1-9　$R \times S$

| *R.A* | *R.B* | *R.C* | *S.A* | *S.B* | *S.C* |
|---|---|---|---|---|---|
| *a1* | *b1* | *c1* | *a1* | *b1* | *c1* |
| *a1* | *b1* | *c1* | *a2* | *b2* | *c1* |
| *a1* | *b1* | *c1* | *a2* | *b3* | *c2* |
| *a1* | *b1* | *c2* | *a1* | *b1* | *c1* |
| *a1* | *b1* | *c2* | *a2* | *b2* | *c1* |
| *a1* | *b1* | *c2* | *a2* | *b3* | *c2* |
| *a2* | *b2* | *c1* | *a1* | *b1* | *c1* |
| *a2* | *b2* | *c1* | *a2* | *b2* | *c1* |
| *a2* | *b2* | *c1* | *a2* | *b3* | *c2* |

“关系名.属性名”表示某关系中的某属性，如“*R.A*”表示关系 $R$ 中的属性 $A$。

2）专门的关系运算

专门的关系运算包括选择（selection）、投影（projection）、连接（join）等。

（1）选择运算。选择运算是从指定的关系中选择满足条件的若干个元组。选择运算的结果是原关系的一个子集，且关系的结构不变。关系 $R$ 的选择运算表示如下。

$$\sigma_F(R)=\{r|r\in R\wedge F(r)='\text{真}'\}$$

其中，σ 是选择运算符；$F$ 是选择条件，它是一个逻辑表达式，取值为 TRUE（真）或 FALSE（假）；$R$ 是关系名；$r$ 是元组。

例如，在关系 customer（见表 1-10）中查询性别为女的客户信息，选择运算表示如下，结果如表 1-11 所示。

$$\sigma_{\text{性别}='\text{女}'}(\text{customer})$$

表 1-10　customer

| 客户 ID | 客户姓名 | 性别 | 登录名 |
|---|---|---|---|
| U001 | 刘明 | 男 | liuming |
| U002 | 王丽丽 | 女 | wanglili |
| U003 | 黄国栋 | 男 | huangguodong |
| U004 | 谢立秋 | 女 | xieliqiu |
| U005 | 李霞 | 女 | lixia |

表 1-11　选择运算结果

| 客户 ID | 客户姓名 | 性别 | 登录名 |
|---|---|---|---|
| U002 | 王丽丽 | 女 | wanglili |
| U004 | 谢立秋 | 女 | xieliqiu |
| U005 | 李霞 | 女 | lixia |

由此可见，选择运算就是从指定关系中选取指定表达式的值为 TRUE（真）的元组，也就是从关系的水平方向（行）进行运算。

（2）投影运算。投影运算是从指定的关系中选择若干个属性。关系 $R$ 的投影运算表示如下。

$$\Pi_A(R)=\{r[A]|r\in R\}$$

其中，Π 是投影运算符；$A$ 是属性或属性组。

例如，在关系 customer（见表 1-10）中查询客户姓名、性别和登录名，投影运算表示如下，结果如表 1-12 所示。

$$\Pi_{\text{客户姓名},\text{性别},\text{登录名}}(\text{customer})$$

表 1-12　投影运算结果

| 客户姓名 | 性别 | 登录名 |
|---|---|---|
| 刘明 | 男 | liuming |
| 王丽丽 | 女 | wanglili |
| 黄国栋 | 女 | huangguodong |
| 谢立秋 | 男 | xieliqiu |
| 李霞 | 女 | lixia |

由此可见，投影运算从关系的竖直方向（列）进行运算。投影运算结果的属性一般比原关系的属性少，此时可能出现重复的元组，如果出现，这些重复的元组不会显示。也就是说，投影运算结果和原关系的结构可能不同。

（3）连接运算。选择运算和投影运算都属于单目运算，而连接运算属于双目运算，它是从两个关系的广义笛卡尔积中选择满足条件的元组。关系 *R* 与关系 *S* 的连接运算表示如下。

$$R\underset{A\theta B}{\bowtie}S=\{t_r\frown t_s|t_r\in R\wedge t_s\in S\wedge t_r[A]\theta t_s[B]\}$$

其中，⋈是连接运算符；*A* 与 *B* 分别是关系 *R* 与关系 *S* 中属性个数相同且可比的属性组（属性的域相同）；θ 是比较运算符。

连接运算中有两种最常用的连接，一种是等值连接；另一种是自然连接。

① 等值连接。θ 为“=”的连接运算为等值连接，它是从两个关系的广义笛卡尔积中选择指定属性值相同的元组。

② 自然连接。自然连接是去掉重复属性的等值连接，它要求两个关系中进行比较的属性值的属性名相同。自然连接属于连接运算的一个特例，是最常用的连接运算，在关系运算中起着重要作用。关系 *R* 与关系 *S* 的自然连接表示如下。

$$R\bowtie S=\{t_r\frown t_s|t_r\in R\wedge t_s\in S\wedge t_r[A]=t_s[A]\}$$

例如，关系 *R* 与关系 *S* 分别有 *m* 和 *n* 个元组，关系 *R* 与关系 *S* 的连接运算过程为，首先从关系 *R* 的第 1 个元组开始，依次与关系 *S* 的各元组比较，满足条件的两个元组首尾相连形成一个新的元组并添加到新关系中，一轮共进行 *n* 次比较；然后让关系 *R* 的第 2 个元组依次与关系 *S* 的各元组比较，满足条件的两个元组首尾相连形成一个新的元组并再次添加到新关系中；依此类推，直到关系 *R* 的所有元组均与关系 *S* 的元组比较完毕，关系 *R* 共进行 *m* 轮比较。如果 $m$=500，$n$=50，则关系 *R* 与关系 *S* 的连接运算需要进行 $m\times n$=25000 次比较。

因此，在查询数据时应考虑优化查询过程以提高查询效率。例如，在查询数据时应先进行选择运算，减少关系中元组的个数，然后进行投影运算，减少关系中属性的个数，最后进行连接运算，降低查询过程中元组的比较次数。

〈知识库〉

等值连接与自然连接都是把满足条件的两个关系连接在一起形成一个规模更大的关系，形成的新关系中包含满足条件的所有元组。

### 1.2.2 关系型数据库的标准语言——SQL

在使用数据库管理系统时，通常需要使用某种语言与其进行交互，以完成对相关对象的各种操作，这样便用到了 SQL。SQL 是目前广泛使用的关系型数据库标准语言，用于插入、修改、删除和查询数据，以及管理关系型数据库系统。

SQL 是高级的非过程化编程语言，它允许用户在高层数据结构上工作，不要求用户指定数据的存放方法，也不需要用户了解具体的数据存放方式，也就是说，只需要指出“做什么”，而不必指明“怎么做”。

SQL 简单易学、功能丰富，经过不断地发展和完善，已被国际标准化组织确定为关系型数据库的国际标准语言。SQL 标准的出台，使得多数数据库管理系统都支持 SQL。

SQL 语句主要分为以下 4 类。

#### 1. 数据定义语句

数据定义语句是用于定义数据库对象的指令集，常用关键字包括 CREATE、ALTER 和 DROP。其中，CREATE 用于创建数据库对象；ALTER 用于修改数据库对象；DROP 用于删除数据库对象。

#### 2. 数据操作语句

数据操作语句是用于操作数据库中数据的指令集，常用关键字包括 INSERT、UPDATE、DELETE 和 SELECT。其中，INSERT 用于向数据表中插入数据；UPDATE 用于修改数据表中的数据；DELETE 用于删除数据表中的数据；SELECT 用于查询数据表中的数据。

#### 3. 数据控制语句

数据控制语句是用于控制数据访问权限的指令集，它可以管理用户对数据表、存储过程、自定义函数等数据库对象的使用权限，常用关键字包括 GRANT 和 REVOKE。其中，GRANT 用于为用户或角色授予权限；REVOKE 用于收回为当前数据库中用户或角色授予的权限。

#### 4. 事务处理语句

事务代表一组不可分割的操作，事务处理语句就是控制这一系列操作的指令集。常用关键字包括 BEGIN TRANSACTION、COMMIT 和 ROLLBACK，它们分别用于事务的开启、事务的提交和事务的回滚。

### 1.2.3 常用的 MySQL 图形化管理工具

MySQL 图形化管理工具以其直观的界面简化了数据库管理过程，使得专业技术人员和非专业用户都能快速掌握并使用，极大地提高了工作效率和便利性。常用的 MySQL 图形化管理工具包括 Navicat Premium、SQLyog 和 MySQL Workbench 等。

1．Navicat Premium

Navicat Premium（简称 Navicat）是一款功能非常强大的数据库管理工具，它允许用户通过同一个窗口同时连接并管理多种类型的数据库，包括 MySQL、Oracle Database、Microsoft SQL Server、PostgreSQL 和 SQLite 等。这一特性极大地提高了数据库管理员在处理多种数据库时的工作效率。

Navicat 功能全面、跨平台性好，并具有高度可视化的界面，还提供了可靠的备份与恢复机制，是目前最常用的 MySQL 图形化管理工具。

2．SQLyog

SQLyog 是一款针对 MySQL 的管理工具，它具有数据库连接管理、表管理、数据管理、存储过程管理等功能。

SQLyog 操作简单，对于 MySQL 数据库具有较好的适用性，但功能丰富度逊于 Navicat，通用性稍差。

3．MySQL Workbench

MySQL Workbench 是 MySQL 官方推出的集成开发环境，它具有数据库设计和建模、SQL 开发、数据库管理等功能，可以用于设计数据库结构、编写和执行 SQL 语句等。

MySQL Workbench 作为 MySQL 官方提供的图形化管理工具，与 MySQL 的集成度较高，但在操作体验上可能不如 Navicat，且对于高级功能的扩展性稍差。

## 任务实施——使用 Navicat 连接 MySQL

由于业务拓展，茗香居的数据库系统需要处理的在线交易、库存更新和客户数据分析等任务越来越多。目前的数据库管理工作主要通过命令行窗口进行，对于复杂查询和数据维护任务，这种方式不仅耗时而且容易出错。

为了提高数据库管理的效率和准确性，茗香居计划引入 Navicat Premium 16 作为 MySQL 图形化管理工具，并希望通过使用 Navicat 的高级功能来简化数据库的日常维护工作，包括数据迁移、备份、恢复和性能优化等。

1．安装 Navicat

步骤 1 双击 Navicat 安装文件，打开“安装程序 - Navicat Premium 16”对话框（见图 1-26），单击“下一步”按钮，打开“许可证”界面，选中“我同意”单选钮（见图 1-27），单击“下一步”按钮。

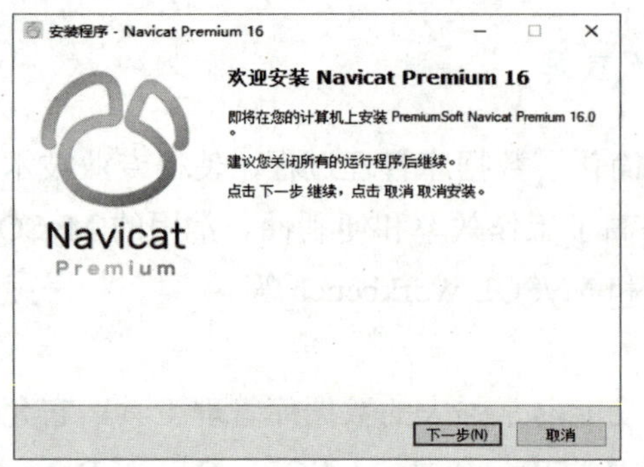


图 1-26 “安装程序 - Navicat Premium 16”对话框

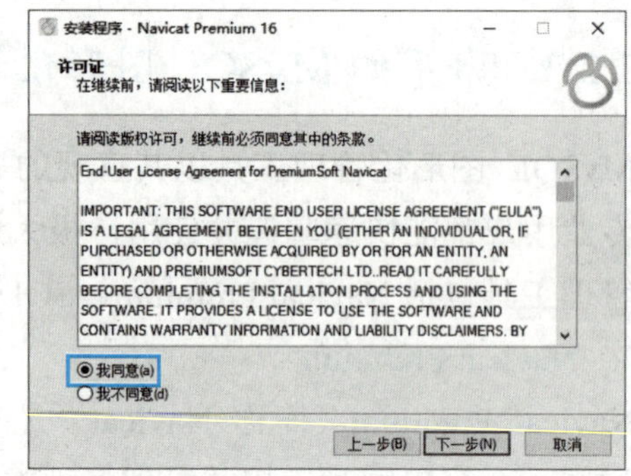


图 1-27 同意版权许可条款

步骤 2 打开“选择安装文件夹”界面（见图 1-28），单击“浏览”按钮，选择软件的安装路径，单击“下一步”按钮。

步骤 3 打开“选择额外任务”界面（见图 1-29），保持默认设置，单击“下一步”按钮。

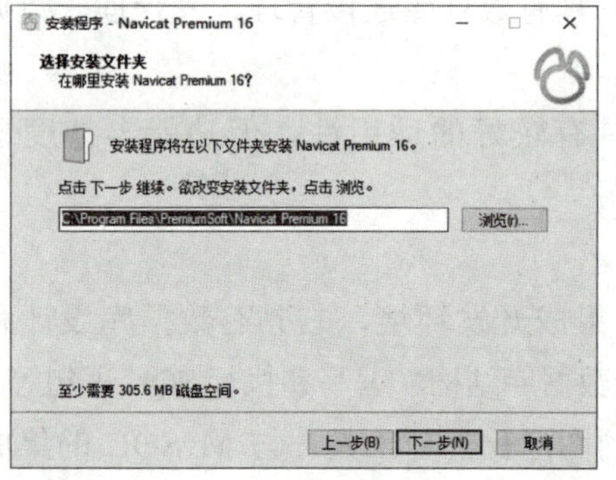


图 1-28 “选择安装文件夹”界面

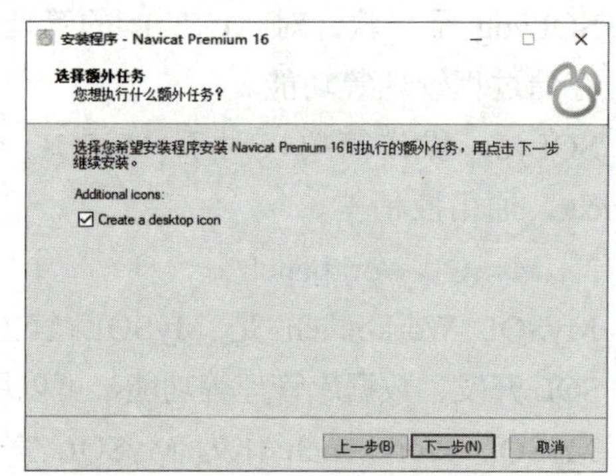


图 1-29 “选择额外任务”界面

步骤 4 打开“准备安装”界面（见图 1-30），单击“安装”按钮。

步骤 5 安装完成后单击“完成”按钮（见图 1-31），关闭对话框。

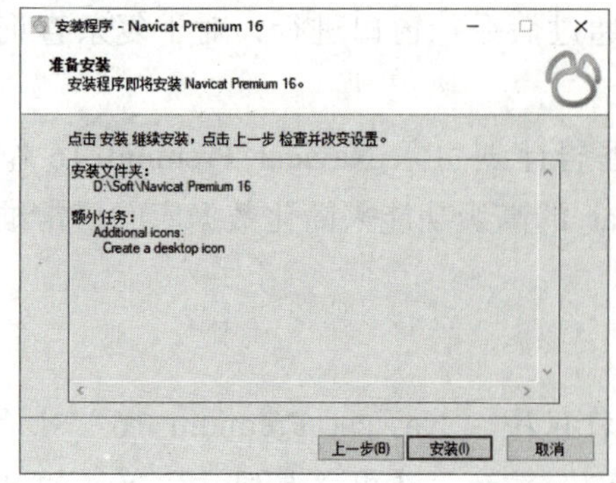


图 1-30 “准备安装”界面

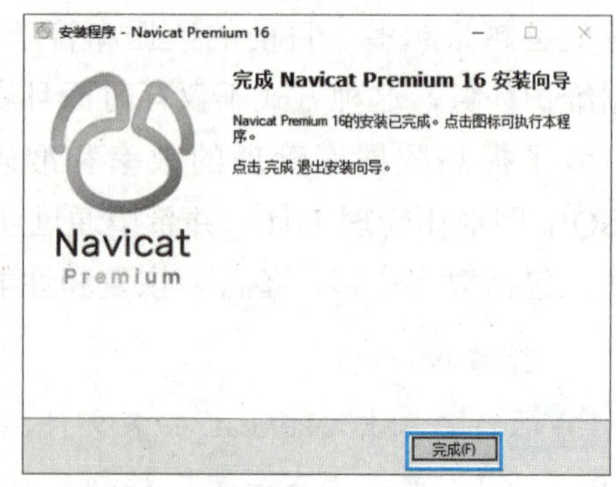


图 1-31 单击“完成”按钮

## 2. 连接 MySQL

Navicat 只是一个客户端软件，如果需要操作 MySQL，必须与 MySQL 建立连接。

步骤 1 启动 Navicat，显示其主界面，如图 1-32 所示。

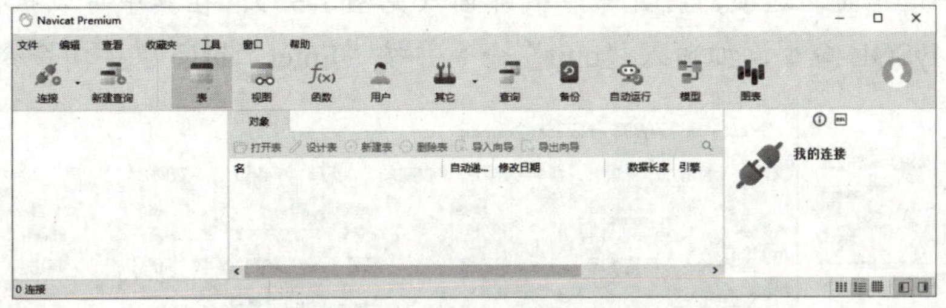

图 1-32 Navicat 主界面

步骤 2 在工具栏中单击“连接”下拉按钮，在展开的下拉列表中选择“MySQL”选项，打开“新建连接（MySQL）”对话框，如图 1-33 所示。

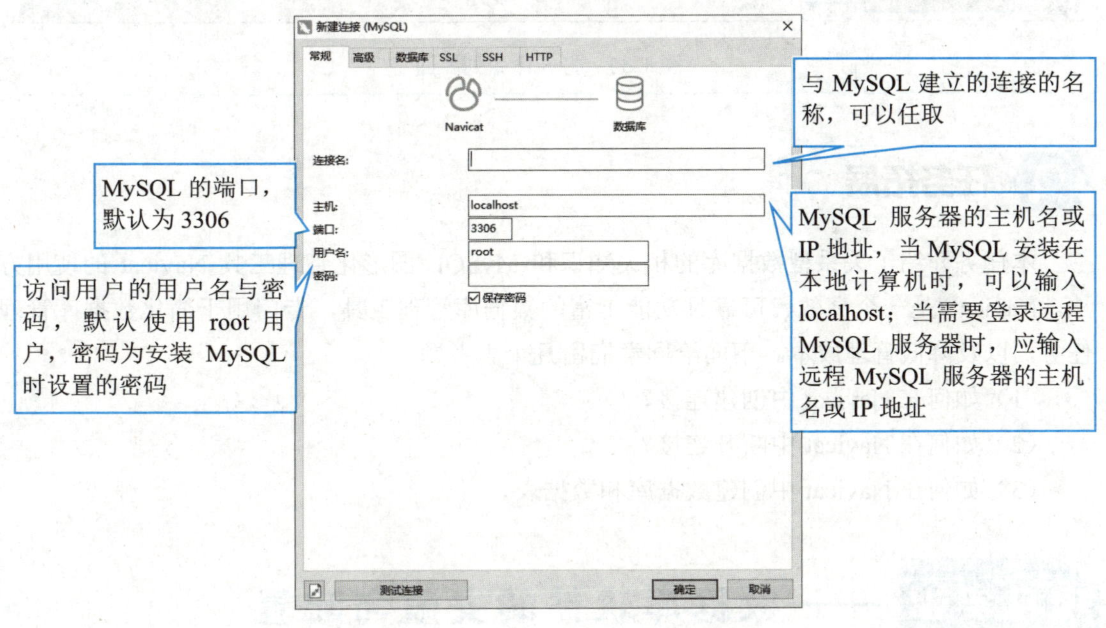


图 1-33 “新建连接（MySQL）”对话框

步骤 3 在“常规”选项卡中输入相关参数后单击“测试连接”按钮，连接成功会打开提示对话框（见图 1-34），单击“确定”按钮，返回“新建连接（MySQL）”对话框，再次单击“确定”按钮，就可以和 MySQL 建立连接了，且该连接显示在 Navicat 窗口的左侧窗格中。

图 1-34 提示对话框

提示 

在 Navicat 窗口的左侧窗格中右击与 MySQL 建立的连接，在弹出的快捷菜单中选择“命令列界面”选项，打开命令列界面（见图 1-35），在其中可以执行 SQL 语句或其他 MySQL 命令，如输入“quit”命令并按“Enter”键可以关闭命令列界面。

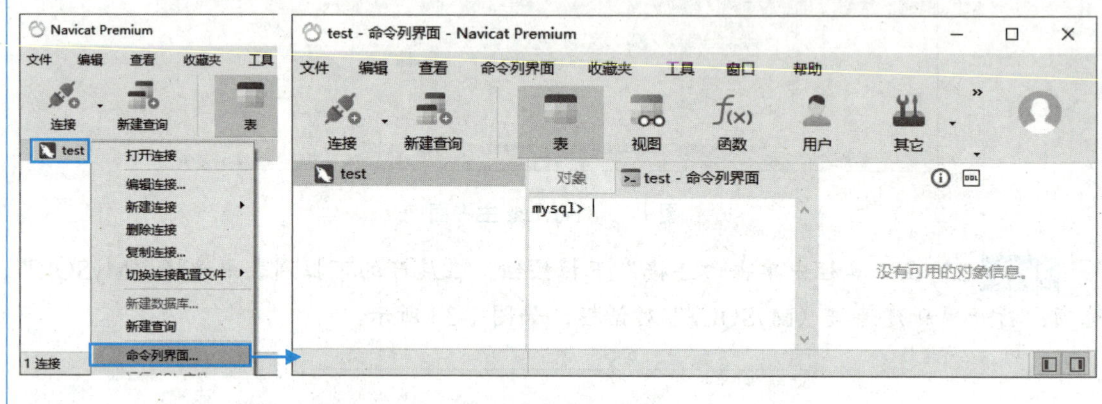


图 1-35　打开命令列界面

## 任务拓展

本任务介绍了关系型数据库的相关知识和 MySQL 图形化管理工具 Navicat 的使用方法。Navicat 是一个高效、可靠且功能丰富的数据库管理工具，专门用于简化数据库管理任务，以及降低管理成本。下面给同学们留几个思考题。

（1）如何在 Navicat 中创建连接？

（2）如何在 Navicat 中断开连接？

（3）如何在 Navicat 中创建数据库和数据表？

## 项目实训——数据库软件的安装与配置

### 1．实训目标

（1）掌握安装与配置 MySQL 的方法。

（2）掌握安装 Navicat 的方法。

（3）掌握使用 Navicat 创建 MySQL 连接的方法。

（4）掌握使用 Navicat 的命令列界面进行简单的数据库操作的方法。

数据库软件的安装与配置

### 2．实训内容

（1）安装 MySQL 8.0.30 及 Navicat Premium 16。

（2）使用 Navicat 创建 MySQL 连接，且连接名为 Medicine。

（3）在 Medicine 连接的命令列界面查看数据库管理系统中的所有数据库。

**提示**

查看数据库管理系统中的所有数据库的 SQL 语句为“SHOW DATABASES;”。

此外，在命令行窗口执行“help”或“\h”命令可以查看帮助信息，显示 MySQL 提供的命令。这些命令可以用一个单词表示，也可以用“\字母”表示，部分常用命令及其说明如表 1-13 所示。需要注意的是，不是所有 MySQL 命令都可以在 Navicat 的命令列界面执行。

表 1-13　部分常用 MySQL 命令及其说明

| 命令 | 简写 | 说明 |
|---|---|---|
| ? | \? | 显示帮助信息 |
| clear | \c | 清除当前输入的语句 |
| connect | \r | 连接到服务器，可选参数为数据库名称和主机名 |
| delimiter | \d | 设置语句分隔符 |
| prompt | \R | 更改 MySQL 命令提示符 |
| source | \. | 执行 SQL 脚本文件 |
| status | \s | 获取 MySQL 的状态信息 |
| tee | \T | 设置输出文件，并将信息添加到所有给定的输出文件中 |
| use | \u | 切换数据库 |
| charset | \C | 切换字符集 |

# 项目评价

请学生结合本项目的学习情况，对学习成果进行自评，请教师进行师评和总评，并将评价结果填入表 1-14 中。

表 1-14　学习成果评价表

<table>
<tr><th rowspan="2">评价项目</th><th rowspan="2">评价内容</th><th rowspan="2">分值</th><th colspan="2">评价得分</th></tr>
<tr><th>自评</th><th>师评</th></tr>
<tr><td rowspan="8">理论知识</td><td>数据库和数据库系统的相关知识</td><td>5</td><td></td><td></td></tr>
<tr><td>数据库管理系统的概念和功能</td><td>5</td><td></td><td></td></tr>
<tr><td>数据模型的概念和类型，以及常用的逻辑模型</td><td>5</td><td></td><td></td></tr>
<tr><td>常见的数据库</td><td>5</td><td></td><td></td></tr>
<tr><td>大数据技术与传统数据库技术的关系及数据库相关职业</td><td>5</td><td></td><td></td></tr>
<tr><td>关系的定义、关系模型的相关术语、关系的完整性和关系运算</td><td>10</td><td></td><td></td></tr>
<tr><td>SQL 语句的分类和功能</td><td>10</td><td></td><td></td></tr>
<tr><td>常用的 MySQL 图形化管理工具</td><td>5</td><td></td><td></td></tr>
<tr><td rowspan="2">技术能力</td><td>安装与配置 MySQL</td><td>15</td><td></td><td></td></tr>
<tr><td>安装与使用 Navicat</td><td>15</td><td></td><td></td></tr>
<tr><td>项目实训</td><td>代码规范、完整、运行良好</td><td>10</td><td></td><td></td></tr>
<tr><td>总评</td><td>综合素质、综合技能、操作规范性</td><td>10</td><td></td><td></td></tr>
<tr><td rowspan="3">信息汇总</td><td>班级</td><td></td><td>学生签字</td><td></td></tr>
<tr><td>教师签字</td><td></td><td>日期</td><td></td></tr>
<tr><td>最终评分</td><td colspan="3">自评（70%）+师评（30%）=____________</td></tr>
</table>

下面对各评价项目进行说明。

（1）理论知识：通过理论测试评估学生对数据库基础知识的掌握程度。

（2）技术能力：评估学生在软件安装与配置等方面的实际操作技能。

（3）项目实训：根据学生提交的代码的规范性、完整性和运行效果进行评分。

（4）总评：根据学生的综合素质、综合技能和操作规范性进行整体评价。

# 项目 2

# 数据库设计

## 项目目标

### 知识目标

- 了解需求分析的任务和方法。
- 掌握概念模型的相关概念和表示方法。
- 掌握范式理论的相关知识。
- 熟悉数据库物理结构设计的任务。

### 技能目标

- 能够根据实际情况进行数据库需求分析。
- 能够根据需求分析结果绘制 E-R 图。
- 能够将 E-R 图转换为关系模型。
- 能够根据关系模式绘制物理模型图。

### 素质目标

- 培养全局观和系统化思考的能力，增强规划意识。
- 培养追求卓越和精益求精的精神。

## 项目描述

本项目聚焦于数据库设计，旨在通过一系列精心设计的任务，介绍如何构建一个实用且高效的数据库系统。本项目分为 4 个任务，分别介绍数据库设计的 4 个主要阶段，并以茶叶在线销售系统数据库为例，介绍这 4 个阶段在实际中的应用，确保学生可以理解数据库设计理论并将其应用到实际的系统开发中。

任务 2.1　需求分析：介绍如何分析系统需求，为数据库设计打下坚实的基础。

任务 2.2　概念结构设计：介绍概念模型的相关概念，以及如何使用 E-R 图表示概念模型。

任务 2.3　逻辑结构设计：介绍如何将使用 E-R 图表示的概念模型转换为逻辑模型对应的逻辑结构，以及范式理论和关系模式的规范化。

任务 2.4　物理结构设计：介绍数据库的物理实现，包括设计存储结构和存取方法，以及绘制物理模型图。

总的来说，本项目不仅有利于提高学生的数据设计能力，还能够帮助学生加深对数据库系统的理解。图 2-1 为“数据库设计”在数据库系统开发流程中的位置。

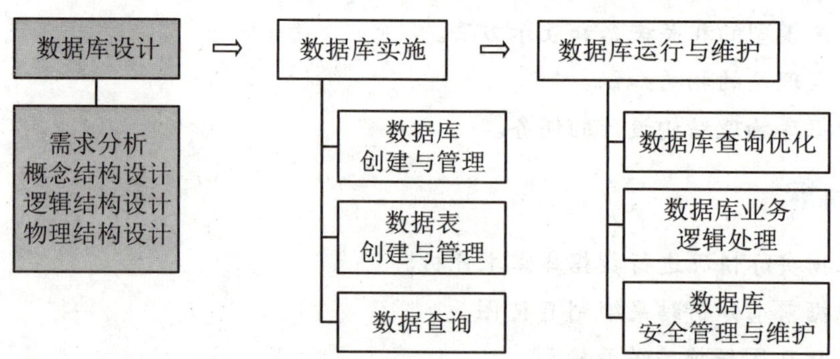


图 2-1　“数据库设计”在数据库系统开发流程中的位置

### 文化赏析

#### 茶叶的种类

按照加工方式的不同可以将茶叶分为六大类，分别是红茶、绿茶、黄茶、乌龙茶（青茶）、白茶和黑茶。其中，红茶是全发酵茶，绿茶是不发酵茶。

# 任务 2.1　需求分析

## 任务描述

需求分析是数据库设计的基本环节，其目的是明确系统的各种需求，并将非形式化的需求转换为完整的需求定义，进而形成详尽的需求分析说明书。本任务将介绍需求分析的任务和方法。同学们可以先参考以下要点进行自主学习。

（1）文档收集：收集与销售流程相关的业务文档、客户需求文档和市场需求文档等，深入了解订单处理、库存管理、客户关系管理等业务流程及具体的客户和市场需求。

（2）文档处理：学习使用 Word、Excel 等办公软件编写和整理需求文档的方法。

（3）需求分析方法：学习有效的需求分析方法，以及访谈技巧、调查问卷设计方法等，广泛收集客户意见，并从现有文档中提取关键信息。

（4）需求分析相关工具：学习使用 Jira、Trello 等需求管理软件进行需求跟踪，以及使用 Visio、Lucidchart 等绘图软件绘制流程图等的方法。

### 2.1.1　需求分析的任务

需求分析是指通过调查现实世界中的对象（如组织、企业等），充分了解该对象的工作流程，明确其各方面的需求，然后在此基础上确定系统的功能。需求分析是数据库设计的起点，其结果会直接影响数据库设计的其他环节。需求分析的主要任务包括以下几点。

#### 1. 分析系统的功能需求

分析系统的功能需求是指对系统的用户需求和业务流程进行分析，从而为系统的设计和实现奠定基础。

#### 2. 收集和分析需求数据

明确系统的功能需求后，需要收集各类需求数据，包括数据需求、处理需求、安全性和完整性需求等，然后对这些数据进行初步分析，确定哪些功能由计算机完成，哪些功能由人工完成，由计算机完成的功能就是系统应该实现的功能。

#### 3. 编写系统分析报告

系统分析报告通常称为需求分析说明书，它是对需求分析的总结，主要包括系统的功能需求、系统的角色、系统的数据需求，以及系统的业务规则等内容。编写系统分析报告是一个逐渐深入和逐步完善的过程。

### 2.1.2 需求分析的方法

需求分析的方法主要有自顶向下和自底向上两种。其中，自顶向下的分析方法也称结构化分析（structured analysis, SA）方法，它是目前比较常用的需求分析方法。

SA 方法从系统最上层的组织机构入手，采用逐层分解的方式分析系统，并将每层用数据流图和数据字典描述。

（1）数据流图。SA 方法中的数据流图描述了数据和处理过程的关系，如图 2-2 所示。在数据流图中，带有名称的箭头表示数据流；圆形表示处理；不封闭的矩形（一般为两条平行线）表示数据存储；矩形表示数据来源和数据输出。当系统较为复杂时，可以采用多层描述的方式，即第一层描述系统的全貌，第二层分别描述各子系统的数据流，依此类推，直到功能完全细化，形成多层次数据流图。

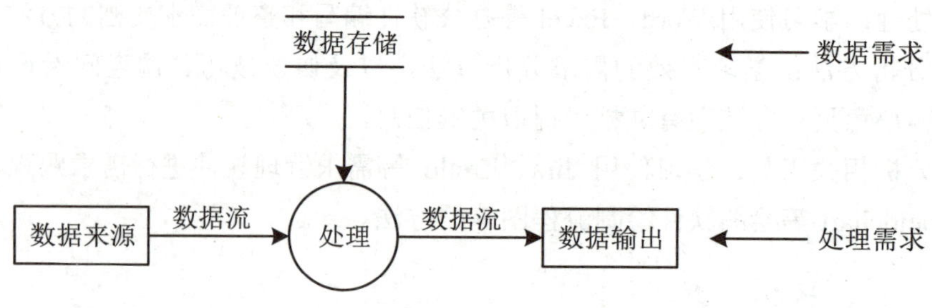


图 2-2 数据流图

（2）数据字典。SA 方法中的数据字典是对系统中数据的详细描述。

## 任务实施——茶叶在线销售系统数据库需求分析

为满足日益增长的业务需求，茗香居计划全面优化茶叶在线销售系统并重新进行数据库设计。本任务实施主要对茶叶在线销售系统数据库进行需求分析。

#### 1. 分析系统的功能需求

**步骤 1** 了解茶叶在线销售系统的整体需求。

茶叶在线销售系统主要用于展示和销售各类茶叶，因此需要具备展示、搜索和筛选茶叶的功能，支持在线购买茶叶和多种支付方式，以及在购买茶叶后查看订单信息。

**步骤 2** 对茶叶在线销售系统进行功能需求分析。

茶叶在线销售系统包括茶叶选购和信息管理两大功能模块。其中，茶叶选购模块（一般也称系统前端）主要面向游客（未登录系统的用户）和客户（已登录系统的用户），包括浏览茶叶、购买茶叶和个人中心等功能；信息管理模块（一般也称系统后台）主要面向管理员，包括维护茶叶信息、维护客户信息、维护订单信息和系统设置等功能。

（1）茶叶选购模块。

① 浏览茶叶：游客和客户可以通过茶叶展示页面了解茶叶的基本信息，也可以通过茶叶详情页面了解茶叶的详细信息（如单价、库存量等），还可以按需求搜索和筛选茶叶。

② 购买茶叶：客户在浏览茶叶的过程中可以将心仪的茶叶添加到购物车，并根据需要修改或删除购物车中的茶叶；购买茶叶后，系统将自动生成订单，客户完成支付后可以查看订单信息。游客无法使用该功能，只有注册并登录账户后才能使用。

③ 个人中心：该功能用于管理个人账户。游客无法使用该功能，只有注册并登录账户后才能使用。

（2）信息管理模块。

① 维护茶叶信息：该功能用于管理茶叶信息，包括添加新的茶叶、修改现有茶叶或删除不再销售的茶叶。

② 维护客户信息：该功能用于查看和管理客户信息，并对客户的购买行为进行统计分析。

③ 维护订单信息：该功能用于管理订单信息，包括查询订单、撤销订单，并对订单信息进行统计分析，以生成销售报表。

④ 系统设置：该功能用于对系统进行基本设置，以及备份和恢复重要数据。

### 2. 分析系统中的角色

为了对茶叶在线销售系统进行信息建模，必须分析系统的使用者，即分析系统中有哪些角色，包括分析角色的种类和各类角色的具体操作。

**步骤 1** 分析角色的种类。

本系统的角色包括客户、管理员和游客 3 类。

**步骤 2** 分析各类角色的具体操作。

（1）客户。客户是系统的中心角色，他们的主要操作包括浏览茶叶、查看茶叶的详细信息并将心仪的茶叶添加到购物车、购买茶叶，以及管理个人账户。

（2）管理员。管理员负责系统的后台管理工作，他们的主要操作包括维护茶叶、客户和订单信息等。

（3）游客。游客在系统中的主要操作是浏览茶叶的信息等。

### 3. 分析系统的数据需求

茶叶在线销售系统数据库的主要数据包括客户数据、类别数据、茶叶数据、购物车数据、订单数据、订单详情数据和评价数据。

**步骤 1** 分析客户数据。

（1）客户 ID：客户的编号，用于唯一标识一个客户。

（2）客户姓名。

（3）登录名：客户用于登录系统的用户名。

（4）密码：客户用于登录系统的密码。

（5）联系方式：包括电话号码、通信地址和邮箱地址。

（6）其他信息：性别、积分、注册时间等。

步骤 2 分析类别数据。

（1）类别 ID：茶叶类别的编号，用于唯一标识一个茶叶类别。

（2）类别名：茶叶类别的名称。

（3）说明：对茶叶类别的介绍。

步骤 3 分析茶叶数据。

（1）茶叶 ID：茶叶的编号，用于唯一标识一种茶叶。

（2）茶叶名。

（3）类别 ID：茶叶所属的茶叶类别，与类别数据关联。

（4）单价：茶叶的售价。

（5）库存量：茶叶数量。

步骤 4 分析购物车数据。

（1）购物车 ID：购物车的编号，用于唯一标识一个购物车。

（2）客户姓名。

（3）茶叶名。

（4）加购数量：添加到购物车的茶叶数量。

步骤 5 分析订单数据。

（1）订单 ID：订单的编号，用于唯一标识一个订单。

（2）客户姓名。

（3）订单编号。

（4）下单时间：订单的创建时间。

步骤 6 分析订单详情数据。

（1）详情 ID：订单详情的编号，用于唯一标识一个订单详情。

（2）订单 ID：订单详情对应的订单编号，与订单数据关联。

（3）茶叶名。

（4）购买数量：购买茶叶的数量。

步骤 7 分析评价数据。

（1）评价 ID：评价的编号，用于唯一标识一个评价。

（2）客户姓名。

（3）茶叶名。

（4）评价信息：客户对茶叶的评价内容、评分、评价时间等。

#### 4. 分析系统的业务规则

（1）客户必须提供有效的联系方式。

（2）茶叶的单价须大于 0，库存量须大于或等于 0；每种茶叶必须属于一个已定义的茶叶类别。

（3）类别数据应提供说明以区分各类茶叶。

（4）客户可以将多种茶叶添加到购物车，但购物车中每种茶叶的数量须大于 0。

（5）订单信息中的客户 ID 必须是系统中已经存在的客户 ID；订单一旦创建，客户 ID 和下单时间不允许更改，且下单时间为系统当前时间；订单状态应反映实际的订单处理进度。

（6）每个订单详情必须关联一个有效的订单，且每个订单详情中的茶叶购买数量必须大于 0。

（7）每个评价必须关联一种茶叶和一个客户，且评价内容和评分不能为空、评价时间为系统当前时间。

（8）客户可以对自己购买的茶叶进行评价，且一种茶叶可以被多个客户评价。

### 任务拓展

本任务介绍了如何分析数据库系统的功能需求、角色、数据需求、业务规则等。在数据库设计中，只有进行全面的需求分析才能保证数据库概念模型、逻辑模型和物理模型的正确性，并且在进行数据库需求分析时应综合考虑系统的实际功能、业务需求及业务使用情况等。下面给同学们留几个思考题。

（1）茶叶在线销售系统的功能有哪些？

（2）根据茶叶在线销售系统数据库的角色分析，绘制系统的用例图。

（3）根据茶叶在线销售系统数据库的功能需求分析，绘制系统的功能模块图。

（4）茶叶在线销售系统数据库中含有 ID 的属性有很多，如何区分这些属性？

## 任务 2.2 概念结构设计

### 任务描述

概念结构设计就是将需求分析阶段收集的信息转换为概念模型，它是数据库设计过程中至关重要的一步。本任务将介绍概念模型的相关知识，以及使用 E-R 图表示概念模型的方法。同学们可以先参考以下要点进行自主学习。

（1）理解业务需求：回顾任务 2.1 的需求分析结果，确保全面了解系统的功能需求、角色及各类角色的具体操作、数据需求、业务规则等。

（2）概念模型关键概念：掌握实体、属性和联系这 3 个概念模型的关键概念。

（3）建模工具：学习使用 Navicat Premium 16 自带的建模工具创建模型的方法。

### 2.2.1 概念模型

概念模型用于信息世界的建模，它使用实体（entity）、属性（attribute）、联系（relationship）等概念描述现实世界，是对现实世界中的事物及相关联系的第一级抽象。简单来说，概念模型就是数据库设计人员和用户之间进行交流的工具。

#### 1. 概念模型的相关概念

##### 1）实体

实体是可以独立存在并相互区别的事物，它可以是一个人、地点、对象、事件或概念等。例如，茶叶在线销售系统数据库中的一个客户、一种茶叶、一个订单等都是实体。

##### 2）属性

每个实体都具有一定的特性，这些特性称为属性。在数据库中，实体通常具有若干个属性，每个属性都有其特定的数据类型，如整数、字符串、时间等。例如，对于茶叶实体，其属性包括茶叶 ID、茶叶名等，其中茶叶 ID 的数据类型可设置为可变长度的字符串（VARCHAR）。

##### 3）实体集

实体集（entity set）是具有相同属性的实体的集合。以茶叶在线销售系统数据库为例，客户实体集包含了所有客户实体，每个客户实体都具有相同的属性（如客户 ID、客户姓名等）。

##### 4）联系

联系是指实体之间的逻辑关系。联系也可以具有属性，用于描述联系。例如，商品与商店之间存在销售联系，该联系具有销售日期、销售数量等属性。

#### 2. 实体之间的联系

实体之间的联系按照实体集的个数可分为两个实体集之间的联系、两个以上实体集之间的联系和单个实体集内部的联系 3 种情况。根据一个实体集中的实体个数与另一个实体集中的实体个数的对应关系划分，均可将这 3 种情况分为一对一、一对多和多对多联系。

##### 1）一对一联系

如果实体集 A 中的每个实体最多与实体集 B 中的一个实体相关联，且实体集 B 中的每个实体也最多与实体集 A 中的一个实体相关联，则称实体集 A 与实体集 B 具有一对一联系（1∶1），如图 2-3 所示。例如，某公司的员工都拥有员工证，每个员工证只对应一个员工，所以员工与员工证具有一对一联系。

2）一对多联系

如果实体集 A 中的每个实体可以与实体集 B 中的 $n$（$n \geqslant 0$）个实体相关联，但实体集 B 中的每个实体最多与实体集 A 中的一个实体相关联，则称实体集 A 与实体集 B 具有一对多联系（1∶$n$），如图 2-4 所示。例如，一个班级有若干名学生，但每名学生只属于一个班级，所以班级与学生具有一对多联系。

3）多对多联系

如果实体集 A 中的每个实体可以与实体集 B 中的 $n$（$n \geqslant 0$）个实体相关联，且实体集 B 中的每个实体也可以与实体集 A 中的 $m$（$m \geqslant 0$）个实体相关联，则称实体集 A 与实体集 B 具有多对多联系（$m$∶$n$），如图 2-5 所示。例如，一种商品可以在多个商店销售，且一个商店可以销售多种商品，所以商品与商店具有多对多联系。在数据库设计中，多对多联系通常通过引入一个中间实体并建立两个一对多联系来实现。

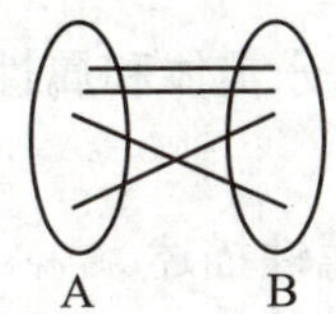


图 2-3　一对一联系

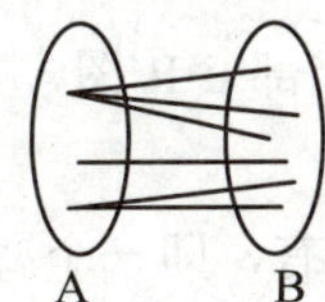


图 2-4　一对多联系

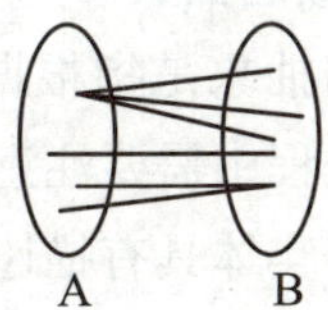


图 2-5　多对多联系

## 2.2.2　E-R 图

为了更加清晰地表示概念模型，计算机科学家陈品山于 1976 年提出了一种使用 E-R 图（entity-relationship diagram）来描述现实世界的概念模型，称为 E-R 模型。

E-R 图提供了实体、属性和联系的表示方法。在 E-R 图中，用矩形表示实体，矩形内部写明实体名；用椭圆表示属性，椭圆内部写明属性名，并用无向边将椭圆与相应的实体相连（见图 2-6）；用菱形表示联系，菱形内部写明联系名，并用无向边将菱形分别与相应的实体相连，同时在无向边旁标明联系的类型（1∶1、1∶$n$、$m$∶$n$），如图 2-7 所示。

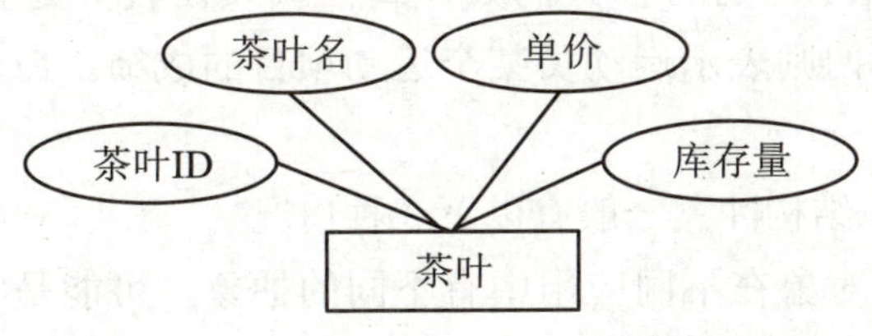


图 2-6　实体与属性之间的关系

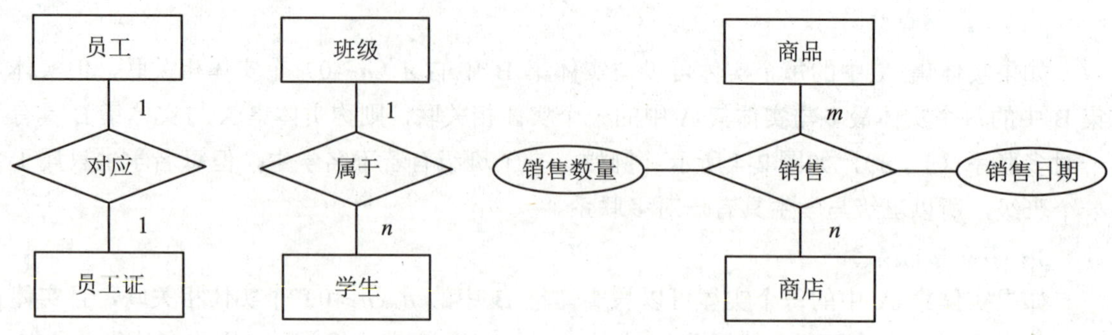


图 2-7　两个实体之间的 3 种联系

绘制数据库的 E-R 图是概念结构设计的主要任务，可以将绘制过程分为数据抽象与视图集成两部分。

### 1. 数据抽象

数据抽象是指根据需求分析绘制局部 E-R 图，其重点是正确区分实体和属性。在数据抽象过程中需要注意以下两点。

（1）实体具有描述信息，而属性没有，即一个属性不能用其他属性描述。

（2）属性不能与实体有联系，联系只能发生在实体与实体之间。

### 2. 视图集成

视图集成是指将所有局部 E-R 图合并为全局 E-R 图，它主要包括合并和优化两个步骤。

（1）合并。合并局部 E-R 图可以使用两种方法，第一种方法是先将两个局部 E-R 图合并，再将新的 E-R 图与合并后的 E-R 图合并，依此类推，逐渐形成全局 E-R 图；第二种方法是一次性将所有局部 E-R 图合并，形成全局 E-R 图。

（2）优化。在合并局部 E-R 图的过程中可能会出现一些冲突问题，需要根据实际情况进行优化。

① 优化命名冲突。命名冲突指命名不一致，一般有同名异义和异名同义两种情况。同名异义是指同一名称的对象在不同应用中所表示的含义不同；异名同义指同一含义的对象在不同应用中具有不同的名称。例如，属性成绩在教务处表示学生某门课程的成绩，而在运动会管理部门则表示运动员某个运动项目的成绩。命名冲突可以通过相关部门协商解决。

② 优化结构冲突。结构冲突一般有以下 3 种情况。

第一种情况是同一对象在不同应用中有不同的抽象，可能是实体也可能是属性。例如，系别对象在一些应用中作为实体，而在另一些应用中则作为属性。这类冲突可通过将属性转换成实体或将实体转换成属性的方式解决。

第二种情况是同一实体在不同应用中的属性不同。这类冲突可通过合并各局部 E-R 图中同名实体的属性的方式解决。

第三种情况是同一联系在不同应用中呈现不同的类型。解决这类冲突应根据实际情况对实体的联系进行调整。

## 任务实施——茶叶在线销售系统数据库概念结构设计

本任务实施根据任务 2.1 的需求分析结果对茗香居茶叶在线销售系统数据库进行概念结构设计，并绘制全局 E-R 图。

**步骤 1** 分析茶叶在线销售系统数据库的实体及各自的属性。

（1）客户实体。该实体的属性包括客户 ID、客户姓名、登录名、密码、性别、电话号码、通信地址、邮箱地址、积分、注册时间，其中客户 ID 为主键。

（2）类别实体。该实体的属性包括类别 ID、类别名、说明，其中类别 ID 为主键。

（3）茶叶实体。该实体的属性包括茶叶 ID、茶叶名、单价、库存量，其中茶叶 ID 为主键。

（4）订单实体。该实体的属性包括订单 ID、订单编号、下单时间，其中订单 ID 为主键。

**步骤 2** 分析茶叶在线销售系统数据库中实体之间的联系。

（1）每个茶叶类别可以包含多种茶叶，但每种茶叶只属于一个类别，所以类别实体与茶叶实体之间具有名为“属于”的一对多联系。

（2）每个客户可以加购多种茶叶，每种茶叶也可以被多个客户加购，所以客户实体与茶叶实体之间具有名为“加购”的多对多联系，且该联系具有客户姓名、茶叶名、加购数量 3 个属性。

（3）每个客户可以产生多个订单，但每个订单只属于一个客户，所以客户实体与订单实体之间具有名为“订购”的一对多联系。

（4）每种茶叶可以存在于多个订单中，每个订单也可以包含多种茶叶，所以茶叶实体与订单实体之间具有名为“详情”的多对多联系，且该联系具有茶叶名、购买数量 2 个属性。

（5）每个客户可以评价多种茶叶，每种茶叶也可以被多个客户评价，所以客户实体与茶叶实体之间具有名为“评价”的多对多联系，且该联系具有评价内容、评分、评价时间 3 个属性。

**步骤 3** 绘制茶叶在线销售系统数据库的全局 E-R 图，如图 2-8 所示。

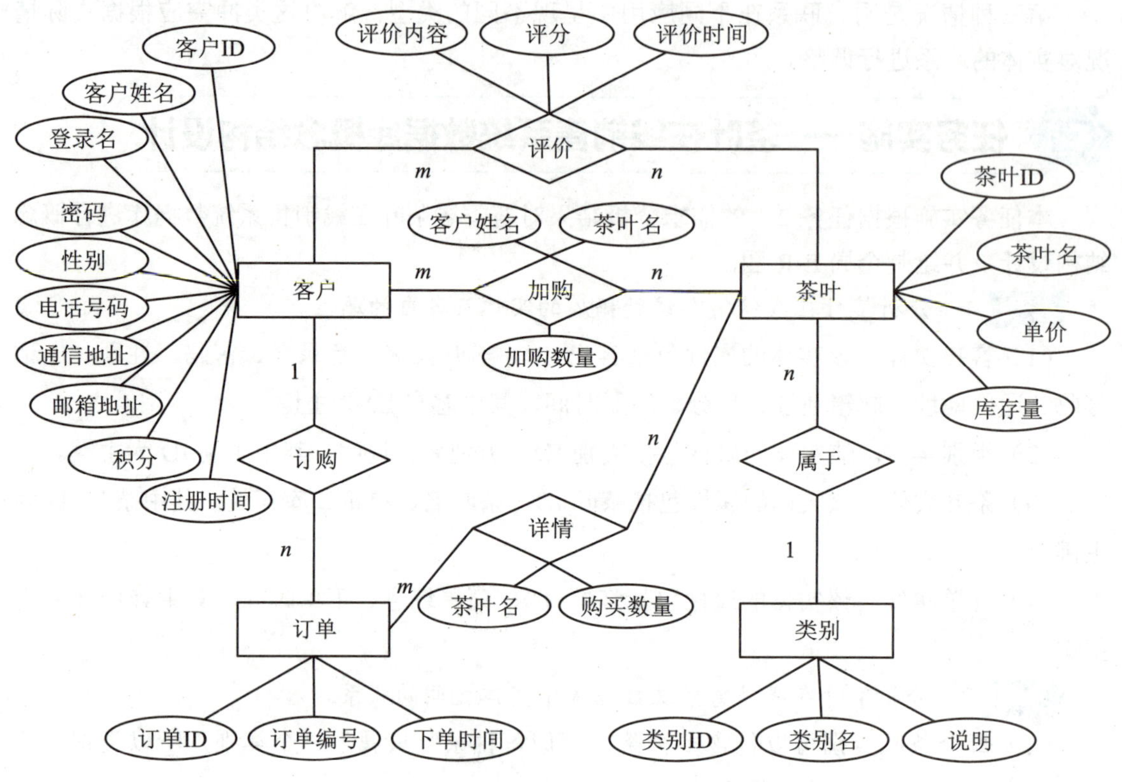


图 2-8　茶叶在线销售系统数据库的全局 E-R 图

## 任务拓展

本任务介绍了数据库概念结构设计。当同学们需要将现实世界的事物转换为数据库的概念模型时，可以借助 E-R 图来实现。下面给同学们留几个思考题。

（1）一对一联系、一对多联系、多对多联系的定义、特点和应用场景分别是什么？

（2）E-R 图中的实体和属性分别用什么表示？

# 任务 2.3　逻辑结构设计

##  任务描述

E-R 图向关系模型的转换

逻辑结构设计就是将概念结构设计阶段设计的 E-R 图转换为与数据库所支持的逻辑模型相符合的逻辑结构。由于 MySQL 是

关系型数据库，所以本任务将介绍 E-R 图向关系模型的转换，以及范式理论和关系模式的规范化。

## 2.3.1 E-R 图向关系模型的转换

关系模型是一组关系模式的集合，将 E-R 图转换为关系模型实际上就是将实体、实体的属性及实体之间的联系转换为关系模式。通常情况下，一个实体转换为一个关系模式，关系的属性就是实体的属性，关系的主键就是实体的主键。将实体之间的联系转换为关系模式有以下几种情况。

（1）一个 1∶1 联系可以转换为一个独立的关系模式，也可以与其中一端实体对应的关系模式合并。如果转换为一个独立的关系模式，则与该联系相关联的各实体的主键及联系本身的属性均作为关系的属性，各实体的主键均作为该关系的候选键；如果与其中一端实体对应的关系模式合并，则需要在该关系模式中加入另一个实体的主键及联系本身的属性。

（2）一个 1∶$n$ 联系可以转换为一个独立的关系模式，也可以与 $n$ 端实体对应的关系模式合并。如果转换为一个独立的关系模式，则与该联系相关联的各实体的主键及联系本身的属性均作为关系的属性，该关系的主键为 $n$ 端实体的主键；如果与 $n$ 端实体对应的关系模式合并，则需要在 1 端实体的关系模式中添加 $n$ 端实体的主键。

（3）一个 $m$∶$n$ 联系可以转换为一个独立的关系模式，与该联系相关联的各实体的主键及联系本身的属性均作为关系的属性，各实体的主键共同组成该关系的主键或主键的一部分。

## 2.3.2 范式理论

范式也就是规范，是关系型数据库模式设计需要遵循的原则。范式按照规范化程度可分为第一范式（1NF）、第二范式（2NF）、第三范式（3NF）、扩充的第三范式（BCNF）、第四范式（4NF）和第五范式（5NF）等。在实际的数据库设计过程中，通常使用的是前三类范式。

### 1. 第一范式

第一范式（1NF）是数据库设计中最基本的规范，它要求数据表的每个数据项都不能拆分成两个或两个以上的数据项。例如，关系模式教师（编号，姓名，性别，职称职务）不满足第一范式，因为属性职称职务可以拆分成职称和职务两个属性。

第一范式的主要目的是确保数据库中的数据具有良好的结构，避免数据的冗余和不一致，提高数据库的可维护性和查询效率。

### 2. 第二范式

第二范式（2NF）是指数据表在满足第一范式的前提下，所有非主键属性都完全函数依赖于主键。

## 知识库

函数依赖是关系模式中属性之间的依赖关系。例如，在关系模式学生（学号，姓名，性别）中，如果通过学号可以唯一确定学生的姓名和性别，则称姓名和性别函数依赖于学号。函数依赖可分为完全函数依赖、部分函数依赖与传递函数依赖3种，下面以关系模式选课（学号，课程编号，姓名，系别，系主任，成绩）为例分别进行介绍。

（1）完全函数依赖。通过分析关系模式可知，该关系模式的主键是学号和课程编号的组合，仅通过学号或课程编号均不能唯一确定学生的成绩，必须使用学号和课程编号的组合来确定，因此成绩完全函数依赖于学号和课程编号。

（2）部分函数依赖。通过分析关系模式可知，该关系模式的主键是学号和课程编号的组合，但通过学号就可以唯一确定学生的姓名，而无须通过学号和课程编号的组合来确定，因此姓名部分函数依赖于学号和课程编号。

（3）传递函数依赖。通过分析关系模式可知，系主任由系别确定，而系别是非主键属性，需要通过学号来确定，因此系主任传递函数依赖于学号。

此外，函数依赖是语义范畴的概念，必须根据语义确定属性之间的函数依赖，而不能根据某一时刻的数据来确定。例如，即使没有重名的学生，在设计学生管理数据库时也不能设计为由姓名确定学号。因为在实际生活中不会限制学校招收重名学生，只要新增一个重名学生数据，这一函数依赖就无法成立。

例如，茶叶订购表（见表2-1）的主键是订单编号和茶叶 ID 的组合，但茶叶名由茶叶 ID 确定，而不是订单编号和茶叶 ID 的组合，所以该表不满足第二范式，同时由于该表中的其他属性都完全函数依赖于订单编号和茶叶 ID 的组合，因此可以将该表中的茶叶名属性删除，以满足第二范式，如表2-2所示。

表2-1 不满足第二范式的茶叶订购表

| 订单编号 | 茶叶 ID | 茶叶名 | 客户 ID | 下单时间 |
|---|---|---|---|---|
| 20220306152356139 | T004 | 安吉白茶 | U006 | 2022-03-06 15:23:56 |
| 20220706145640190 | T001 | 西湖龙井 | U007 | 2022-07-06 14:56:40 |

表2-2 满足第二范式的茶叶订购表

| 订单编号 | 茶叶 ID | 客户 ID | 下单时间 |
|---|---|---|---|
| 20220306152356139 | T004 | U006 | 2022-03-06 15:23:56 |
| 20220706145640190 | T001 | U007 | 2022-07-06 14:56:40 |

第二范式的主要目的是消除部分函数依赖，使数据表的结构更加合理和规范，确保数据的完整性和一致性。

### 3. 第三范式

第三范式（3NF）是指数据表在满足第二范式的前提下，每个非主键属性都不函数依赖于其他非主键属性，只函数依赖于主键。简单来说，第三范式就是确保每个属性都直接与主键相关，而不是通过其他属性与主键间接相关。

例如，客户表（见表 2-3）的积分排名是根据积分得到的，所以该表不满足第三范式。为使该表满足第三范式，可以将该表中的积分排名属性删除，如表 2-4 所示。

表 2-3 不满足第三范式的客户表

| 客户 ID | 客户姓名 | 性别 | 积分 | 积分排名 |
|---|---|---|---|---|
| U002 | 王丽丽 | 女 | 138 | 1 |
| U006 | 戴遥 | 男 | 39 | 2 |

表 2-4 满足第三范式的客户表

| 客户 ID | 客户姓名 | 性别 | 积分 |
|---|---|---|---|
| U002 | 王丽丽 | 女 | 138 |
| U006 | 戴遥 | 男 | 39 |

第三范式的主要目的是消除传递函数依赖，它要求不在数据库中存储可以通过简单计算得出的数据，且尽量只使用一个关系描述一个实体或实体之间的联系。满足第三范式的数据表不但能够节省存储空间，而且能够避免当具有函数依赖的一方更新时另一方需要修改成倍数据，同时也能够避免在修改数据的过程中可能出现的人为错误。

要设计满足第三范式的数据表，通常需要对所有数据表进行整体分析和优化，并对数据表进行分解。需要注意的是，分解数据表时应保证分解后的关系模式可以通过关系运算还原，确保数据的完整性。

## 2.3.3 关系模式的规范化

在逻辑结构设计过程中，对关系模式进行检查和修改并使其满足范式的过程称为规范化。规范化的本质是概念的单一化。

【例 2-1】 将茶叶表（见表 2-5）规范到第三范式。

表 2-5 不满足第三范式的茶叶表

| 茶叶 ID | 茶叶名 | 类别 ID | 类别名 | 单价<br>（单位：元/500 g） | 库存量<br>（单位：g） |
|---|---|---|---|---|---|
| T001 | 西湖龙井 | TP002 | 绿茶类 | 716 | 5022 |
| T002 | 洞庭碧螺春 | TP002 | 绿茶类 | 288 | 3404 |

（续表）

| 茶叶 ID | 茶叶名 | 类别 ID | 类别名 | 单价（单位：元/500 g） | 库存量（单位：g） |
|---|---|---|---|---|---|
| T005 | 安溪铁观音 | TP004 | 乌龙茶类 | 288 | 7058 |
| T007 | 君山银针 | TP003 | 黄茶类 | 1240 | 4036 |
| T008 | 白牡丹 | TP005 | 白茶类 | 890 | 6828 |

从表 2-5 可以看出，该表中包含茶叶的类别信息，那么在存储茶叶信息时，每条茶叶信息都要存储相应的类别信息。由于前两条信息中茶叶的类别均为绿茶类，因此该类别信息重复存储，造成了数据冗余。

要将茶叶表规范到第三范式，可以将其分解为两张数据表，分别是茶叶表和类别表，它们的结构分别如表 2-6 和表 2-7 所示。

表 2-6　满足第三范式的茶叶表

| 茶叶 ID | 茶叶名 | 类别 ID | 单价（单位：元/500 g） | 库存量（单位：g） |
|---|---|---|---|---|
| T001 | 西湖龙井 | TP002 | 716 | 5022 |
| T002 | 洞庭碧螺春 | TP002 | 288 | 3404 |
| T005 | 安溪铁观音 | TP004 | 288 | 7058 |
| T007 | 君山银针 | TP003 | 1240 | 4036 |
| T008 | 白牡丹 | TP005 | 890 | 6828 |

表 2-7　满足第三范式的类别表

| 类别 ID | 类别名 | 说明 |
|---|---|---|
| TP002 | 绿茶类 | 安吉白茶、西湖龙井、洞庭碧螺春、信阳毛尖、庐山云雾、太平猴魁、竹叶青等 |
| TP003 | 黄茶类 | 君山银针、平阳黄汤、蒙顶黄芽、北港毛尖等 |
| TP004 | 乌龙茶类 | 安溪铁观音、凤凰水仙、东方美人、武夷岩茶、红乌龙等 |
| TP005 | 白茶类 | 白毫银针、白牡丹、贡眉等 |

**提示**

通过关系模式的规范化过程可以看出，关系模式规范化程度越高，数据冗余就越低，同时造成人为错误的可能性就越小；反之，关系模式规范化程度越低，在查询时获得的冗余数据就越多。

在实际应用中，并非所有关系模式都需要严格规范到第三范式，有时为了提高查询性能或满足特定的业务需求，可能会适当降低规范化的要求。因此，在设计数据库时，需要综合考虑数据的完整性、性能和实际业务需求三个方面的因素。

## 任务实施——茶叶在线销售系统数据库逻辑结构设计

茗香居茶叶在线销售系统使用的数据库管理系统为 MySQL，需要将概念结构设计阶段设计的 E-R 图转换为关系模型。本任务实施首先分析 E-R 图并将其转换为关系模型，然后根据范式理论对关系模式进行规范化，最后确定数据表的约束。

**步骤 1** 分析 E-R 图并将其转换为关系模型。

（1）将实体转换为关系模式。

① 客户实体：客户（客户 ID，客户姓名，登录名，密码，性别，电话号码，通信地址，邮箱地址，积分，注册时间）。

② 类别实体：类别（类别 ID，类别名，说明）。

③ 茶叶实体：茶叶（茶叶 ID，茶叶名，单价，库存量）。

④ 订单实体：订单（订单 ID，订单编号，下单时间）。

（2）将实体之间的联系转换为关系模式。

① 类别与茶叶实体之间的“属于”联系无须转换为独立的关系模式，只需要在关系模式茶叶中添加类别实体的主键，即茶叶（茶叶 ID，茶叶名，类别 ID，单价，库存量）。

② 客户与订单实体之间的“订购”联系无须转换为独立的关系模式，只需要在关系模式订单中添加客户实体的主键，即订单（订单 ID，客户 ID，订单编号，下单时间）。

③ 茶叶与订单实体之间的“详情”联系转换为关系模式订单详情，并在其中添加茶叶与订单实体的主键及联系本身的属性，即订单详情（详情 ID，订单 ID，茶叶 ID，茶叶名，购买数量）。

④ 客户与茶叶实体之间的“加购”联系转换为关系模式购物车，并在其中添加客户与茶叶实体的主键及联系本身的属性，即购物车（购物车 ID，客户 ID，客户姓名，茶叶 ID，茶叶名，加购数量）。

⑤ 客户与茶叶实体之间的“评价”联系转换为关系模式评价，并在其中添加客户与茶叶实体的主键及联系本身的属性，即评价（评价 ID，客户 ID，茶叶 ID，评价内容，评分，评价时间）。

**步骤 2** 规范化关系模式。

（1）分析关系模式订单详情（详情 ID，订单 ID，茶叶 ID，茶叶名，购买数量）。

该关系模式中的茶叶名属性函数依赖于非主键属性茶叶 ID，不满足第三范式，故可删除该属性，即订单详情（详情 ID，订单 ID，茶叶 ID，购买数量）。

（2）分析关系模式购物车（购物车 ID，客户 ID，客户姓名，茶叶 ID，茶叶名，加购数量）。

该关系模式中的客户姓名属性函数依赖于非主键属性客户 ID，茶叶名属性函数依赖于非主键属性茶叶 ID，不满足第三范式，故可删除这两个属性，即购物车（购物车 ID，客户 ID，茶叶 ID，加购数量）。

步骤 3 确定数据表的约束。

在关系型数据库中，每个关系模式都对应一张数据表，它们需要满足相应的约束条件以保证完整性。

（1）确定主键约束。

① 客户表的主键为客户 ID 属性。

② 类别表的主键为类别 ID 属性。

③ 茶叶表的主键为茶叶 ID 属性。

④ 订单表的主键为订单 ID 属性。

⑤ 订单详情表的主键为详情 ID 属性。

⑥ 购物车表的主键为购物车 ID 属性。

⑦ 评价表的主键为评价 ID 属性。

提示 

在实际应用中，通常不使用属性的组合作为主键，而是添加一个新的属性并将其作为主键。例如，订单详情表不使用订单 ID 和茶叶 ID 属性的组合作为主键，而是添加详情 ID 属性并将其作为主键。

（2）确定外键约束，以实现数据表之间的参照完整性。

① 客户 ID 属性是客户表的主键，同时也是订单表、购物车表和评价表的外键。

② 类别 ID 属性是类别表的主键，同时也是茶叶表的外键。

③ 茶叶 ID 属性是茶叶表的主键，同时也是订单详情表、购物车表和评价表的外键。

④ 订单 ID 属性是订单表的主键，同时也是订单详情表的外键。

（3）确定属性值的约束，以保证数据的有效性。

① 客户表中性别属性的默认值为男；积分属性的默认值为 0，且取值须大于或等于 0。

② 茶叶表中单价属性的取值须大于 0；库存量属性的取值须大于或等于 0。

③ 订单详情表中购买数量属性的取值须大于 0。

④ 购物车表中加购数量属性的取值须大于 0。

⑤ 评价表中评分属性的取值须大于或等于 0 且小于或等于 5。

## 任务拓展

本任务介绍了数据库逻辑结构设计。将 E-R 图转换为关系模型并规范化有助于设计一个结构良好、易于维护的数据库。下面给同学们留几个思考题。

（1）将概念模型转换为逻辑模型的步骤是什么？

（2）如何根据范式理论对关系模式进行优化？

（3）关系模式规范化的意义是什么？

# 任务 2.4 物理结构设计

## 任务描述

物理结构设计就是为给定的逻辑模型选取一个最符合应用要求的物理结构的过程，其目的是有效利用存储空间，以及提高数据库的性能，以满足用户需求。本任务将介绍数据库的物理结构设计，包括存储结构设计和存取方法设计等。

### 2.4.1 存储结构设计

存储结构设计主要是指确定数据的存放位置和系统配置等。在设计存储结构时，需要综合考虑存取时间、存储空间利用率和维护代价三个方面的因素。

#### 1. 确定数据的存放位置

为了提高系统性能，在确定数据存放位置时应根据具体情况将数据的易变部分与稳定部分、热点部分（具有较高使用频率的部分）与非热点部分分开存放。热点部分最好分散存放在不同的磁盘上，以均衡各个磁盘的负荷，充分发挥多磁盘并行操作的优势，保证关键数据的快速访问，以缓解系统的运行压力。

#### 2. 确定系统配置

通常情况下，数据库管理系统都会提供一些系统配置变量和存储分配参数供数据库设计人员和数据库管理员对数据库进行物理优化，包括使用数据库的用户数、数据库大小等。数据库设计人员需要根据实际情况在数据库物理结构设计阶段对这些参数进行初步配置，并在系统运行中不断调整，以提高系统性能。

### 2.4.2 存取方法设计

存取方法设计的目的是快速存取数据库中的数据。数据库管理系统提供了多种存取方法，最常用的方法是为属性创建索引（具体内容在项目 6 详细介绍）。索引是一种数据库对象，用于快速查询数据表中的特定记录。在创建索引时应注意以下几点。

（1）如果一个属性常作为标识符，则可以考虑为该属性创建唯一索引。唯一索引能够保证索引属性中的数据是唯一的。

（2）如果一个属性常在查询条件中出现，则可以考虑为该属性创建索引。

（3）如果一个属性常在连接操作中出现，则可以考虑为该属性创建索引。

（4）取值较少的属性不适合创建索引。例如，学生表中性别属性只有“男”和“女”两个取值，所以该属性不适合创建索引。

（5）经常更新的属性不适合创建索引，因为当更新属性值时，为该属性创建的索引也需要更新。

## 任务实施——茶叶在线销售系统数据库物理结构设计

本任务实施在茗香居茶叶在线销售系统数据库概念模型和逻辑模型的基础上构建物理模型。由于物理模型的具体实现主要由 MySQL 完成，因此本任务实施主要确定数据表结构并绘制物理模型图，以及设计索引。

**步骤 1** 根据概念模型、逻辑模型及系统使用的数据库管理系统 MySQL，将关系模式转换为数据表结构，包括确定数据表名、属性名、数据类型、约束等。

（1）customer（客户表）：用于存储客户的信息，其结构如表 2-8 所示。

表 2-8　customer（客户表）的结构

| 属性名 | 数据类型 | 约束 | 实例 |
|---|---|---|---|
| cID（客户 ID） | VARCHAR(30) | 主键 | U001 |
| cName（客户姓名） | VARCHAR(50) | 不为空 | 刘明 |
| login（登录名） | VARCHAR(50) | 不为空 | liuming |
| pwd（密码） | VARCHAR(50) | 不为空 | 265237 |
| sex（性别） | VARCHAR(6) | 默认值为男 | 男 |
| tel（电话号码） | VARCHAR(12) | 不为空 | 135****7089 |
| addr（通信地址） | VARCHAR(80) | 不为空 | 大崇明路 50 号 |
| email（邮箱地址） | VARCHAR(50) | 不为空 | 355477***@qq.com |
| credit（积分） | INT | 默认值为 0，值域大于或等于 0 | 88 |
| regtime（注册时间） | DATETIME | 不为空 | 2022-01-10 17:53:42 |

（2）type（类别表）：用于存储茶叶类别的信息，其结构如表 2-9 所示。

表 2-9　type（类别表）的结构

| 属性名 | 数据类型 | 约束 | 实例 |
|---|---|---|---|
| tpID（类别 ID） | VARCHAR(30) | 主键 | TP001 |
| tpName（类别名） | VARCHAR(50) | 不为空 | 红茶类 |
| tpComment（说明） | VARCHAR(80) | 不为空 | 正山小种、滇红、祁门、川红、九曲红梅等 |

（3）tea（茶叶表）：用于存储茶叶的信息，其结构如表 2-10 所示。

表 2-10 tea（茶叶表）的结构

| 属性名 | 数据类型 | 约束 | 实例 |
|---|---|---|---|
| tID（茶叶 ID） | VARCHAR(30) | 主键 | T001 |
| tName（茶叶名） | VARCHAR(50) | 不为空 | 西湖龙井 |
| tpID（类别 ID） | VARCHAR(30) | 外键，不为空 | TP002 |
| tPrice（单价）（单位：元/500 g） | FLOAT | 不为空，值域大于 0 | 716 |
| tQuantity（库存量）（单位：g） | INT | 不为空，值域大于或等于 0 | 5022 |

（4）cart（购物车表）：用于存储客户购物车的信息，其结构如表 2-11 所示。

表 2-11 cart（购物车表）的结构

| 属性名 | 数据类型 | 约束 | 实例 |
|---|---|---|---|
| cartID（购物车 ID） | VARCHAR(30) | 主键 | G001 |
| cID（客户 ID） | VARCHAR(30) | 外键，不为空 | U006 |
| tID（茶叶 ID） | VARCHAR(30) | 外键，不为空 | T004 |
| pNum（加购数量）（单位：g） | INT | 不为空，值域大于 0 | 250 |

（5）neworders（订单表）：用于存储订单的信息，其结构如表 2-12 所示。

表 2-12 neworders（订单表）的结构

| 属性名 | 数据类型 | 约束 | 实例 |
|---|---|---|---|
| oID（订单 ID） | VARCHAR(30) | 主键 | D001 |
| cID（客户 ID） | VARCHAR(30) | 外键，不为空 | U006 |
| oCode（订单编号） | VARCHAR(20) | 不为空 | 20220306152356139 |
| oTime（下单时间） | TIMESTAMP | 不为空 | 2022-03-06 15:23:56 |

（6）ordersdetail（订单详情表）：用于存储订单的详细信息，其结构如表 2-13 所示。

表 2-13 ordersdetail（订单详情表）的结构

| 属性名 | 数据类型 | 约束 | 实例 |
|---|---|---|---|
| dID（详情 ID） | VARCHAR(30) | 主键 | X001 |
| oID（订单 ID） | VARCHAR(30) | 外键，不为空 | D001 |
| tID（茶叶 ID） | VARCHAR(30) | 外键，不为空 | T004 |
| dNum（购买数量）（单位：g） | INT | 不为空，值域大于 0 | 250 |

（7）appraise（评价表）：用于存储客户对茶叶的评价信息，其结构如表 2-14 所示。

表 2-14　appraise（评价表）的结构

| 属性名 | 数据类型 | 约束 | 实例 |
| --- | --- | --- | --- |
| aID（评价 ID） | VARCHAR(30) | 主键 | A001 |
| cID（客户 ID） | VARCHAR(30) | 外键，不为空 | U006 |
| tID（茶叶 ID） | VARCHAR(30) | 外键，不为空 | T004 |
| content（评价内容） | VARCHAR(80) | 不为空 | 茶汤清亮，茶汁香浓，如兰在舌，沁人心脾，芬芳甘洌，清香怡人，好评 |
| grade（评分） | INT | 不为空，值域大于或等于 0 且小于或等于 5 | 5 |
| aTime（评价时间） | TIMESTAMP | 不为空 | 2022-03-16 11:20:06 |

**提示**

VARCHAR(M)数据类型用于存储可变长度的字符串，括号中的值是字符串的最大长度；INT 数据类型用于存储整数；FLOAT 数据类型用于存储小数；DATETIME 数据类型和 TIMESTAMP 数据类型均用于存储日期与时间。关于数据类型的具体内容在项目 4 详细介绍。

**步骤 2** 绘制茶叶在线销售系统数据库的物理模型图。

根据步骤 1 确定的 7 张数据表的结构绘制物理模型图，如图 2-9 所示。

**提示**

物理模型的具体实现主要由相应的数据库管理系统完成，绘制物理模型图的作用是帮助数据库设计人员在数据库实施之前验证数据库的合理性和完整性。在绘制物理模型图时，一般用矩形表示数据表，并在矩形内部标明数据表名、属性名、数据类型、约束等，同时根据外键在数据表之间标注单向箭头，箭头由包含外键的数据表出发，指向包含该外键对应主键的数据表。

本任务实施用<pk>标注主键约束，用<fk>标注外键约束，用<ck>标注检查约束（值域），用<df>标注默认值约束，不标注非空约束。

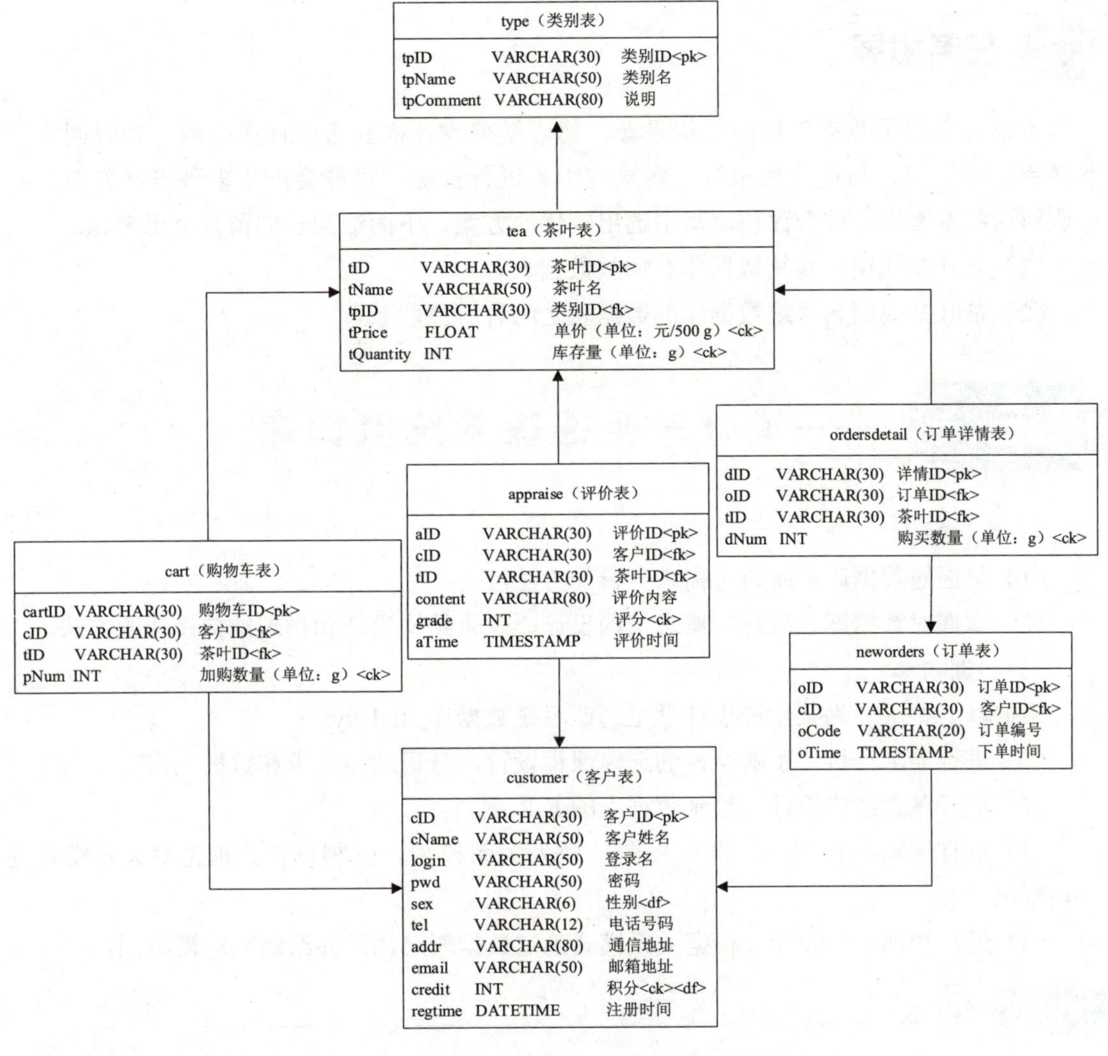


图 2-9　茶叶在线销售系统数据库的物理模型图

**步骤 3** 设计索引。

（1）客服部门需要频繁查询客户信息，因此需要优化基于客户登录名的查询，故为客户表的登录名属性创建索引。

（2）销售部门需要经常查询特定时间段的订单，因此需要优化基于下单时间的查询，故为订单表的下单时间属性创建索引。

（3）为了快速响应库存查询和销售趋势分析，需要优化基于茶叶 ID 的查询，故为茶叶表的茶叶 ID 属性创建索引。

**提示**

完成数据库的物理结构设计后即可创建数据库和数据表，进入数据库实施、运行与维护阶段，具体内容在后续项目中详细介绍。

## 任务拓展

本任务介绍了数据库物理结构设计。物理结构设计需要考虑许多因素，如时间和空间效率、维护代价与用户要求等，对这些因素进行权衡，可能会产生多种设计方案，此时应对这些方案进行综合评估，从中选出较优的方案。下面给同学们留几个思考题。

（1）茶叶在线销售系统数据库有哪些数据表？

（2）茶叶在线销售系统数据库的数据表之间有哪些联系？

## 项目实训——设计学生选课系统数据库

### 1. 实训目标

（1）掌握对数据库系统进行需求分析的方法。

（2）掌握对数据库系统进行概念结构设计、逻辑结构设计和物理结构设计的方法。

### 2. 实训内容

根据以下要求，为某学校设计学生选课系统数据库 stud_sys。

（1）进行需求分析，了解学校的选修课程设置，分析功能需求和数据需求。

（2）进行概念结构设计，绘制数据库的 E-R 图。

（3）进行逻辑结构设计，将 E-R 图转换为关系模型，并根据范式理论对关系模式进行规范化。

（4）进行物理结构设计，根据关系模式确定数据表结构，并绘制物理模型图。

**提示** 

学生选课系统数据库的数据表命名参考：① 课程表（course）；② 系部表（department）；③ 专业表（major）；④ 班级表（class）；⑤ 学生表（student）；⑥ 学生选课表（s_course）；⑦ 教师表（teacher）；⑧ 教师授课表（t_course）。学生选课系统数据库物理模型图见本书附录 B1。

设计学生选课系统数据库

# 项目评价

请学生结合本项目的学习情况，对学习成果进行自评，请教师进行师评和总评，并将评价结果填入表 2-15 中。

表 2-15 学习成果评价表

<table>
<tr><th rowspan="2">评价项目</th><th colspan="2" rowspan="2">评价内容</th><th rowspan="2">分值</th><th colspan="2">评价得分</th></tr>
<tr><th>自评</th><th>师评</th></tr>
<tr><td rowspan="4">理论知识</td><td colspan="2">需求分析的任务和方法</td><td>10</td><td></td><td></td></tr>
<tr><td colspan="2">实体、属性和联系的概念及 E-R 图表示方法</td><td>20</td><td></td><td></td></tr>
<tr><td colspan="2">范式理论</td><td>10</td><td></td><td></td></tr>
<tr><td colspan="2">数据库的存储结构和存取方法</td><td>10</td><td></td><td></td></tr>
<tr><td rowspan="3">技术能力</td><td colspan="2">根据需求分析绘制 E-R 图</td><td>10</td><td></td><td></td></tr>
<tr><td colspan="2">将 E-R 图转换为关系模型并规范化关系模式</td><td>10</td><td></td><td></td></tr>
<tr><td colspan="2">根据关系模式绘制物理模型图</td><td>10</td><td></td><td></td></tr>
<tr><td>项目实训</td><td colspan="2">内容全面、设计合理、文件完整</td><td>10</td><td></td><td></td></tr>
<tr><td>总评</td><td colspan="2">综合素质、综合技能、设计规范性</td><td>10</td><td></td><td></td></tr>
<tr><td rowspan="3">信息汇总</td><td>班级</td><td colspan="2"></td><td>学生签字</td><td></td></tr>
<tr><td>教师签字</td><td colspan="2"></td><td>日期</td><td></td></tr>
<tr><td>最终评分</td><td colspan="4">自评（70%）+师评（30%）=________</td></tr>
</table>

下面对各评价项目进行说明。

（1）理论知识：通过理论测试评估学生对数据库设计相关知识的掌握程度。

（2）技术能力：评估学生在数据库设计方面的实际操作技能。

（3）项目实训：根据学生提交的项目文件的规范性和完整性进行评分。

（4）总评：根据学生的综合素质、综合技能和设计规范性进行整体评价。

# 项目 3

# 数据库创建与管理

## 项目目标

### 知识目标

- 掌握 MySQL 存储引擎的基础知识和查看方法。
- 了解数据库文件及数据库的组成。
- 掌握数据库的创建与管理方法。

### 技能目标

- 能够使用 SQL 语句和 Navicat 创建、查看、选择、修改与删除数据库。

### 素质目标

- 培养独立思考能力。
- 遵守日常操作规范，养成良好的个人习惯。

## 项目描述

本项目专注于数据库的创建与管理，旨在通过两个主要任务，介绍如何从无到有构建一个数据库系统。这两个任务分别介绍数据库创建与管理的相关知识，并以茶叶在线销售系统数据库为例，介绍如何在实际应用中创建与管理数据库，确保学生能够理解数据库创建与管理的相关知识并将其应用于实际操作。

任务 3.1　创建数据库：介绍数据库基础知识及创建方法，包括 MySQL 存储引擎、数据库文件、数据库的组成等内容，以及创建数据库的操作。

任务 3.2　管理数据库：介绍查看、选择、修改与删除数据库的操作。

总的来说，本项目能够帮助学生掌握数据库创建与管理的关键技术。图 3-1 为“数据库创建与管理”在数据库系统开发流程中的位置。

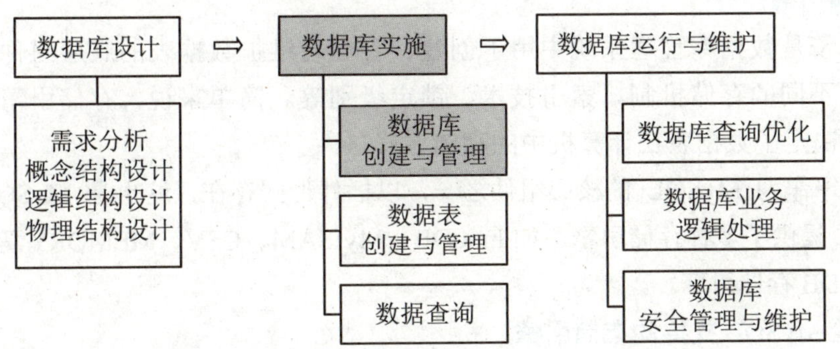


图 3-1　“数据库创建与管理”在数据库系统开发流程中的位置

### 文化赏析

#### 茶叶中的红茶

红茶以适宜的茶树新芽叶为原料，经萎凋、揉捻、发酵、干燥等一系列工序加工而成。

红茶在加工过程中发生了以茶多酚酶促氧化的化学反应，鲜叶中的化学成分变化较大，茶多酚减少 90%以上，产生了茶黄素、茶红素等新成分，香气比鲜叶更加明显。因此，红茶具有红汤、红叶、香甜、味醇等特征。

我国的红茶主要有祁门红茶、正山小种、政和工夫、闽红工夫、坦洋工夫、滇红工夫、九曲红梅、宁红工夫、宜红工夫等，其中祁门红茶较为著名。

# 任务 3.1 创建数据库

## 任务描述

数据库可视为存储数据表、视图等对象的容器。认识数据库的结构是有效管理和操作数据的前提。本任务将深入介绍数据库的相关知识及创建方法，以帮助学生更好地理解和使用 MySQL。

### 3.1.1 MySQL 存储引擎

#### 1. 存储引擎简介

存储引擎是数据库管理系统中用于创建、管理与维护数据表的底层组件，不同的存储引擎提供不同的存储机制、索引技术、锁定级别等。简单来说，存储引擎就是数据表的类型，它决定了数据表在计算机中的存储方式。

存储引擎作为 MySQL 的核心组件之一，以插件形式存在，这也是 MySQL 的特点之一。MySQL 提供了多种存储引擎，如 InnoDB、MyISAM、CSV、MEMORY 等，其中最常用的是 InnoDB 存储引擎。

#### 2. 查看 MySQL 支持的存储引擎

使用 SQL 语句查看 MySQL 支持的存储引擎的语法格式如下。

```
SHOW ENGINES;
```

【例 3-1】 查看 MySQL 支持的存储引擎。

```
mysql>SHOW ENGINES;
```

执行结果如图 3-2 所示。

```
管理员: C:\WINDOWS\system32\cmd.exe - mysql  -u root -p
mysql> SHOW ENGINES;
+--------------------+---------+----------------------------------------------------------------+--------------+------+------------+
| Engine             | Support | Comment                                                        | Transactions | XA   | Savepoints |
+--------------------+---------+----------------------------------------------------------------+--------------+------+------------+
| MEMORY             | YES     | Hash based, stored in memory, useful for temporary tables      | NO           | NO   | NO         |
| MRG_MYISAM         | YES     | Collection of identical MyISAM tables                          | NO           | NO   | NO         |
| CSV                | YES     | CSV storage engine                                             | NO           | NO   | NO         |
| FEDERATED          | NO      | Federated MySQL storage engine                                 | NULL         | NULL | NULL       |
| PERFORMANCE_SCHEMA | YES     | Performance Schema                                             | NO           | NO   | NO         |
| MyISAM             | YES     | MyISAM storage engine                                          | NO           | NO   | NO         |
| InnoDB             | DEFAULT | Supports transactions, row-level locking, and foreign keys     | YES          | YES  | YES        |
| BLACKHOLE          | YES     | /dev/null storage engine (anything you write to it disappears) | NO           | NO   | NO         |
| ARCHIVE            | YES     | Archive storage engine                                         | NO           | NO   | NO         |
+--------------------+---------+----------------------------------------------------------------+--------------+------+------------+
9 rows in set (0.00 sec)

mysql>
```

图 3-2 查看 MySQL 支持的存储引擎

提示

在命令行窗口和 Navicat 的命令列界面均可执行 SQL 语句，它们的使用方法及执行结果的显示形式均相同。本项目在命令行窗口中执行 SQL 语句。

打开命令行窗口，以及开启 MySQL 服务并以有权限用户的身份登录 MySQL 的相关操作可参考项目 1 任务 1.1 的任务实施，此处不再赘述。

下面对执行结果中的参数进行说明。

（1）Engine：存储引擎的名称。

（2）Support：当前 MySQL 是否支持指定存储引擎或默认使用指定存储引擎。

（3）Comment：对存储引擎的说明。

（4）Transactions：存储引擎是否支持事务处理。

（5）XA：存储引擎是否支持分布式事务的 XA 规范（X/Open 组织定义的分布式事务处理规范）。

（6）Savepoints：存储引擎是否支持保存点，以便事务回滚到保存点。

从图 3-2 中可以看出，当前 MySQL 支持多种存储引擎。在这些存储引擎中，只有 InnoDB 存储引擎支持事务处理、分布式事务的 XA 规范和保存点，该存储引擎也是 MySQL 8.0 的默认存储引擎。

提示 

查看当前 MySQL 默认存储引擎的 SQL 语句如下。

```
SHOW VARIABLES LIKE 'default_storage_engine';
```

### 3. InnoDB 存储引擎

InnoDB 存储引擎是为在处理大规模数据时获取最佳性能而设计的，被广泛应用于需要满足高性能需求的大型数据库中。InnoDB 存储引擎是第一个完整支持事务 ACID 特性的 MySQL 存储引擎，主要有以下特点。

（1）InnoDB 存储引擎为 MySQL 提供了具有提交、回滚与崩溃恢复能力的事务安全保证。

（2）InnoDB 存储引擎支持行锁定。行锁定是一种数据库锁定机制，它是指在事务处理过程中仅对数据表中特定的行进行锁定，而不是锁定整张数据表。行锁定使得多个事务同时操作一张数据表的不同行成为可能，提高了数据库的并发性能。

（3）InnoDB 存储引擎与 MySQL 完全整合，它会在内存中构建缓冲池来缓存数据表的索引等信息，这样可以避免频繁读取磁盘，加快数据处理速度，提高数据访问的性能和效率。

（4）InnoDB 存储引擎支持完整性约束，当存储数据时，每张数据表的数据都按主键的顺序存储，如果在创建数据表时没有指定主键，则 InnoDB 存储引擎会为数据表中的每行生成一个 6 字节的 ROWID 作为主键。

### 3.1.2 数据库文件

MySQL 使用文件系统存储其数据，这些数据主要包括数据库、表、索引、存储过程等。在 MySQL 8.0 之前，MySQL 采用扩展名为 frm 的文件存储数据库中数据表的结构信息，每个表对应一个同名的 frm 文件。从 MySQL 8.0 开始，不再单独保存扩展名为 frm 的文件，而是根据使用的存储引擎以不同的文件存储信息。下面介绍两种存储引擎的数据库文件。

#### 1. InnoDB 存储引擎的数据库文件

InnoDB 存储引擎使用表空间（一种逻辑存储空间）管理数据，其数据库文件主要包括以下 3 种。

（1）系统表空间文件。系统表空间文件是指 ibdata1、ibdata2 等文件，它们存储了大量重要的 InnoDB 系统信息，对于数据库的正常运行和管理起着关键作用。

（2）单表表空间文件。单表表空间文件是指扩展名为 ibd 的文件，它是在创建数据表时自动生成的文件，其中存储数据表的数据和索引等信息。

（3）日志文件。日志文件是指 ib_logfile1、ib_logfile2 等文件，它们记录了对数据的修改操作，用于在数据库发生故障时恢复数据，以确保事务的持久性和数据的一致性。

#### 2. MyISAM 存储引擎的数据库文件

MyISAM 存储引擎是 MySQL 5.1 及之前版本的默认存储引擎，其数据库文件主要包括以下两种。

（1）数据文件。数据文件是指扩展名为 MYD 的文件，其中存储数据表的数据信息。

（2）索引文件。索引文件是指扩展名为 MYI 的文件，其中存储数据表的索引信息。

### 3.1.3 数据库的组成

在 MySQL 中，数据库可以分为系统数据库和用户数据库两大类。

#### 1. 系统数据库

系统数据库是指 MySQL 安装且配置完成之后系统自动创建的数据库，主要用于维护系统的运行。MySQL 8.0 的系统数据库共 4 个，分别为 information_schema、mysql、performance_schema 和 sys。

（1）information_schema：主要存储数据库对象信息，包括用户信息、字符集信息和分区信息等。

（2）mysql：主要存储账户信息、权限信息、存储过程和时区信息等。

（3）performance_schema：主要存储数据库服务器性能信息，包括内存使用情况、锁信息等。

（4）sys：通过视图将 information_schema 和 performance_schema 结合起来，帮助数据库管理员快速获取各种数据库信息，使数据库管理员能够快速定位性能问题。

### 2. 用户数据库

用户数据库是用户根据实际需求手动创建的数据库，3.1.4 小节将介绍其创建方法。

## 3.1.4 数据库的创建

数据库的创建

创建数据库实际上就是在数据库服务器中划分出一块用于存储相应数据库对象的空间。

### 1. 使用 SQL 语句创建数据库

使用 SQL 语句创建数据库的语法格式如下。

```
CREATE DATABASE [IF NOT EXISTS] database_name
[[DEFAULT] CHARACTER SET charset_name]
[[DEFAULT] COLLATE collation_name];
```

下面对上述语法格式进行说明。

（1）CREATE DATABASE 是创建数据库的命令。

（2）IF NOT EXISTS 是可选项，用于在执行创建数据库操作前判断是否存在同名数据库，若存在，则 MySQL 会取消执行但不会报错。当省略该参数时，若创建一个与已存在数据库同名的数据库，则 MySQL 会取消执行且会报错。

（3）database_name 是要创建的数据库的名称。对于数据库的名称，除要求简单明了、见名知意外，还应遵循以下规则。

① 由字母（英文单词或相应缩写）和下画线组成，不允许有空格。

② 不允许出现 MySQL 关键字，如 CREATE、ALTER 等。

③ 长度不超过 128 位。

④ 不与其他数据库同名。

（4）[DEFAULT] CHARACTER SET charset_name 是可选项，[DEFAULT] CHARACTER SET 是设置数据库默认字符集的命令（DEFAULT 可省略），charset_name 是具体的字符集名称，如 gb2312。省略该参数表示字符集为 utf8mb4。

（5）[DEFAULT] COLLATE collation_name 是可选项，[DEFAULT] COLLATE 是设置数据库默认排序规则的命令（DEFAULT 可省略），collation_name 是具体的排序规则名称，如 gb2312_chinese_ci。省略该参数表示排序规则为 utf8mb4_0900_ai_ci。

【例 3-2】 使用 SQL 语句创建数据库 test1，并使用默认的字符集和排序规则。

```
mysql>CREATE DATABASE test1;
```

执行结果如图 3-3 所示。

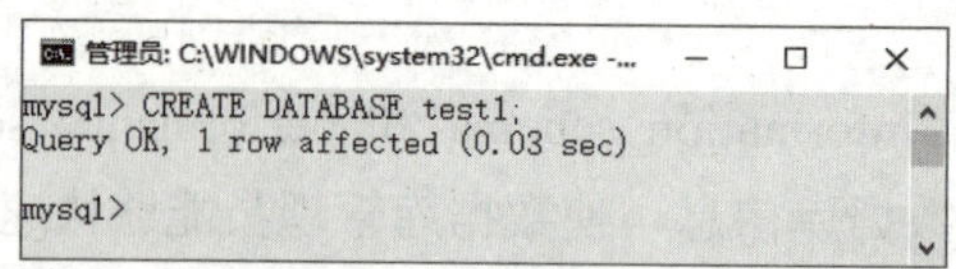


图 3-3 创建数据库 test1

### 2. 使用 Navicat 创建数据库

虽然使用 SQL 语句创建与管理数据库比较灵活，但是需要记住 SQL 语句，这对于初级用户来说可能比较困难。在实际应用中，可以使用 Navicat 进行相关操作。下面通过例 3-3 介绍使用 Navicat 创建数据库的方法。

【例 3-3】 使用 Navicat 创建数据库 test2，并使用字符集 utf8mb4 和排序规则 utf8mb4_unicode_ci。

步骤 1 启动 Navicat 并创建名为 test 的 MySQL 连接，然后在 Navicat 窗口的左侧窗格中右击 test 连接，在弹出的快捷菜单中选择“打开连接”选项。再次右击 test 连接，在弹出的快捷菜单中选择“新建数据库”选项（见图 3-4），打开“新建数据库”对话框。

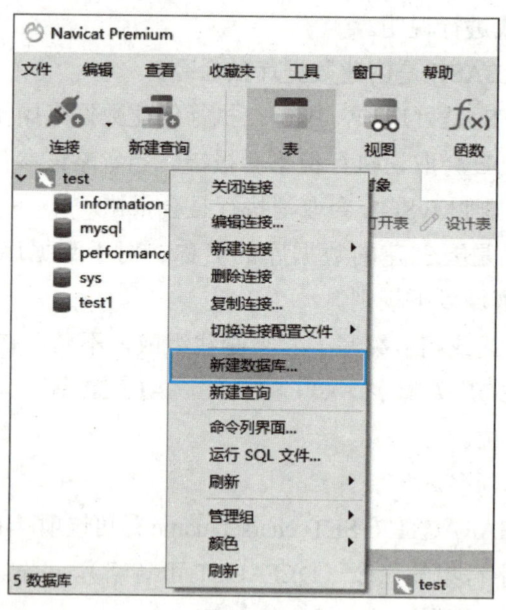


图 3-4 选择“新建数据库”选项

步骤 2 在“数据库名”编辑框中输入要创建的数据库的名称“test2”；在“字符集”下拉列表中选择“utf8mb4”选项；在“排序规则”下拉列表中选择“utf8mb4_unicode_ci”选项，并单击“确定”按钮。此时，创建完成的数据库 test2 显示在 Navicat 窗口的左侧窗格中，如图 3-5 所示。

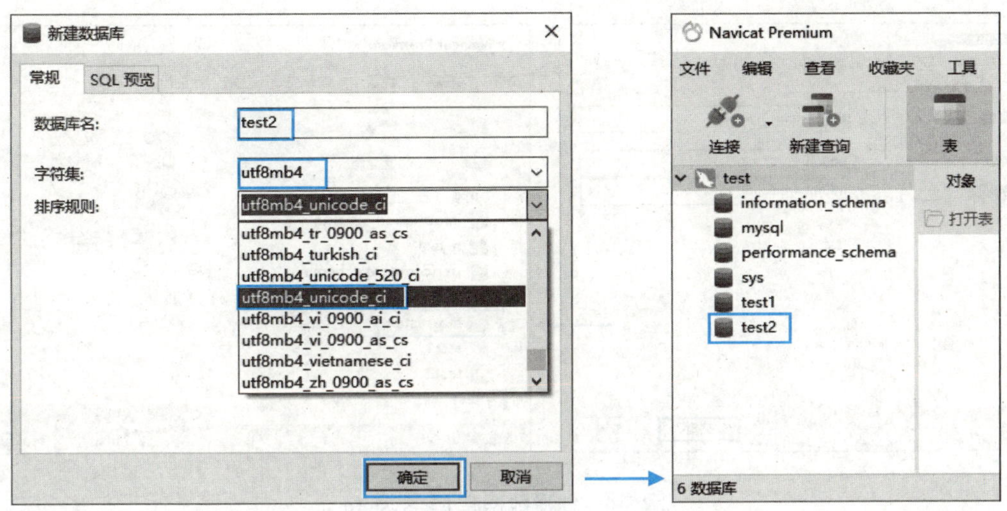

图 3-5　创建数据库 test2

## 任务实施——创建茶叶在线销售系统数据库

项目 1 已经完成了数据库服务器的安装，现在需要创建数据库。为了简化数据库创建操作，本任务实施将使用 Navicat 创建 MySQL 连接及茗香居茶叶在线销售系统数据库 tea_system。

**步骤 1** 启动 Navicat，在工具栏中单击“连接”下拉按钮，在展开的下拉列表中选择“MySQL”选项，打开“新建连接（MySQL）”对话框，在“连接名”编辑框中输入“mxj”；在“密码”编辑框中输入用户密码。

**步骤 2** 单击“测试连接”按钮，确定连接配置正确，能够与 MySQL 服务器正常通信，在打开的提示对话框中单击“确定”按钮，再次单击“确定”按钮，创建 mxj 连接。

**步骤 3** 在 Navicat 窗口的左侧窗格中右击 mxj 连接，在弹出的快捷菜单中选择“打开连接”选项，再次右击 mxj 连接，在弹出的快捷菜单中选择“新建数据库”选项，打开“新建数据库”对话框。

**步骤 4** 在“数据库名”编辑框中输入数据库名称“tea_system”；在“字符集”下拉列表中选择“utf8mb4”选项；在“排序规则”下拉列表中选择“utf8mb4_unicode_ci”选项。

**步骤 5** 单击“确定”按钮，完成数据库的创建，创建完成的数据库 tea_system 显示在 Navicat 窗口的左侧窗格中，如图 3-6 所示。

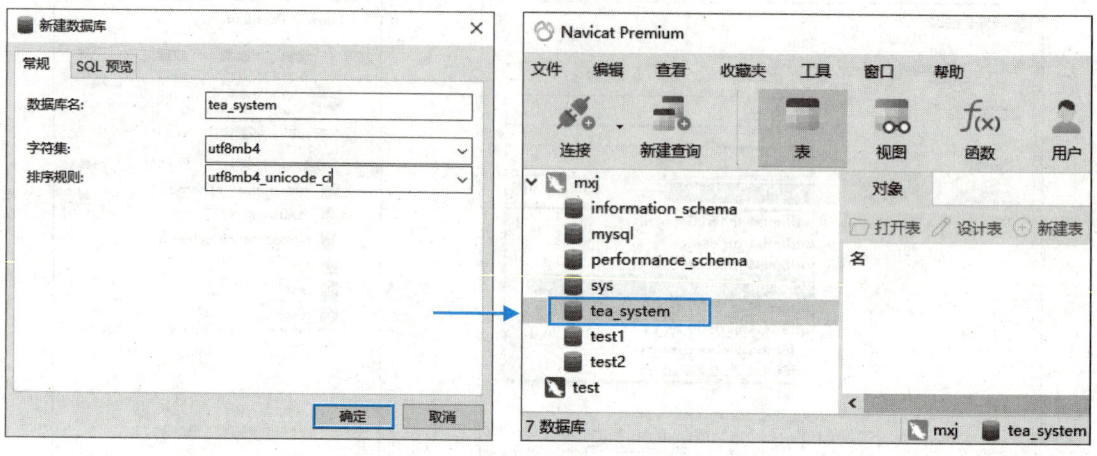


图 3-6　创建数据库 tea_system

## 任务拓展

本任务介绍了创建数据库的相关内容。首先介绍了数据库的基础知识，包括 MySQL 存储引擎、数据库文件、数据库的组成；然后分别介绍了使用 SQL 语句和 Navicat 创建数据库的方法；最后使用 Navicat 演示了创建数据库的过程。下面给同学们留几个思考题。

（1）如何使用 Navicat 查看数据库的存储引擎？

（2）为什么需要了解 MySQL 支持的存储引擎及各存储引擎的特性？

（3）使用 SQL 语句和 Navicat 创建数据库的步骤有哪些，它们有哪些区别？

（4）如何确保登录 MySQL 服务器时的安全性？

（5）创建数据库时，数据库名称应遵循哪些命名规则？

（6）系统数据库在 MySQL 的操作和管理中扮演了什么角色？

# 任务 3.2　管理数据库

## 任务描述

管理数据库是确保数据库可用性的关键。本任务主要介绍管理数据库的方法。

### 3.2.1　查看数据库

实际应用中，在创建数据库之前最好先查看一下数据库管理系统中是否已存在同名数据库。另外，在创建数据库之后，可以通过查看数据库定义了解数据库的相关信息。

### 1. 使用 SQL 语句查看数据库

使用 SQL 语句可以查看数据库管理系统中的所有数据库，也可以查看数据库定义。

（1）使用 SQL 语句查看数据库管理系统中所有数据库（包括系统数据库和用户数据库）的语法格式如下。

```
SHOW DATABASES;
```

【例 3-4】　使用 SQL 语句查看所有数据库。

```
mysql>SHOW DATABASES;
```

执行结果如图 3-7 所示。

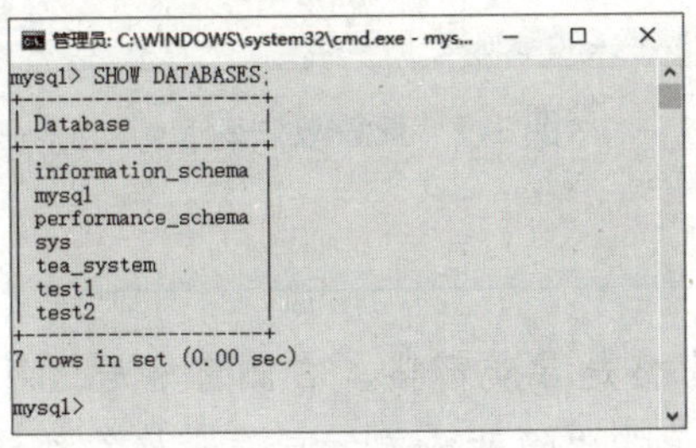


图 3-7　查看所有数据库

（2）使用 SQL 语句查看数据库定义的语法格式如下。

```
SHOW CREATE DATABASE database_name;
```

其中，SHOW CREATE DATABASE 是查看数据库定义的命令；database_name 是要查看的数据库的名称。

【例 3-5】　使用 SQL 语句查看数据库 test2 的定义。

```
mysql>SHOW CREATE DATABASE test2;
```

执行结果如图 3-8 所示。

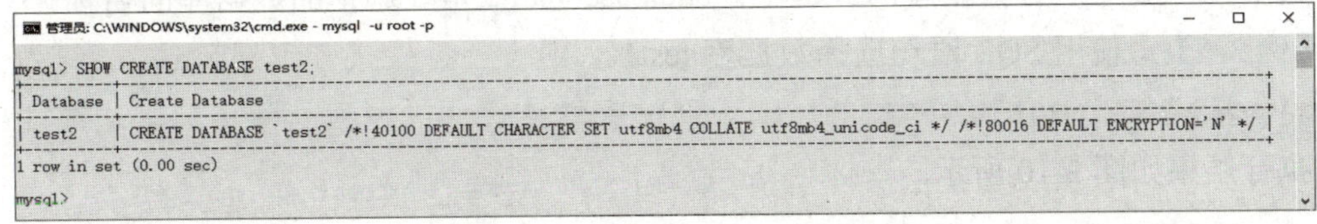


图 3-8　查看数据库 test2 的定义

### 2. 使用 Navicat 查看数据库

使用 Navicat 查看数据库的具体操作方法是，在 Navicat 窗口的左侧窗格中右击相应连接选项（如 test），在弹出的快捷菜单中选择“打开连接”选项，可查看当前连接的数据管理系统中的所有数据库（包括系统数据库和用户数据库），选择相应数据库选项（如 test2），可在 Navicat 窗口右侧窗格的“常规”选项卡中查看所选数据库的详细信息，如图 3-9 所示。

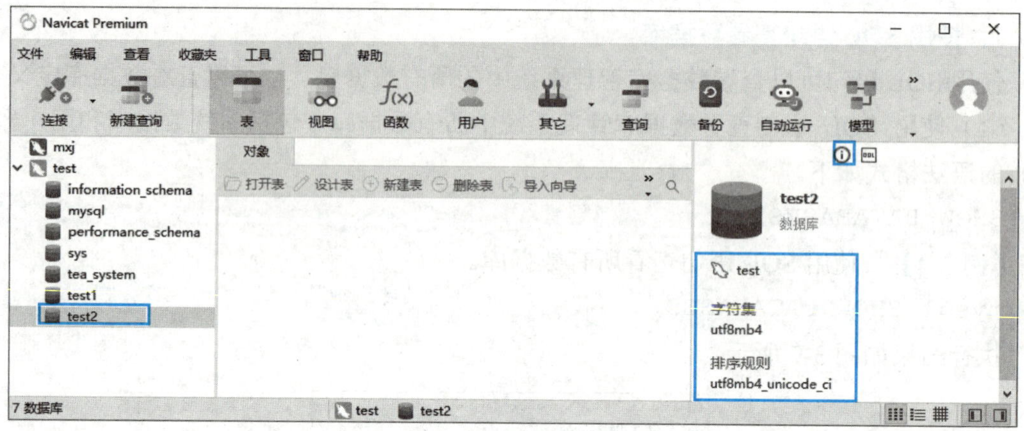


图 3-9 查看数据库 test2

提示 

Navicat 窗口的左侧窗格是导航窗格，右侧窗格是信息窗格，若它们未显示在窗口中，可以单击窗口右下角的“隐藏或显示导航窗格”按钮◧和“隐藏或显示信息窗格”按钮◨将它们显示在窗口中。

## 3.2.2 选择数据库

数据库管理系统中存在多个数据库，因此在操作数据库对象之前要先选择数据库。

### 1. 使用 SQL 语句选择数据库

使用 SQL 语句选择数据库的语法格式如下。

```
USE database_name;
```

其中，USE 是选择数据库的关键字；database_name 是要选择的数据库的名称。

【例 3-6】 使用 SQL 语句选择数据库 test1。

```
mysql>USE test1;
```

执行结果如图 3-10 所示。

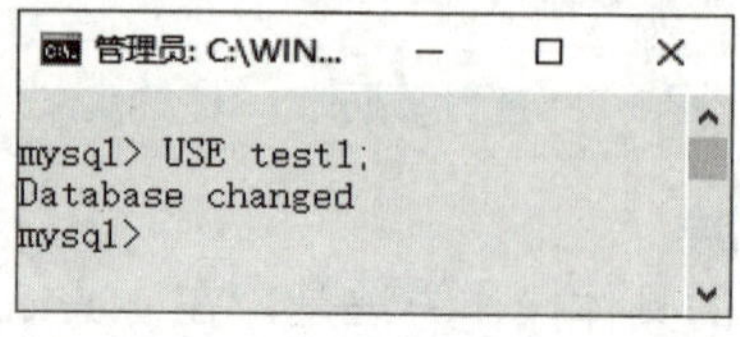


图 3-10 选择数据库 test1

### 2. 使用 Navicat 选择数据库

使用 Navicat 选择数据库的具体操作方法是，在 Navicat 窗口的工具栏中单击“新建查询”按钮，打开查询界面，在连接下拉列表中选择连接选项（如 test），在数据库下拉列表中选择数据库选项（如 test1），如图 3-11 所示。

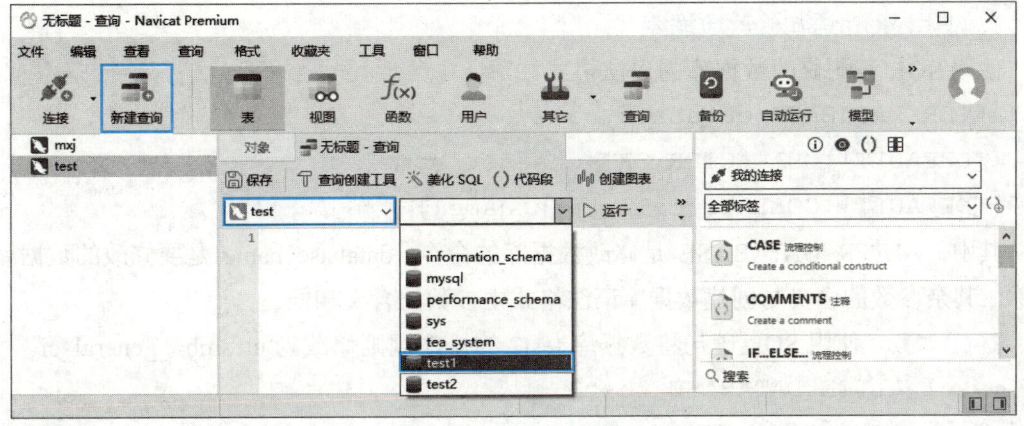

图 3-11　选择数据库 test1

提示

图 3-11 的查询界面是 Navicat 提供的 SQL 语句执行界面，在界面中输入 SQL 语句后单击“运行”按钮，可执行 SQL 语句，执行结果包括“信息”“摘要”“结果”“剖析”“状态”等选项卡（根据所输 SQL 语句的不同显示不同的选项卡）。

此外，在 Navicat 中选择数据库还有两种方法，一种是在 Navicat 窗口的左侧窗格中选择数据库选项；另一种是指打开数据库，具体操作方法是，在 Navicat 窗口的左侧窗格中打开相应连接（如 test），右击要打开的数据库选项（如 test1），在弹出的快捷菜单中选择“打开数据库”选项，在展开的列表中会显示数据库中的所有对象（数据库图标变为绿色），如图 3-12 所示。

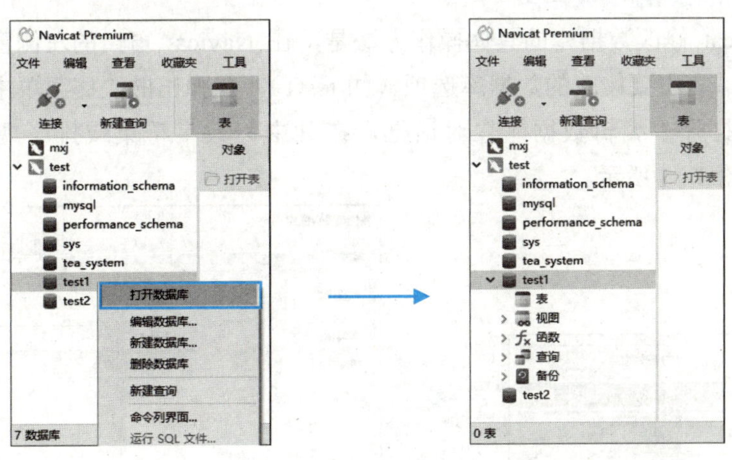

图 3-12　打开数据库 test1

## 3.2.3　修改数据库

数据库创建成功后，可根据需要对其字符集或排序规则进行修改。

### 1. 使用 SQL 语句修改数据库

使用 SQL 语句修改数据库的语法格式如下。

```
ALTER DATABASE database_name
[[DEFAULT] CHARACTER SET charset_name]
[[DEFAULT] COLLATE collation_name];
```

其中，ALTER DATABASE 是修改数据库的命令；database_name 是要修改的数据库的名称；其余参数的含义与创建数据库语法格式中参数的含义相同。

【例 3-7】 使用 SQL 语句将数据库 test2 的排序规则修改为 utf8mb4_general_ci。

```
mysql>ALTER DATABASE test2
    ->COLLATE utf8mb4_general_ci;
```

数据库修改完成后，查看修改后数据库的定义。

```
mysql>SHOW CREATE DATABASE test2;
```

执行结果如图 3-13 所示。

图 3-13 查看数据库 test2 的定义

从图 3-13 中可以看出，数据库 test2 的排序规则已修改成功。

### 2. 使用 Navicat 修改数据库

使用 Navicat 修改数据库的具体操作方法是，在 Navicat 窗口的左侧窗格中打开相应连接（如 test），右击要修改的数据库选项（如 test1），在弹出的快捷菜单中选择“编辑数据库”选项，打开“编辑数据库”对话框，在其中修改字符集或排序规则后单击“确定”按钮，如图 3-14 所示。

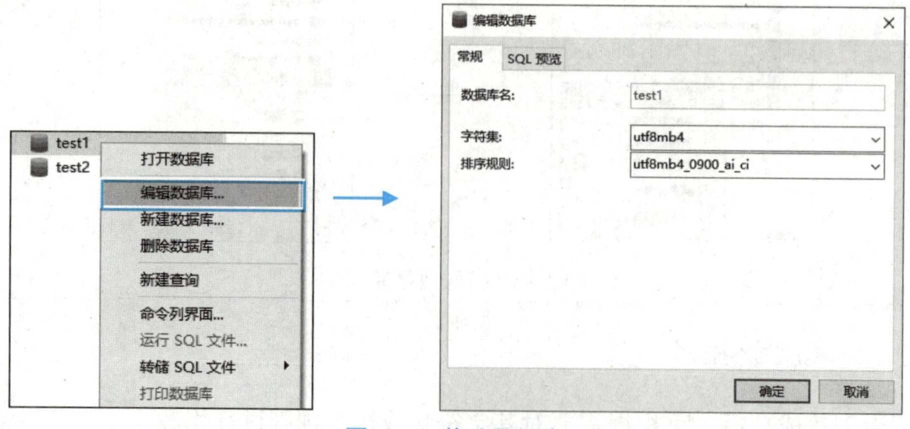


图 3-14 修改数据库

### 3.2.4　删除数据库

如果某个数据库不再使用，可以将其删除。删除数据库时，数据库中的所有数据也会被删除，因此在执行删除数据库操作时一定要小心谨慎。

#### 1. 使用 SQL 语句删除数据库

使用 SQL 语句删除数据库的语法格式如下。

```
DROP DATABASE [IF EXISTS] database_name;
```

其中，DROP DATABASE 是删除数据库的命令；IF EXISTS 是可选项，用于判断连接中是否存在同名数据库，若不存在，则 MySQL 会取消执行但不会报错，当省略该参数时，若删除一个不存在的数据库，则 MySQL 会取消执行且会报错；database_name 是要删除的数据库的名称。

【例 3-8】　使用 SQL 语句删除数据库 test1。

```
mysql>DROP DATABASE test1;
```

执行结果如图 3-15 所示。

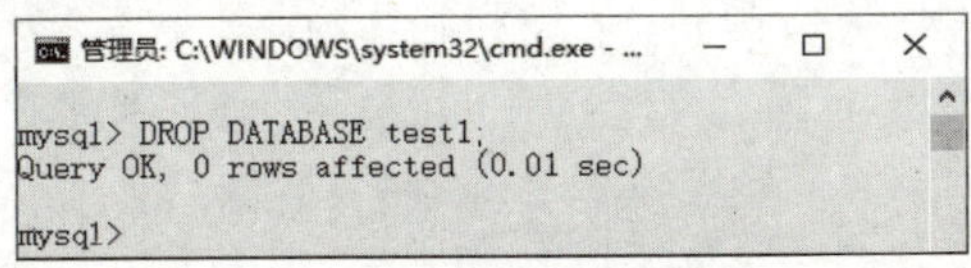


图 3-15　删除数据库 test1

#### 2. 使用 Navicat 删除数据库

使用 Navicat 删除数据库的方法非常简单，下面通过例 3-9 介绍具体操作方法。

【例 3-9】　使用 Navicat 删除数据库 test2。

步骤 1　启动 Navicat 并在 Navicat 窗口的左侧窗格中打开 test 连接，右击“test2”选项，在弹出的快捷菜单中选择“删除数据库”选项，如图 3-16 所示。

步骤 2　打开“确认删除”对话框，勾选“我了解此操作是永久性的且无法撤销”复选框，单击“删除”按钮，如图 3-17 所示。

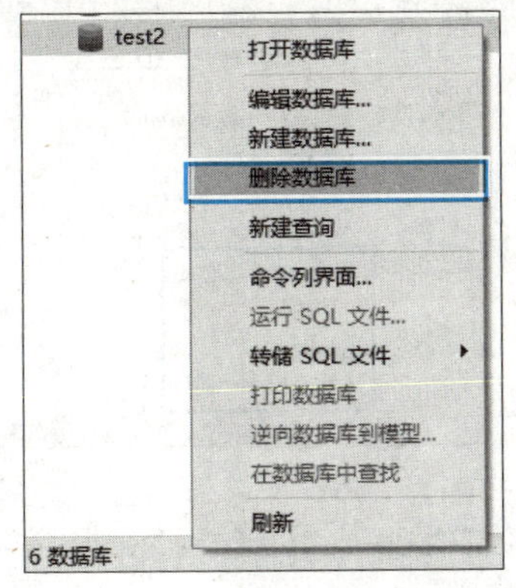


图 3-16　选择“删除数据库”选项

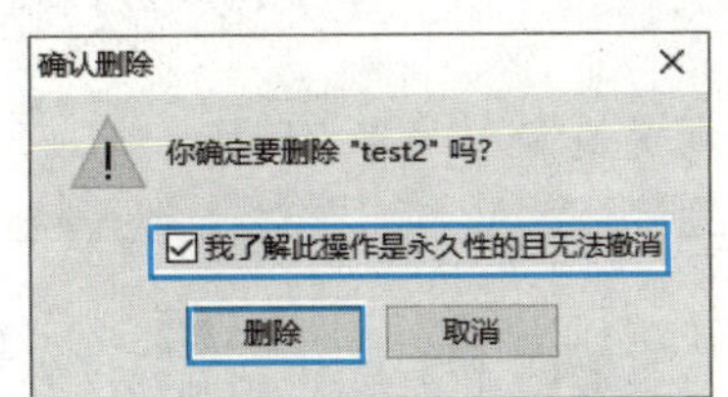


图 3-17　删除数据库 test2

## 任务实施——管理茶叶在线销售系统数据库

任务 3.1 已经完成了茗香居茶叶在线销售系统数据库的创建，现在来管理数据库。为简化数据库管理任务，本任务实施将使用 Navicat 执行数据库管理操作，包括修改数据库 tea_system 的排序规则为 utf8mb4_general_ci，以及查看数据库的详细信息。

步骤 1 启动 Navicat 并在 Navicat 窗口的左侧窗格中打开 mxj 连接，右击“tea_system”选项，在弹出的快捷菜单中选择“编辑数据库”选项。

步骤 2 打开“编辑数据库”对话框，在“排序规则”下拉列表中选择“utf8mb4_general_ci”选项，单击“确定”按钮，如图 3-18 所示。

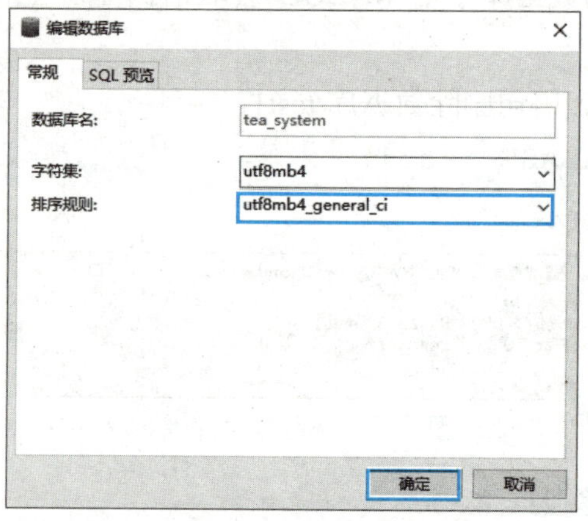


图 3-18　修改数据库 tea_system

步骤 3 在 Navicat 窗口的左侧窗格中选择“tea_system”选项，在右侧窗格中显示所选数据库的字符集和排序规则信息，如图 3-19 所示。

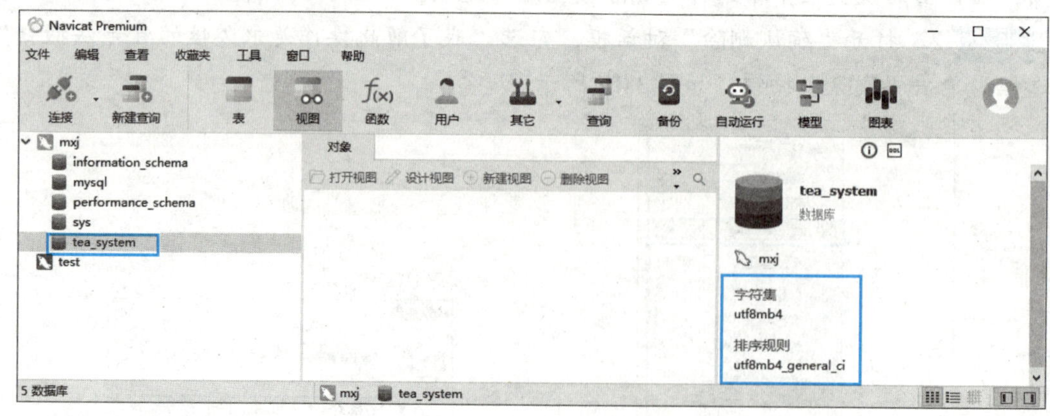


图 3-19　查看数据库 tea_system

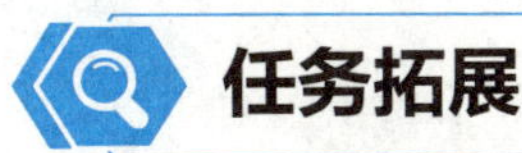

## 任务拓展

本任务介绍了使用 SQL 语句和 Navicat 查看、选择、修改与删除数据库的方法，其中需要重点掌握 ALTER DATABASE 命令和 DROP DATABASE 命令的相关知识。下面给同学们留几个思考题。

（1）在使用 DROP DATABASE 命令前需要采取哪些安全措施？

（2）在管理数据库时，如何确保数据的完整性和安全性？

## 项目实训——创建与管理学生选课系统数据库

### 1．实训目标

（1）掌握创建数据库的方法。

（2）掌握查看、选择、修改与删除数据库的方法。

### 2．实训内容

（1）使用 SQL 语句创建与管理学生选课系统数据库 stud_sys。

① 使用 SQL 语句创建数据库 stud_sys。

② 使用 SQL 语句查看数据库 stud_sys 的定义。

③ 使用 SQL 语句将数据库 stud_sys 的排序规则修改为 utf8mb4_general_ci。

④ 使用 SQL 语句删除数据库 stud_sys。

（2）使用 Navicat 创建与管理学生选课系统数据库 stud_sys。

① 使用 Navicat 创建 stu 连接。

② 在 stu 连接中创建数据库 stud_sys。

③ 在 stu 连接中查看数据库 stud_sys。

④ 在 stu 连接中将数据库 stud_sys 的排序规则修改为 utf8mb4_general_ci。

创建与管理学生选课系统数据库

## 项目评价

请学生结合本项目的学习情况，对学习成果进行自评，请教师进行师评和总评，并将评价结果填入表 3-1 中。

表 3-1 学习成果评价表

<table>
<tr><th rowspan="2">评价项目</th><th rowspan="2" colspan="2">评价内容</th><th rowspan="2">分值</th><th colspan="2">评价得分</th></tr>
<tr><th>自评</th><th>师评</th></tr>
<tr><td rowspan="4">理论知识</td><td colspan="2">MySQL 存储引擎</td><td>10</td><td></td><td></td></tr>
<tr><td colspan="2">数据库文件</td><td>5</td><td></td><td></td></tr>
<tr><td colspan="2">数据库的组成</td><td>5</td><td></td><td></td></tr>
<tr><td colspan="2">使用 SQL 语句创建、查看、选择、修改与删除数据库的语法格式</td><td>20</td><td></td><td></td></tr>
<tr><td rowspan="5">技术能力</td><td colspan="2">使用 SQL 语句和 Navicat 创建数据库</td><td>10</td><td></td><td></td></tr>
<tr><td colspan="2">使用 SQL 语句和 Navicat 查看数据库</td><td>5</td><td></td><td></td></tr>
<tr><td colspan="2">使用 SQL 语句和 Navicat 选择数据库</td><td>5</td><td></td><td></td></tr>
<tr><td colspan="2">使用 SQL 语句和 Navicat 修改数据库</td><td>10</td><td></td><td></td></tr>
<tr><td colspan="2">使用 SQL 语句和 Navicat 删除数据库</td><td>10</td><td></td><td></td></tr>
<tr><td>项目实训</td><td colspan="2">代码规范、完整、运行良好</td><td>10</td><td></td><td></td></tr>
<tr><td>总评</td><td colspan="2">综合素质、综合技能、操作规范性</td><td>10</td><td></td><td></td></tr>
<tr><td rowspan="3">信息汇总</td><td>班级</td><td colspan="2"></td><td>学生签字</td><td></td></tr>
<tr><td>教师签字</td><td colspan="2"></td><td>日期</td><td></td></tr>
<tr><td>最终评分</td><td colspan="4">自评（70%）+师评（30%）=________</td></tr>
</table>

下面对各评价项目进行说明。

（1）理论知识：通过理论测试评估学生对 SQL 语句和 Navicat 使用方法的掌握程度。

（2）技术能力：评估学生在创建、查看、选择、修改与删除数据库等方面的实际操作技能。

（3）项目实训：根据学生提交的代码的规范性、完整性和运行效果进行评分。

（4）总评：根据学生的综合素质、综合技能和操作规范性进行整体评价。

# 项目 4

# 数据表创建与管理

## 项目目标

### 知识目标

- 熟悉 MySQL 常用的数据类型。
- 熟悉数据的完整性约束。
- 掌握创建与管理数据表的方法。

### 技能目标

- 能够使用 SQL 语句和 Navicat 创建数据表。
- 能够使用 SQL 语句和 Navicat 查看、修改、重命名与删除数据表。
- 能够使用 SQL 语句和 Navicat 向数据表中插入数据，以及修改与删除数据表中的数据。

### 素质目标

- 提升举一反三、从多个角度思考问题的能力。
- 增强自主学习、探究学习的意识。

## 项目描述

本项目专注于数据表的创建与管理，旨在通过两个主要任务，介绍数据表的相关知识和操作，并以茶叶在线销售系统数据库为例，介绍如何在实际中应用创建与管理数据表的操作，确保学生能够掌握创建与管理数据表的相关操作并将其应用到实际开发中。

任务 4.1　创建数据表：介绍常用的数据类型和数据的完整性约束，以及创建数据表的操作。

任务 4.2　管理数据表：介绍管理数据表及其数据的操作，包括管理数据表结构与数据。

总的来说，本项目提供了丰富的理论知识和实用的专业技能，能够帮助学生熟练地管理数据表。图 4-1 为“数据表创建与管理”在数据库系统开发流程中的位置。

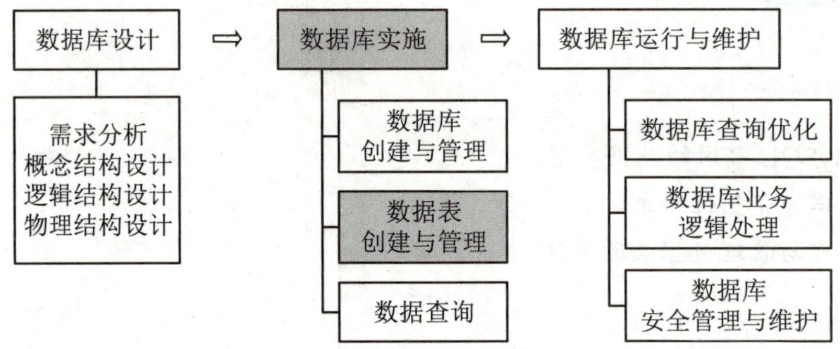


图 4-1　“数据表创建与管理”在数据库系统开发流程中的位置

## 文化赏析

### 茶叶中的绿茶

绿茶是指采取茶树的新叶或芽，经杀青、揉捻、烘干等工序制作而成的茶叶。冲泡后的绿茶茶汤较多地保留了鲜茶叶的绿色格调和其内部的天然物质。

常饮绿茶能够防癌、降脂和减肥。我国的绿茶主要有西湖龙井、洞庭碧螺春、黄山毛峰、信阳毛尖、庐山云雾、六安瓜片、太平猴魁等，其中西湖龙井较为著名。

# 任务 4.1 创建数据表

## 任务描述

在创建数据表时需要明确数据表中各属性的数据类型和数据表的完整性约束，它们决定了数据的存储格式、有效值等。本任务将深入介绍 MySQL 中常用的数据类型和完整性约束，以及创建数据表的操作。

### 4.1.1 数据类型

数据表由若干属性构成，每个属性都有其特定的数据类型，用于规定数据的存储格式和范围。MySQL 支持丰富的数据类型，包括整数类型、小数类型、日期与时间类型、字符串类型和 JSON 类型等。

#### 1. 整数类型

整数类型用于存储整数，是最基础的数据类型，主要包括 TINYINT、SMALLINT、MEDIUMINT、INT 和 BIGINT 等。整数类型可以存储两种格式的数据，分别为无符号数（如“11”）和有符号数（如“-11”），它们的取值范围有所不同。MySQL 中常用整数类型的详细介绍如表 4-1 所示。

表 4-1 常用整数类型的详细介绍

| 数据类型 | 所占字节数 | 无符号数的取值范围 | 有符号数的取值范围 |
| --- | --- | --- | --- |
| TINYINT | 1 | $0\sim2^{8}-1$ | $-2^{7}\sim2^{7}-1$ |
| SMALLINT | 2 | $0\sim2^{16}-1$ | $-2^{15}\sim2^{15}-1$ |
| MEDIUMINT | 3 | $0\sim2^{24}-1$ | $-2^{23}\sim2^{23}-1$ |
| INT | 4 | $0\sim2^{32}-1$ | $-2^{31}\sim2^{31}-1$ |
| BIGINT | 8 | $0\sim2^{64}-1$ | $-2^{63}\sim2^{63}-1$ |

其中，INT 是最常用的整数类型，简称整型，它广泛应用于各种编程语言，具有良好的通用性。

#### 2. 小数类型

小数类型用于存储小数，包括浮点数类型和定点数类型（DECIMAL）。浮点数类型用于存储小数的近似值，包括单精度浮点数类型（FLOAT）和双精度浮点数类型（DOUBLE）；定点数类型用于存储小数的精确值。小数类型也可以存储无符号和有符号两种格式的数据，它们的取值范围也不同。

MySQL 中常用小数类型的详细介绍如表 4-2 所示。

表 4-2　常用小数类型的详细介绍

| 数据类型 | 所占字节数 | 无符号数的取值范围 | 有符号数的取值范围 |
|---|---|---|---|
| FLOAT | 4 | 0 和 1.175494351E−38～3.402823466E+38 | −3.402823466E+38～−1.175494351E−38 |
| DOUBLE | 8 | 0 和 2.2250738585072014E−308～1.7976931348623157E+308 | −1.7976931348623157E+308～−2.2250738585072014E−308 |
| DECIMAL(M,D) 或 DEC(M,D) | M+2 | 同 DOUBLE | 同 DOUBLE |

其中，DECIMAL(M,D)类型数据的取值由 M 和 D 确定，M 为精度，是数据的总长度；D 为标度，是数据的小数位数（小数点不占位）。例如，DECIMAL(5,3)表示数据类型为 DECIMAL，数据的总长度为 5 位，小数位数为 3 位，99.678 就是符合该数据类型的小数。

提示 

MySQL 中的浮点数在计算时可能会出现误差，这是浮点数类型一直存在的缺陷，而定点数类型会将数据以字符串的形式存入数据库，其准确度比浮点数类型更高。因此，如果对数据的准确度要求较高，应选择定点数类型。

### 3．日期与时间类型

日期与时间类型用于存储日期与时间，主要包括 YEAR、DATE、TIME、DATETIME 和 TIMESTAMP 等，它们的详细介绍如表 4-3 所示。

表 4-3　常用日期与时间类型的详细介绍

| 数据类型 | 所占字节数 | 取值范围 | 存储格式 |
|---|---|---|---|
| YEAR | 1 | 1901～2155 | YYYY |
| DATE | 3 | 1000-01-01～9999-12-31 | YYYY-MM-DD |
| TIME | 3 | -838:59:59～838:59:59 | HH:MM:SS |
| DATETIME | 8 | 1000-01-01 00:00:00～9999-12-31 23:59:59 | YYYY-MM-DD HH:MM:SS |
| TIMESTAMP | 4 | 1970-01-01 00:00:01 UTC～2038-01-19 03:14:07 UTC | YYYY-MM-DD HH:MM:SS |

下面分别进行介绍。

（1）YEAR。YEAR 用于存储年份，默认存储格式为 YYYY。在向数据表中插入 YEAR 类型的数据时，可以输入不同格式的值（如字符串'24'或数字 24），MySQL 会自动将其转换为年份（如 2024），具体转换规则如下。

① 输入字符串'1901'～'2155'或数字 1901～2155 会自动转换为 1901～2155。

② 输入字符串'1'～'69'或数字 1～69 会自动转换为 2001～2069。

③ 输入字符串'70'～'99'或数字 70～99 会自动转换为 1970～1999。

④ 输入字符串'0'或'00'会自动转换为 2000。

⑤ 输入数字 0 会自动转换为 0000。

（2）DATE。DATE 用于存储日期，存储格式 YYYY-MM-DD 中的 YYYY 表示年，MM 表示月，DD 表示日。在向数据表中插入 DATE 类型的数据时，MySQL 允许用户使用除了空格外的任意符号作为日期部分的分隔符，也允许用户省略分隔符。例如，输入字符串'2024/1/1'、字符串'2024.1.1'、数字 20240101 都会自动转换为 2024-01-01。

**提示**

当以省略分隔符的形式输入日期与时间类型数据时，应根据数据类型的存储格式补齐 0。例如，以省略分隔符的形式输入 DATE 类型数据 2024-06-01，应该输入 20240601。

（3）TIME。TIME 用于存储时间，存储格式 HH:MM:SS 中的 HH 表示小时，MM 表示分钟，SS 表示秒。TIME 类型的存储范围是-838:59:59 到 838:59:59，其不仅可用于表示一天中的时间（小于 24 小时），而且可用于表示两个事件之间的时间间隔（可能远远大于 24 小时，或者为负）。在向数据表中插入 TIME 类型的数据时，可以输入不同格式的值，MySQL 会自动将其转换为标准的存储格式，具体转换规则如下。

① 输入格式为 D HH:MM:SS（D 表示天数，取值范围为 0～34）的字符串会自动转换为 HH:MM:SS 格式的数据。其中，转换结果中的 HH 是天数 D（转换为小时）与原本的小时 HH 的总和，即 D*24+HH。例如，输入“10 12:20:30”会自动转换为 252:20:30。

② 输入没有分隔符的字符串或数值会自动转换为 HH:MM:SS 格式的数据。例如，输入'101230'或 101230 都会自动转换为 10:12:30。

③ 输入格式为 MMSS 的字符串或数字会自动转换为 00:MM:SS 格式的数据，如输入字符串'1230'或数字 1230 会自动转换为 00:12:30；输入格式为 HH:MM 的字符串或数字会自动转换为 HH:MM:00，如输入字符串'12:30'或数字 12:30 会自动转换为 12:30:00。

（4）DATETIME。DATETIME 用于同时存储日期与时间，是 DATE 和 TIME 的组合，支持字符串和数字两种输入格式。

（5）TIMESTAMP。TIMESTAMP 与 DATETIME 相似，用于存储日期与时间，但是

TIMESTAMP 的存储范围较小。使用 TIMESTAMP 类型存储数据时，可以输入 CURRENT_TIMESTAMP 获取系统当前的日期与时间。

TIMESTAMP 与 DATETIME 最大的区别是，TIMESTAMP 类型的数据可以根据时区进行转换，存储范围中的 UTC（coordinated universal time）表示世界标准时间，在进行查询时 MySQL 会根据当前时区自动转换数据的值；而 DATETIME 类型的数据在查询过程中不会因当前时区不同而改变。

### 4. 字符串类型

字符串类型用于存储字符串，字符串须包含在英文单引号中。字符串类型主要包括 CHAR、VARCHAR、BINARY、VARBINARY、BLOB 和 TEXT 等，它们的详细介绍如表 4-4 所示。

表 4-4　常用字符串类型的详细介绍

| 数据类型 | 所占字节数 | 存储范围 |
| --- | --- | --- |
| CHAR(M) | M*w | $0<=M<=2^8-1$ |
| VARCHAR(M) | L+n | $0<=M<=2^{16}-1$ |
| BINARY(N) | N | $0<=N<=2^8-1$ |
| VARBINARY(N) | L+n | $0<=N<=2^{16}-1$ |
| BLOB | L+n | $L<2^{16}$ |
| TEXT | L+n | $L<2^{16}$ |

注：M 表示非二进制字符串类型数据的声明长度（以字符为单位）；w 表示字符集中的最大长度字符所占字节数；n 表示用于存储数据实际长度的字节数（通常为 1 或 2）；N 表示二进制字符串类型数据的声明长度（以字节为单位）；L 表示实际输入数据的字节数。

提示

在不同的字符集中，每个字符所占字节数（w）可能不同。例如，如果使用单字节字符集（如 latin1），则 w=1；如果使用多字节字符集（如 utf8mb4，它的一个字符最多占 4 个字节），则 w=4。

下面分别进行介绍。

（1）CHAR(M)和 VARCHAR(M)。CHAR(M)和 VARCHAR(M)都是比较常用的字符串类型，它们可以通过设置 M 的值声明数据的最大字符数。

CHAR(M)用于存储固定长度的字符串，它占用的存储空间是固定的。例如，数据类型 CHAR(4)表示存储数据的最大字符数为 4，无论实际存储的字符数是否为 4，其占用的空间都是 4 个字符。

VARCHAR(M)用于存储可变长度的字符串，若实际存储数据的字节数小于声明长

度，则会节省空间。例如，数据类型 VARCHAR(4)表示存储数据的最大字节数为 4，如果实际存储的数据为 2 个字节，那么它占用的空间是 2 个字节与用于存储数据实际长度的字节数 n 的总和。

在实际应用中，VARCHAR(M)可以根据存储字符串的长度动态分配空间，相比于 CHAR(M)更加灵活。

（2）BINARY(N)和 VARBINARY(N)。BINARY(N)和 VARBINARY(N)都不是严格意义上的字符串类型，它们以定长或变长二进制字符串的形式存储数据。

BINARY(N)用于存储 N 个字节的数据，若数据的字节数小于 N，则用空字符（NULL）补齐，但仍占用 N 个字节的空间。

VARBINARY(N)用于存储最多 N 个字节的数据，若数据的字节数小于 N，则实际占用 L+n 个字节的空间。

提示 

与 CHAR(M)和 VARCHAR(M)不同的是，使用 BINARY(N)和 VARBINARY(N)存储字符串时，每个字符的字节数都是固定的（等同于 w=1），与字符集无关。此外，BINARY(N)和 VARBINARY(N)可以存储非文本数据，如图像文件，且文件的大小（字节数）应小于或等于它们的声明长度。

（3）BLOB 和 TEXT。BLOB、TEXT 与 BINARY(N)类似，都以定长二进制字符串的形式存储数据。其中，BLOB 常用于存储图像和音频等文件，其存储的二进制字符串不具有特定意义；TEXT 常用于存储文章或新闻的正文等，其存储的二进制字符串是文本对应的字符编码等信息。BLOB 和 TEXT 的主要区别是，BLOB 根据存储的二进制字符串进行排序，能够区分字母的大小写；TEXT 根据字符进行排序，不区分字母的大小写。

BLOB 还可分为 TINYBLOB、MEDIUMBLOB 和 LONGBLOB 等类型；TEXT 还可分为 TINYTEXT、MEDIUMTEXT 和 LONGTEXT 等类型，它们的区别在于存储范围不同。

### 5. JSON 类型

JSON 是一种轻量级的数据交换格式，它使用 JavaScript 的语法表示数据，是当前最流行的数据交换格式。

从 MySQL 5.7 开始，MySQL 支持 JSON 类型，使得数据库与应用程序之间的数据交换变得更加简单、灵活和高效。JSON 类型的数据主要有数组和对象两种形式。

（1）JSON 数组。JSON 数组是一个由英文逗号分隔并包含在括号“[]”中的数据列表，示例如下。

```
["abc",10,null,true,false]
```

（2）JSON 对象。JSON 对象是一组由英文逗号分隔并包含在括号“{}”中的键值对，示例如下。

```
{"k1":"five","k2":10}
```

其中，"k1":"five"表示键值对，k1 为键，five 为值。

此外，JSON 数组和 JSON 对象允许嵌套，示例如下。

```
[100,{"id":"CH500","cost":89.09},["hot","cold"]]
{"t1":"ten","t2":[10,20]}
```

在 MySQL 中，JSON 类型的数据需要以字符串的形式输入，在向 JSON 类型的属性插入数据时，MySQL 会判断要插入的数据是否为 JSON 类型。

### 4.1.2 数据的完整性约束

在实际应用中，一张完整的数据表会包含各种约束，设置约束后，MySQL 会在插入数据之前根据约束对数据的合法性进行检查，合法才能插入，从而保证数据的准确性和一致性。MySQL 中常用的约束有主键约束（PRIMARY KEY）、外键约束（FOREIGN KEY）、默认值约束（DEFAULT）、检查约束（CHECK）、唯一约束（UNIQUE）和非空约束（NOT NULL）。

#### 1. 主键约束

主键约束用于设置数据表的主键，它可以是一个属性或属性组。每张数据表只能设置一个主键约束。主键约束确保了数据表中的每条记录都能通过一个属性或属性组的值来唯一标识，这种约束限制作为主键的属性或属性组的值不能为空且是唯一的。

#### 2. 外键约束

外键约束用于设置数据表的外键，它可以是一个属性或属性组。设置外键约束的前提是，该属性或属性组是另一张数据表的主键。通常将包含外键的数据表称为从表，将包含外键对应的主键的数据表称为主表，外键约束确保了从表中外键的值取自主表中主键的某个值。

此外，在删除主表的主键约束前，必须先删除从表的外键约束。

#### 3. 默认值约束

默认值约束用于设置属性的默认值。当向数据表中插入一条记录时，没有为某个属性赋值，MySQL 会将该属性的值设置为空（NULL，不等同于 0 或空字符串，也不能跟任何值进行比较）；为该属性设置默认值约束，MySQL 会自动将默认值作为该属性的值。

为属性设置默认值约束能够避免属性值为空，有助于减少客户端开发过程中处理空值产生的额外开销。需要注意的是，每个属性只能设置一个默认值约束。

#### 4. 检查约束

检查约束用于设置属性值的有效范围（值域），对设置了检查约束的属性执行插入或修改操作时，MySQL 会自动检查数据的有效性。

为属性设置检查约束时可以使用逻辑表达式，如 grade>0。一个属性可以设置多个检查约束，MySQL 会按照这些约束的设置顺序对数据进行各项检查。

### 5. 唯一约束

唯一约束用于确保一个属性或属性组的值唯一，避免在数据表不同记录的同一个属性中输入重复的值。设置了唯一约束的属性可以有空值，但只能有一个。此外，由于设置了主键约束的属性已经具有不含重复值的约束，因此无须为该属性设置唯一约束。

### 6. 非空约束

在设计数据表时应尽量避免属性值为空，此时除了可通过设置默认值约束实现外，还可通过设置非空约束实现。非空约束用于确保属性值不为空，当向数据表中插入数据时，没有为设置了非空约束的属性赋值，MySQL 会报错。

数据表的创建

## 4.1.3 数据表的创建

### 1. 使用 SQL 语句创建数据表

使用 SQL 语句创建数据表的语法格式如下。

```
CREATE TABLE [IF NOT EXISTS] table_name(
col_name1 data_type [constraints] [COMMENT note],
col_name2 data_type [constraints] [COMMENT note],
…
col_namen data_type [constraints] [COMMENT note],
[constraints]
)[ENGINE=table_type];
```

下面对上述语法格式进行说明。

（1）CREATE TABLE 是创建数据表的命令。

（2）IF NOT EXISTS 是可选项，用于在执行创建数据表操作前判断是否存在同名数据表，若存在，则 MySQL 会取消执行但不会报错。当省略该参数时，若创建一个与已存在数据表同名的数据表，则 MySQL 会取消执行且会报错。

（3）table_name 是要创建的数据表的名称。注意不能出现 MySQL 关键字。

（4）col_name1、col_name2 等是属性名。

（5）data_type 是属性的数据类型。

（6）constraints 是可选项，表示约束，可以在定义属性时或在所有属性定义完成后设置。在定义属性时设置约束，多个约束之间用空格分隔；在所有属性定义完成后设置约束，多个约束之间用英文逗号分隔。省略该参数表示不设置约束。下面介绍使用 SQL 语句设置约束的语法格式。

① 设置主键约束。使用 SQL 语句在定义属性时设置主键约束的语法格式如下。

```
col_name data_type PRIMARY KEY
```

其中，col_name 是要设置主键约束的属性名；PRIMARY KEY 是设置主键约束的关键字。

使用 SQL 语句在所有属性定义完成后设置主键约束的语法格式如下。

```
[CONSTRAINT key_name] PRIMARY KEY(col_name[,…])
```

其中，CONSTRAINT key_name 是可选项，CONSTRAINT 是设置约束名称的关键字，key_name 是设置的约束名称，省略该参数表示使用默认名称；col_name 是要设置主键约束的属性名；[,…]表示可以设置一个或多个属性，且多个属性名之间用英文逗号分隔。

② 设置外键约束。外键约束无法在定义属性时设置。使用 SQL 语句在所有属性定义完成后设置外键约束的语法格式如下。

```
[CONSTRAINT key_name] FOREIGN KEY(child_col_name[,…])
REFERENCES parent_table_name(parent_col_name[,…])
```

其中，FOREIGN KEY 是设置外键约束的关键字；child_col_name 是从表中要设置外键约束的属性名；REFERENCES 是设置主表信息的关键字；parent_table_name 是主表的名称；parent_col_name 是主表中主键的属性名；[,…]表示可以设置一个或多个属性，且多个属性名之间用英文逗号分隔。

③ 设置默认值约束。默认值约束通常在定义属性时设置。使用 SQL 语句在定义属性时设置默认值约束的语法格式如下。

```
col_name data_type DEFAULT value
```

其中，col_name 是要设置默认值约束的属性名；DEFAULT 是设置默认值约束的关键字；value 是设置的默认值，如 0。

④ 设置检查约束。检查约束通常在所有属性定义完成后设置。使用 SQL 语句在所有属性定义完成后设置检查约束的语法格式如下。

```
[CONSTRAINT key_name] CHECK(condition)
```

其中，CHECK 是设置检查约束的关键字；condition 是检查约束的条件，如 age>0。

⑤ 设置唯一约束。唯一约束通常在定义属性时设置。使用 SQL 语句在定义属性时设置唯一约束的语法格式如下。

```
col_name data_type UNIQUE
```

其中，col_name 是要设置唯一约束的属性名；UNIQUE 是设置唯一约束的关键字。

⑥ 设置非空约束。非空约束通常在定义属性时设置。使用 SQL 语句在定义属性时设置非空约束的语法格式如下。

```
col_name data_type NOT NULL
```

其中，col_name 是要设置非空约束的属性名；NOT NULL 是设置非空约束的关键字。

（7）COMMENT note 是可选项，其中 COMMENT 是设置属性注释的关键字；note 是设置的注释内容，通常使用字符串表示，如'登录名'。省略该参数表示不设置注释。

（8）各个属性的定义之间用英文逗号分隔。

（9）ENGINE=table_type 是可选项，其中 ENGINE 是设置存储引擎的关键字；

table_type 是设置的存储引擎名称。省略该参数表示使用默认存储引擎。

【例 4-1】　使用 SQL 语句创建数据库 sc，并在其中创建数据表 class 和 student，它们的结构如表 4-5 和表 4-6 所示。

表 4-5　class（班级表）的结构

| 属性名 | 数据类型 | 约束 | 实例 |
| --- | --- | --- | --- |
| classno（班级编号） | VARCHAR(10) | 主键 | 10001 |
| classname（班级名称） | VARCHAR(10) | 非空 | 计算机一班 |
| num（班级人数） | INT | 非空，值域大于 0 | 30 |

表 4-6　student（学生表）的结构

| 属性名 | 数据类型 | 约束 | 实例 |
| --- | --- | --- | --- |
| sno（学号） | VARCHAR(10) | 主键 | 190011 |
| classno（班级编号） | VARCHAR(10) | 外键，非空 | 10001 |
| sname（姓名） | VARCHAR(10) | 非空 | 王小明 |
| sex（性别） | VARCHAR(10) | 默认值为男 | 男 |
| ID（身份证号） | VARCHAR(20) | 唯一，非空 | 11010220********11 |

步骤 1　启动 Navicat，在 Navicat 窗口的左侧窗格中选择连接选项（本例为 test），在工具栏中单击“新建查询”按钮，在打开的查询界面中输入以下语句，单击“运行”按钮，执行结果如图 4-2 所示。

```
CREATE DATABASE sc;
USE sc;
CREATE TABLE class(
classno VARCHAR(10) PRIMARY KEY COMMENT '班级编号',
classname VARCHAR(10) NOT NULL COMMENT '班级名称',
num INT NOT NULL COMMENT '班级人数',
CHECK(num>0)
);
CREATE TABLE student(
sno VARCHAR(10) PRIMARY KEY COMMENT '学号',
classno VARCHAR(10) NOT NULL COMMENT '班级编号',
sname VARCHAR(10) NOT NULL COMMENT '姓名',
sex VARCHAR(10) DEFAULT '男' COMMENT '性别',
ID VARCHAR(20) UNIQUE NOT NULL COMMENT '身份证号',
```

```
FOREIGN KEY(classno) REFERENCES class(classno)
);
```

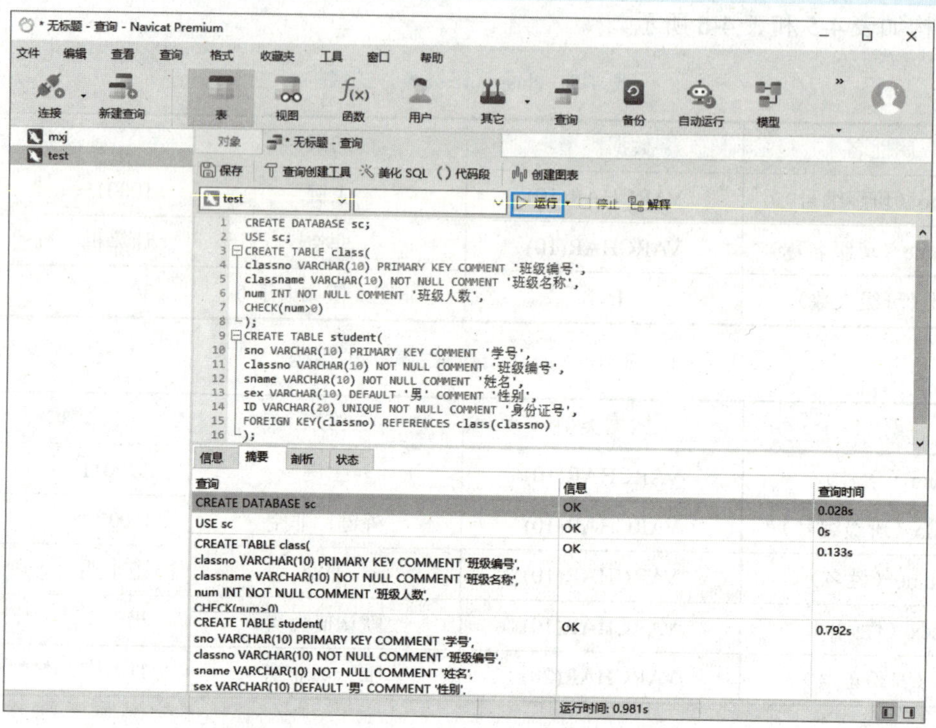

图 4-2　创建数据表 class 和 student

步骤 2 删除 SQL 语句，输入“SHOW TABLES;”语句，单击“运行”按钮，查看当前数据库的所有数据表，执行结果如图 4-3 所示。

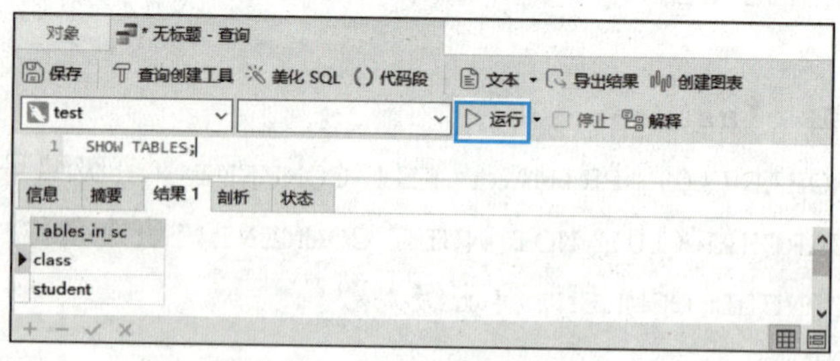

图 4-3　查看当前数据库的所有数据表

**提示** 

如无特殊说明，本书后续例题中的 SQL 语句均在 Navicat 的查询界面执行。在查询界面中执行 SQL 语句后，若想继续执行其他 SQL 语句，须先删除原 SQL 语句再输入新的 SQL 语句。

### 2. 使用 Navicat 创建数据表

使用 Navicat 创建数据表的操作简单易学，下面通过例 4-2 进行介绍。

【例 4-2】 使用 Navicat 在数据库 sc 中创建数据表 class 和 student（它们的结构见表 4-5 和表 4-6）。

步骤 1 启动 Navicat 并打开 test 连接，在 Navicat 窗口的左侧窗格中选择“sc”选项，在工具栏中单击“新建查询”按钮，在打开的查询界面中输入“DROP TABLE IF EXISTS class,student;”语句，单击“运行”按钮，删除已存在的同名数据表，如图 4-4 所示。

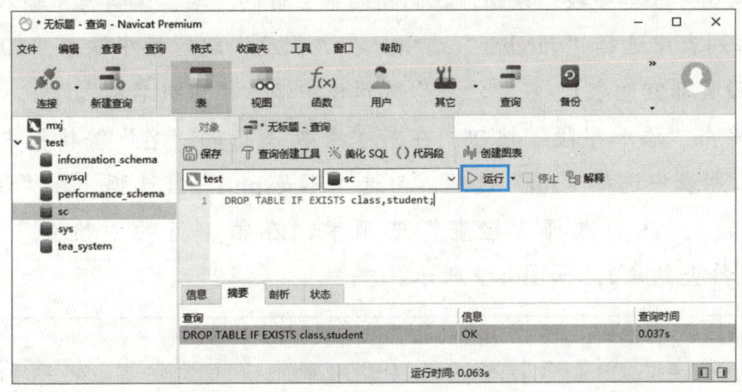

图 4-4 删除已存在的同名数据表

步骤 2 在 Navicat 窗口的左侧窗格中右击“sc”选项，在弹出的快捷菜单中选择“打开数据库”选项，在展开的数据库对象列表中右击“表”选项，在弹出的快捷菜单中选择“新建表”选项，打开“无标题 @sc (test) - 表”界面，如图 4-5 所示。

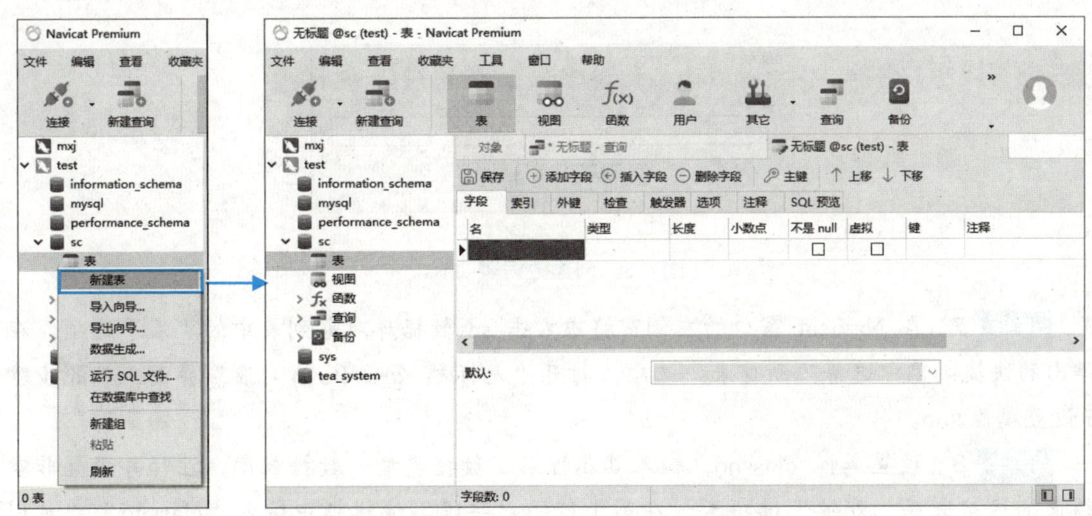

图 4-5 打开“无标题 @sc (test) - 表”界面

步骤 3 在“字段”选项卡第 1 行的“名”编辑框中输入“classno”，在“类型”下拉列表中选择“varchar”选项，在“长度”编辑框中输入“10”，单击“键”编辑框（设置主键约束），在“注释”编辑框中输入“班级编号”，如图 4-6 所示。

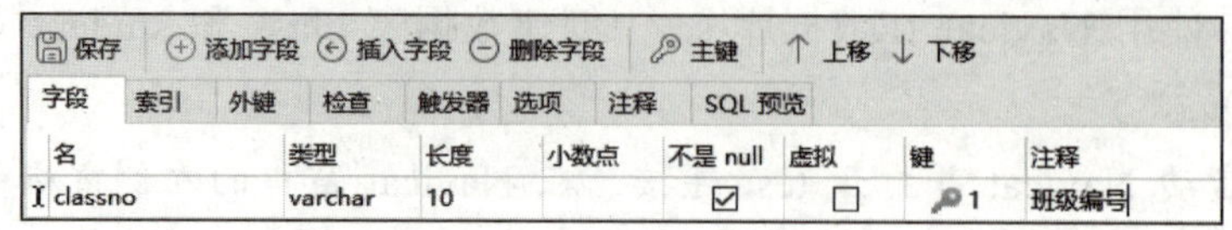

图 4-6　添加属性 classno

步骤 4　单击“添加字段”按钮，在新增的第 2 行的“名”编辑框中输入“classname”，在“类型”下拉列表中选择“varchar”选项，在“长度”编辑框中输入“10”，勾选“不是 null”复选框（设置非空约束），在“注释”编辑框中输入“班级名称”。

步骤 5　单击“添加字段”按钮，在新增的第 3 行的“名”编辑框中输入“num”，在“类型”下拉列表中选择“int”选项，勾选“不是 null”复选框，在“注释”编辑框中输入“班级人数”，然后选择“检查”选项卡，在第 1 行的“检查”编辑框中输入“num>0”（设置检查约束），如图 4-7 所示。

图 4-7　设置属性 num 的检查约束

步骤 6　单击“保存”按钮，打开“另存为”对话框，在“表名”编辑框中输入“class”，单击“保存”按钮，创建数据表 class，如图 4-8 所示。

图 4-8　创建数据表 class

步骤 7　在 Navicat 窗口的左侧窗格中右击 sc 数据库对象列表中的“表”选项，在弹出的快捷菜单中选择“新建表”选项，打开“无标题 @sc (test) - 表”界面，参照步骤 3 设置属性 sno。

步骤 8　设置属性 classno，输入其属性名、数据类型、数据长度、注释并设置非空约束，然后选择“外键”选项卡，在第 1 行的“字段”编辑框中输入“classno”，“被引用的模式”编辑框中的内容保持默认（本例为 sc），在“被引用的表（父）”下拉列表中选择“class”选项，在“被引用的字段”编辑框中输入“classno”（设置外键约束），如图 4-9 所示。

字段 索引 外键 检查 触发器 选项 注释 SQL 预览

| 名 | 字段 | 被引用的模式 | 被引用的表（父） | 被引用的字段 | 删除时 | 更新时 |
|---|---|---|---|---|---|---|
|  | classno | sc | class | classno |  |  |

图 4-9　设置属性 classno 的外键约束

**提示**

部分编辑框右侧会显示⋯按钮，单击该按钮可展开设置面板，在其中可方便地选择属性，如图 4-10 所示。

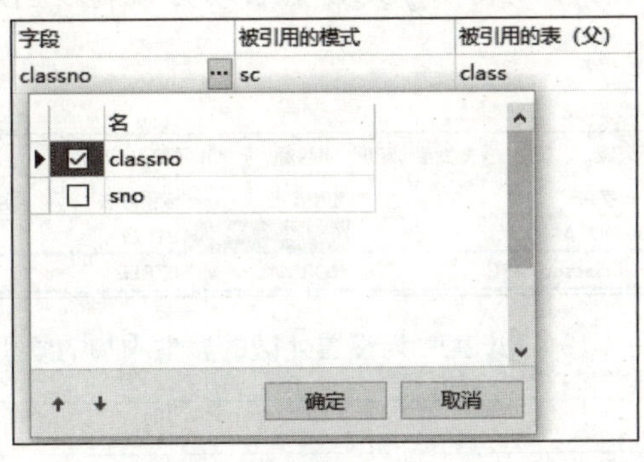


图 4-10　编辑框设置面板

**步骤 9** 选择“字段”选项卡，继续设置属性 sname 和 sex，设置属性 sex 后，保持插入点位于 sex 属性设置行中，在下方设置区的“默认”编辑框中输入“'男'”（设置默认值约束），如图 4-11 所示。

字段 索引 外键 检查 触发器 选项 注释 SQL 预览

| 名 | 类型 | 长度 | 小数点 | 不是 null | 虚拟 | 键 | 注释 |
|---|---|---|---|---|---|---|---|
| sno | varchar | 10 |  | ☑ | ☐ | 1 | 学号 |
| classno | varchar | 10 |  | ☑ | ☐ |  | 班级编号 |
| sname | varchar | 10 |  | ☑ | ☐ |  | 姓名 |
| sex | varchar | 10 |  | ☐ | ☐ |  | 性别 |

默认: '男'
字符集:
排序规则:
键长度:
☐二进制

图 4-11　设置属性 sex 的默认值约束

**步骤 10** 继续设置属性 ID，输入其属性名、数据类型、数据长度、注释并设置非空约束，然后选择“索引”选项卡，在第 1 行的“字段”编辑框中输入“ID”，在“索引类型”下拉列表中选择“UNIQUE”选项（设置唯一约束），如图 4-12 所示。

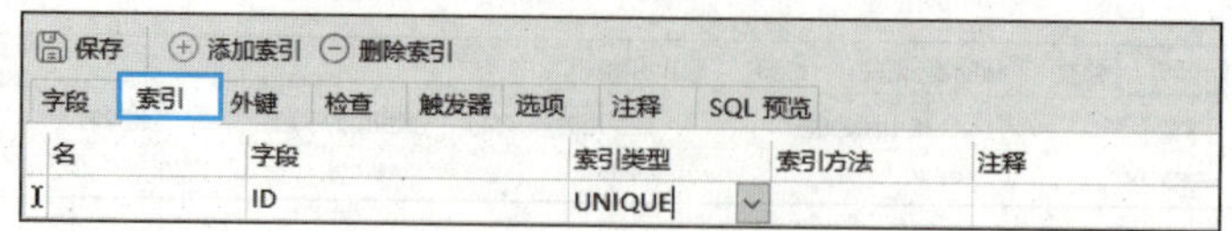


图 4-12　设置属性 ID 的唯一约束

步骤 11　单击“保存”按钮，打开“另存为”对话框，在“表名”编辑框中输入“student”，单击“保存”按钮，创建数据表 student。

**提示**

在为某属性设置外键约束后，MySQL 会自动为该属性创建一个索引，如图 4-13 所示。

字段　索引　外键　检查　触发器　选项　注释　SQL 预览

| 名 | 字段 | 索引类型 | 索引方法 | 注释 |
| --- | --- | --- | --- | --- |
| ID | \`ID\` ASC | UNIQUE | BTREE | |
| classno | \`classno\` ASC | NORMAL | BTREE | |

图 4-13　MySQL 为设置外键的属性添加的索引

## 任务实施——创建茶叶在线销售系统数据表

茗香居茶叶在线销售系统数据库创建完成后，便可以根据设计的数据表结构（各数据表结构见附录 A2）在数据库中创建数据表。本任务实施首先分析各数据表中属性的数据类型，然后在 Navicat 查询界面中使用 SQL 语句创建数据表。

### 1. 分析数据类型

步骤 1　分析数据表 customer 中各属性的数据类型。

（1）cID 属性表示客户 ID，属性值通常为字符串，可将其数据类型设置为可变长度字符串类型 VARCHAR，最大长度设置为 30。同样，cName、login、pwd、sex、tel、addr、email 属性的值通常为字符串，可将它们的数据类型设置为可变长度字符串类型 VARCHAR，并根据它们的实际含义设置最大长度。

（2）credit 属性表示积分，属性值为大于或等于 0 的整数，可将其数据类型设置为整数类型 INT。

（3）regtime 属性表示注册时间，属性值为日期与时间，可将其数据类型设置为日期与时间类型 DATETIME。

步骤 2　参照步骤 1 分析其他 6 张数据表中各属性的数据类型。

### 2. 创建数据表

步骤 1　启动 Navicat，在 Navicat 窗口的左侧窗格中选择“mxj”选项，在工具栏中

单击“新建查询”按钮，打开查询界面，在数据库下拉列表中选择“tea_system”选项。

步骤 2　在查询界面中输入以下语句。

```
CREATE TABLE customer(
cID VARCHAR(30) PRIMARY KEY COMMENT '客户 ID',
cName VARCHAR(50) NOT NULL COMMENT '客户姓名',
login VARCHAR(50) NOT NULL COMMENT '登录名',
pwd VARCHAR(50) NOT NULL COMMENT '密码',
sex VARCHAR(6) DEFAULT '男' COMMENT '性别',
tel VARCHAR(12) NOT NULL COMMENT '电话号码',
addr VARCHAR(80) NOT NULL COMMENT '通信地址',
email VARCHAR(50) NOT NULL COMMENT '邮箱地址',
credit INT DEFAULT 0 COMMENT '积分',
regtime DATETIME NOT NULL COMMENT '注册时间',
CHECK(credit>=0)
);
CREATE TABLE type(
tpID VARCHAR(30) PRIMARY KEY COMMENT '类别 ID',
tpName VARCHAR(50) NOT NULL COMMENT '类别名',
tpComment VARCHAR(80) NOT NULL COMMENT '说明'
);
CREATE TABLE tea(
tID VARCHAR(30) PRIMARY KEY COMMENT '茶叶 ID',
tName VARCHAR(50) NOT NULL COMMENT '茶叶名',
tpID VARCHAR(30) NOT NULL COMMENT '类别 ID',
tPrice FLOAT NOT NULL COMMENT '单价',
tQuantity INT NOT NULL COMMENT '库存量',
FOREIGN KEY(tpID) REFERENCES type(tpID),
CHECK(tPrice>0),
CHECK(tQuantity>=0)
);
CREATE TABLE cart(
cartID VARCHAR(30) PRIMARY KEY COMMENT '购物车 ID',
cID VARCHAR(30) NOT NULL COMMENT '客户 ID',
tID VARCHAR(30) NOT NULL COMMENT '茶叶 ID',
```

```
pNum INT NOT NULL COMMENT '加购数量',
FOREIGN KEY(cID) REFERENCES customer(cID),
FOREIGN KEY(tID) REFERENCES tea(tID),
CHECK(pNum>0)
);
CREATE TABLE neworders(
oID VARCHAR(30) PRIMARY KEY COMMENT '订单 ID',
cID VARCHAR(30) NOT NULL COMMENT '客户 ID',
oCode VARCHAR(20) NOT NULL COMMENT '订单编号',
oTime TIMESTAMP NOT NULL COMMENT '下单时间',
FOREIGN KEY(cID) REFERENCES customer(cID)
);
CREATE TABLE ordersdetail(
dID VARCHAR(30) PRIMARY KEY COMMENT '详情 ID',
oID VARCHAR(30) NOT NULL COMMENT '订单 ID',
tID VARCHAR(30) NOT NULL COMMENT '茶叶 ID',
dNum INT NOT NULL COMMENT '购买数量',
FOREIGN KEY(oID) REFERENCES neworders(oID),
FOREIGN KEY(tID) REFERENCES tea(tID),
CHECK(dNum>0)
);
CREATE TABLE appraise(
aID VARCHAR(30) PRIMARY KEY COMMENT '评价 ID',
cID VARCHAR(30) NOT NULL COMMENT '客户 ID',
tID VARCHAR(30) NOT NULL COMMENT '茶叶 ID',
content VARCHAR(80) NOT NULL COMMENT '评价内容',
grade INT NOT NULL COMMENT '评分',
aTime TIMESTAMP NOT NULL COMMENT '评价时间',
FOREIGN KEY(cID) REFERENCES customer(cID),
FOREIGN KEY(tID) REFERENCES tea(tID),
CHECK(grade>=0 AND grade<=5)
);
```

步骤 3 单击“运行”按钮，创建数据表 customer、type、tea、cart、neworders、ordersdetail 和 appraise。

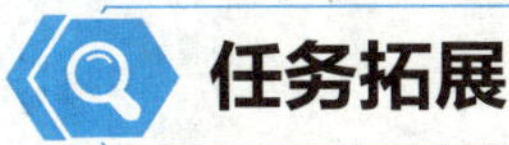

## 任务拓展

本任务介绍了创建数据表的相关知识。其中，数据类型的选择应按照实际需求进行具体分析，这样才能既不浪费存储空间又能满足用户需求；在创建数据表时应合理设置属性的约束，这样才能保证数据表中属性的取值更加合理，从而使数据表中的数据更加规范。下面给同学们留几个思考题。

（1）茶叶在线销售系统数据库的数据表 cart 中各属性的数据类型及数据长度是什么？

（2）整数类型适合用于存储哪些数据？

# 任务 4.2　管理数据表及其数据

## 任务描述

管理数据表及其数据是数据库实施中的常用操作，本任务将重点介绍使用 SQL 语句和 Navicat 管理数据表及其数据的语法格式和操作方法。

### 4.2.1　管理数据表

管理数据表包括查看数据表、修改数据表、重命名数据表和删除数据表等。

#### 1. 查看数据表

查看数据表包括查看数据库中所有数据表、查看数据表结构和查看数据表定义等。

##### 1）使用 SQL 语句查看数据表

（1）使用 SQL 语句查看数据库中所有数据表的语法格式如下。

```
SHOW TABLES;
```

（2）使用 SQL 语句查看数据表结构的语法格式如下。

```
DESCRIBE table_name;
```

其中，DESCRIBE 是查看数据表结构的关键字；table_name 是要查看结构的数据表的名称。

【例 4-3】　使用 SQL 语句在数据库 sc 中查看数据表 student 的结构。

```
DESCRIBE student;
```

执行结果如图 4-14 所示。

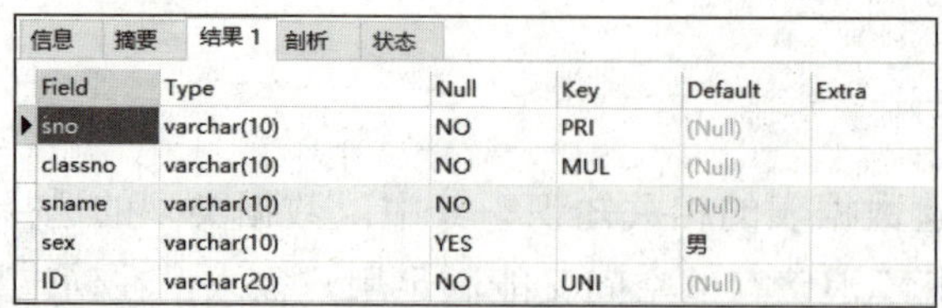
信息 摘要 结果 1 剖析 状态

| Field | Type | Null | Key | Default | Extra |
| --- | --- | --- | --- | --- | --- |
| sno | varchar(10) | NO | PRI | (Null) | |
| classno | varchar(10) | NO | MUL | (Null) | |
| sname | varchar(10) | NO | | (Null) | |
| sex | varchar(10) | YES | | 男 | |
| ID | varchar(20) | NO | UNI | (Null) | |

图 4-14 查看数据表 student 的结构

**提示** 

使用 SQL 语句查看数据表结构的结果包括 Field（数据表中的属性名）、Type（属性的数据类型）、Null（属性值是否可以为空）、Key（属性是否有索引）、Default（属性是否有默认值）和 Extra（额外信息）信息。

（3）使用 SQL 语句查看数据表定义的语法格式如下。

```
SHOW CREATE TABLE table_name;
```

其中，SHOW CREATE TABLE 是查看数据表定义的命令；table_name 是要查看定义的数据表的名称。

【例 4-4】 使用 SQL 语句在数据库 sc 中查看数据表 student 的定义。

```
SHOW CREATE TABLE student;
```

执行结果如图 4-15 所示。

| Table | Create Table |
| --- | --- |
| student | CREATE TABLE \`student\` ( \`sno\` varchar(10) NOT NULL |

图 4-15 查看数据表 student 的定义

**提示** 

使用 SQL 语句查看数据表定义的结果包括 Table（数据表的名称）和 Create Table（数据表的定义）信息。

### 2）使用 Navicat 查看数据表

使用 Navicat 查看数据表的具体操作方法如下。

（1）查看数据库中所有数据表。在 Navicat 窗口的左侧窗格中打开相应连接和数据库，单击“表”选项左侧的展开按钮 ›，在展开的数据表列表中可查看数据库中的所有数据表。

（2）查看数据表结构。在展开的数据表列表中右击要查看的数据表选项，在弹出的快捷菜单中选择“设计表”选项，打开相应数据表设计界面，在“字段”选项卡中可查看属性的名称、数据类型、数据长度等信息，在“索引”“外键”“检查”选项卡中可分别查看属性的唯一约束、外键约束和检查约束等信息。

（3）查看数据表定义。在展开的数据表列表中右击要查看的数据表选项，在弹出的快捷菜单中选择“打开表”选项（或选择“设计表”选项），打开相应数据表界面（或数据表设计界面），在 Navicat 窗口右侧窗格的“DDL”选项卡中可查看数据表定义。

### 2．修改数据表

修改数据表包括修改属性定义、修改属性的数据类型、添加属性、删除属性、添加约束和删除约束等。

#### 1）使用 SQL 语句修改数据表

修改数据表的命令为 ALTER TABLE，下面介绍使用 SQL 语句修改数据表的语法格式。

（1）使用 SQL 语句修改属性定义的语法格式如下。

```
ALTER TABLE table_name
CHANGE [COLUMN] old_col_name new_col_name data_type
[constraints] [COMMENT note];
```

其中，table_name 是要修改的数据表的名称；CHANGE 是修改属性定义的关键字；COLUMN 是指明操作对象为属性的关键字，可省略；old_col_name 是要修改定义的属性名；new_col_name 是修改定义后的属性名（若不修改则可以设置为原属性名）；data_type 是修改定义后属性的数据类型（若不修改则可以设置为原数据类型）；constraints 是可选项，表示修改定义后属性的约束，省略该参数表示不设置约束；COMMENT note 是可选项，COMMENT 是设置属性注释的关键字，note 是设置的注释内容，省略该参数表示不设置注释。

【例 4-5】　使用 SQL 语句将数据库 sc 中数据表 class 的属性 classno 修改为 cno，数据类型为 VARCHAR(10)；将数据表 class 的属性 classname 修改为 cname，数据类型为 VARCHAR(10)。

```
ALTER TABLE class
CHANGE classno cno VARCHAR(10) COMMENT '班级编号';
ALTER TABLE class
CHANGE classname cname VARCHAR(10) COMMENT '班级名称';
```

**提示**

修改属性定义时，MySQL 会将属性的所有设置重置。例如，通过修改属性定义的方式修改属性名时，若省略属性的约束及注释，则属性原本具有的约束及注释不会保留。此外，若属性有检查约束，则无法使用这种方式修改属性名。

（2）使用 SQL 语句修改属性数据类型的语法格式如下。

```
ALTER TABLE table_name
MODIFY col_name new_data_type;
```

其中，MODIFY 是修改属性数据类型的关键字；col_name 是要修改数据类型的属性名；new_data_type 是修改后的数据类型。

【例 4-6】 使用 SQL 语句将数据库 sc 中数据表 class 属性 cname 的数据类型修改为 VARCHAR(20)。

```
ALTER TABLE class
MODIFY cname VARCHAR(20);
```

（3）使用 SQL 语句添加属性的语法格式如下。

```
ALTER TABLE table_name
ADD col_name data_type [constraints] [COMMENT note]
[FIRST|AFTER old_col_name];
```

其中，ADD 是添加属性的关键字；col_name 是要添加的属性名；data_type 是要添加属性的数据类型；FIRST 和 AFTER old_col_name 是可选项，FIRST 表示将属性添加至第一个属性之前，AFTER old_col_name 表示将属性添加至属性 old_col_name 之后，省略该参数表示添加至最后一个属性之后。

【例 4-7】 使用 SQL 语句在数据库 sc 的数据表 class 中添加数据类型为 VARCHAR(10)的属性 teacher。

```
ALTER TABLE class
ADD teacher VARCHAR(10);
```

（4）使用 SQL 语句删除属性的语法格式如下。

```
ALTER TABLE table_name
DROP col_name;
```

其中，DROP 是删除属性的关键字；col_name 是要删除的属性名。

【例 4-8】 使用 SQL 语句将数据库 sc 中数据表 class 的属性 num 删除。

```
ALTER TABLE class
DROP num;
```

（5）添加约束包括为属性添加主键约束、添加外键约束、添加默认值约束、添加检查约束、添加唯一约束和添加非空约束等。

① 使用 SQL 语句为属性添加主键约束的语法格式如下。

```
ALTER TABLE table_name
ADD [CONSTRAINT key_name] PRIMARY KEY(col_name[,…]);
```

其中，ADD PRIMARY KEY 是添加主键约束的命令；其他参数的含义与设置主键约束语法格式中参数的含义相同。

② 使用 SQL 语句为属性添加外键约束的语法格式如下。

```
ALTER TABLE table_name
ADD [CONSTRAINT key_name] FOREIGN KEY(child_col_name[,…])
```

```
REFERENCES parent_table_name(parent_col_name[,…]);
```

其中，ADD FOREIGN KEY 是添加外键约束的命令；其他参数的含义与设置外键约束语法格式中参数的含义相同。

③ 使用 SQL 语句为属性添加默认值约束需要通过修改属性定义实现，语法格式如下。

```
ALTER TABLE table_name
CHANGE [COLUMN] old_col_name new_col_name data_type DEFAULT value;
```

其中，old_col_name 和 new_col_name 是要添加默认值约束的属性名；其他参数的含义与设置默认值约束语法格式中参数的含义相同。

④ 使用 SQL 语句为属性添加检查约束的语法格式如下。

```
ALTER TABLE table_name
ADD [CONSTRAINT key_name] CHECK(condition);
```

其中，ADD CHECK 是添加检查约束的命令；其他参数的含义与设置检查约束语法格式中参数的含义相同。

⑤ 使用 SQL 语句为属性添加唯一约束的语法格式如下。

```
ALTER TABLE table_name
ADD [CONSTRAINT key_name] UNIQUE(col_name);
```

其中，ADD UNIQUE 是添加唯一约束的命令；其他参数的含义与设置唯一约束语法格式中参数的含义相同。

⑥ 使用 SQL 语句为属性添加非空约束需要通过修改属性定义实现，语法格式如下。

```
ALTER TABLE table_name
CHANGE [COLUMN] old_col_name new_col_name data_type NOT NULL;
```

其中，old_col_name 和 new_col_name 是要添加非空约束的属性名；其他参数的含义与设置非空约束语法格式中参数的含义相同。

【例 4-9】　使用 SQL 语句为数据库 sc 中数据表 class 的属性 teacher 添加非空约束。

```
ALTER TABLE class
CHANGE teacher teacher VARCHAR(10) NOT NULL;
```

（6）删除约束包括删除主键约束、删除外键约束、删除默认值约束、删除检查约束、删除唯一约束和删除非空约束等。

① 使用 SQL 语句删除主键约束的语法格式如下。

```
ALTER TABLE table_name
DROP PRIMARY KEY;
```

② 使用 SQL 语句删除外键约束的语法格式如下。

```
ALTER TABLE table_name
DROP FOREIGN KEY key_name;
```

其中，DROP FOREIGN KEY 是删除外键约束的命令；key_name 是要删除外键约束的名称。

**提示**

若在设置或添加约束时未定义约束名称，则可以在删除约束前执行以下 SQL 语句查看数据表的所有约束名称（包括 MySQL 中默认的约束名称与用户设置的约束名称）。

```
SELECT CONSTRAINT_NAME
    FROM information_schema.TABLE_CONSTRAINTS
    WHERE TABLE_SCHEMA='database_name'
    AND TABLE_NAME='table_name';
```

其中，database_name 是数据库的名称；table_name 是数据表的名称。

③ 使用 SQL 语句删除默认值约束的语法格式与添加该约束的语法格式类似，只须将表示默认值的参数 value 设置为 NULL 即可。

④ 使用 SQL 语句删除检查约束的语法格式如下。

```
ALTER TABLE table_name
DROP CHECK key_name;
```

其中，DROP CHECK 是删除检查约束的命令；key_name 是要删除检查约束的名称。

⑤ 使用 SQL 语句删除唯一约束的语法格式如下。

```
ALTER TABLE table_name
DROP INDEX key_name;
```

其中，DROP INDEX 是删除唯一约束的命令；key_name 是要删除唯一约束的名称。

⑥ 使用 SQL 语句删除非空约束的语法格式与添加该约束的语法格式类似，只须将关键字 NOT NULL 改为 NULL 即可（表示属性值可以为空）。

【例 4-10】 使用 SQL 语句将数据库 sc 中数据表 student 属性 sex 的默认值约束删除。

```
ALTER TABLE student
CHANGE sex sex VARCHAR(10) DEFAULT NULL;
```

2）使用 Navicat 修改数据表

使用 Navicat 也可以完成数据表的修改操作，下面通过例 4-11 进行介绍。

【例 4-11】 使用 Navicat 完成例 4-5～例 4-10 的数据表修改操作（在完成例 4-1 的基础上进行操作）。

**步骤 1** 启动 Navicat 并打开 test 连接，在 Navicat 窗口的左侧窗格中右击“sc”选项，在弹出的快捷菜单中选择“打开数据库”选项，在展开的数据库对象列表中单击“表”选项左侧的展开按钮 >，展开数据表列表，右击“class”选项，在弹出的快捷菜单中选择“设计表”选项，打开“class @sc (test) - 表”界面，如图 4-16 所示。

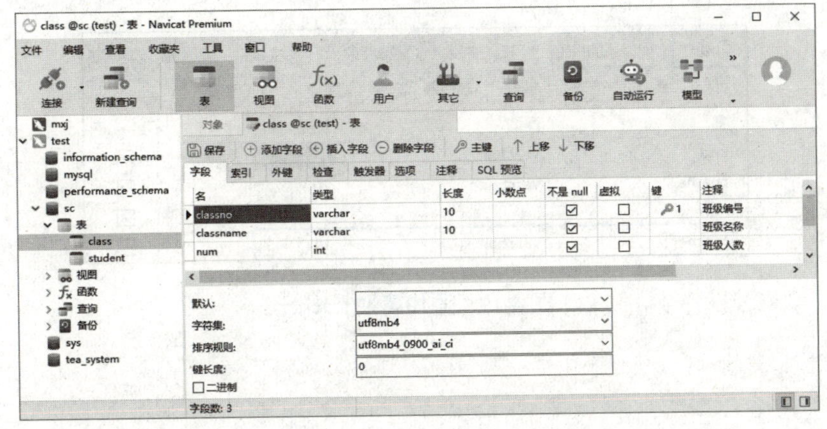


图 4-16 打开“class @sc (test) - 表”界面

**步骤 2** 将属性 classno 修改为 cno，数据类型为 VARCHAR(10)；将属性 classname 修改为 cname，数据类型为 VARCHAR(10)。在“字段”选项卡中单击属性 classno 所在行的“名”编辑框，删除原内容并输入“cno”；单击属性 classname 所在行的“名”编辑框，删除原内容并输入“cname”，单击“保存”按钮，如图 4-17 所示。

保存 添加字段 插入字段 删除字段 主键 上移 下移

字段 索引 外键 检查 触发器 选项 注释 SQL 预览

| 名 | 类型 | 长度 | 小数点 | 不是 null |
|---|---|---|---|---|
| cno | varchar | 10 | | ☑ |
| cname | varchar | 10 | | ☑ |
| num | int | | | ☑ |

图 4-17 修改属性名

**步骤 3** 将属性 cname 的数据类型修改为 VARCHAR(20)。在“字段”选项卡中单击属性 cname 所在行的“长度”编辑框，删除原内容并输入“20”，单击“保存”按钮，如图 4-18 所示。

保存 添加字段 插入字段 删除字段 主键 上移 下移

字段 索引 外键 检查 触发器 选项 注释 SQL 预览

| 名 | 类型 | 长度 | 小数点 | 不是 null |
|---|---|---|---|---|
| cno | varchar | 10 | | ☑ |
| cname | varchar | 20 | | ☑ |
| num | int | | | ☑ |

图 4-18 将属性 cname 的数据类型修改为 VARCHAR(20)

**步骤 4** 添加数据类型为 VARCHAR(10)的属性 teacher。在界面中单击“添加字段”按钮，在新属性所在行的“名”编辑框中输入“teacher”，在“类型”下拉列表中选择“varchar”选项，在“长度”编辑框中输入 10，单击“保存”按钮，如图 4-19 所示。

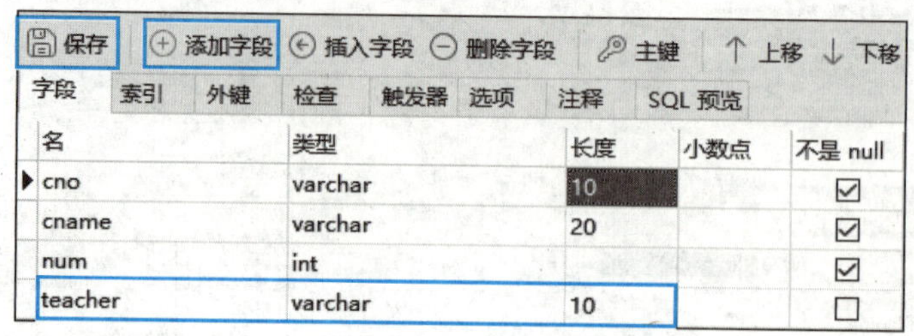


图 4-19　添加属性 teacher

**提示**

单击“添加字段”按钮后，可以在属性列表的末尾添加新属性；选择属性并单击“插入字段”按钮后，可以在属性的上一行添加新属性。此外，选择属性后，单击“上移”或“下移”按钮能够调整属性的顺序。

**步骤 5** 删除属性 num。在“字段”选项卡中单击属性 num，然后单击“删除字段”按钮，打开“确认删除”对话框，单击“删除”按钮，最后单击“保存”按钮，如图 4-20 所示。

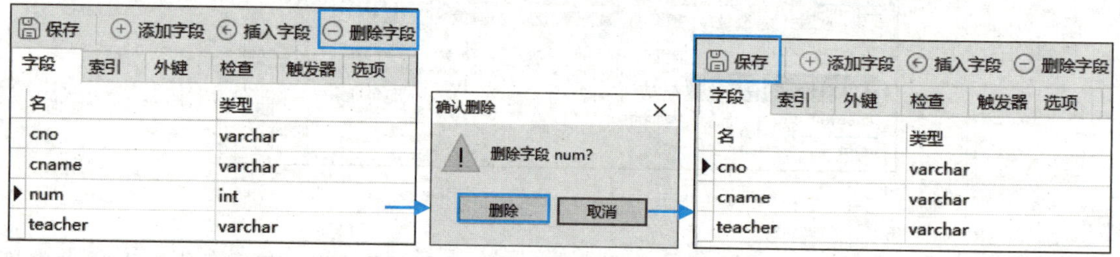


图 4-20　删除属性 num

**步骤 6** 为属性 teacher 添加非空约束。在“字段”选项卡中勾选属性 teacher 所在行的“不是 null”复选框，单击“保存”按钮，如图 4-21 所示。

| 名 | 类型 | 长度 | 小数点 | 不是 null |
| --- | --- | --- | --- | --- |
| cno | varchar | 10 | | ☑ |
| cname | varchar | 20 | | ☑ |
| teacher | varchar | 10 | | ☑ |

图 4-21　为属性 teacher 添加非空约束

**步骤 7** 在数据表 student 中删除属性 sex 的默认值约束。在 Navicat 窗口的左侧窗格中右击“student”选项，在弹出的快捷菜单中选择“设计表”选项，打开“student @sc (test) - 表”界面，在“字段”选项卡中单击属性 sex，在下方设置区的“默认”下拉列表中选择“NULL”选项（见图 4-22），单击“保存”按钮。

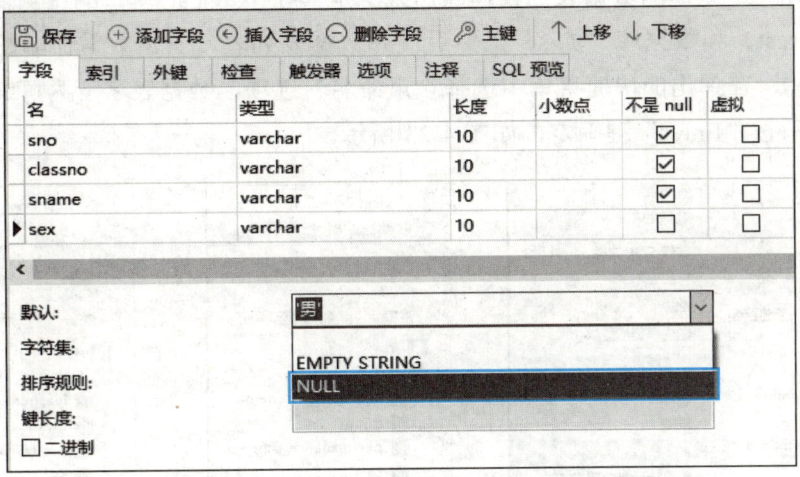

图 4-22　在“默认”下拉列表中选择“NULL”选项

**提示**

要想修改属性的唯一约束、外键约束和检查约束，可以分别在“索引”“外键”“检查”选项卡中进行操作。此外，右击属性或约束，在弹出的快捷菜单中选择相应选项，可以执行相应操作，如添加、插入、删除属性及添加、删除约束等。

### 3．重命名数据表

#### 1）使用 SQL 语句重命名数据表

使用 SQL 语句重命名数据表的语法格式如下。

```
RENAME TABLE old_table_name TO new_table_name;
```

其中，RENAME TABLE 是重命名数据表的命令；old_table_name 是要重命名数据表的名称；TO 是指明数据表新名称的关键字；new_table_name 是数据表的新名称。

【例 4-12】　使用 SQL 语句将数据库 sc 的数据表 class 重命名为 classinfo。

```
RENAME TABLE class TO classinfo;
```

**〈知识库〉**

使用 ALTER TABLE 命令也可以重命名数据表，语法格式如下。

```
ALTER TABLE old_table_name
RENAME new_table_name;
```

其中，RENAME 是重命名数据表的关键字。

2）使用 Navicat 重命名数据表

使用 Navicat 重命名数据表的具体操作方法是，在 Navicat 窗口的左侧窗格中打开相应连接（如 test）和数据库（如 sc），然后展开数据表列表，右击要重命名的数据表选项（如 classinfo），在弹出的快捷菜单中选择“重命名”选项，数据表名变为可编辑状态，修改数据表名后按“Enter”键确定，如图 4-23 所示。

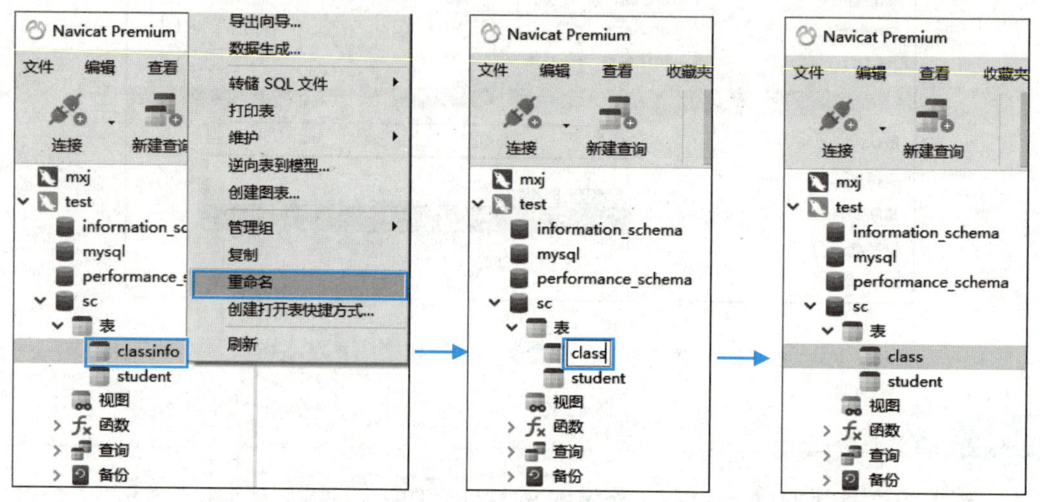


图 4-23　重命名数据表

4．删除数据表

1）使用 SQL 语句删除数据表

使用 SQL 语句删除数据表的语法格式如下。

```
DROP TABLE [IF EXISTS] table_name[,…];
```

其中，DROP TABLE 是删除数据表的命令；IF EXISTS 是可选项，用于判断是否存在同名数据表，若不存在，则 MySQL 会取消执行但不会报错，当省略该参数时，若删除一个不存在的数据表，则 MySQL 会取消执行且会报错；table_name 是要删除的数据表的名称；[,…]表示可删除一张或多张数据表，各数据表名之间用英文逗号分隔。

【例 4-13】　使用 SQL 语句删除数据库 sc 中的数据表 student。

```
DROP TABLE student;
```

2）使用 Navicat 删除数据表

使用 Navicat 删除数据表的具体操作方法是，在 Navicat 窗口的左侧窗格中打开相应连接（如 test）和数据库（如 sc），然后展开数据表列表，右击要删除的数据表选项（如 class），在弹出的快捷菜单中选择“删除表”选项，打开“确认删除”对话框，勾选“我了解此操作是永久性的且无法撤销”复选框，单击“删除”按钮，如图 4-24 所示。

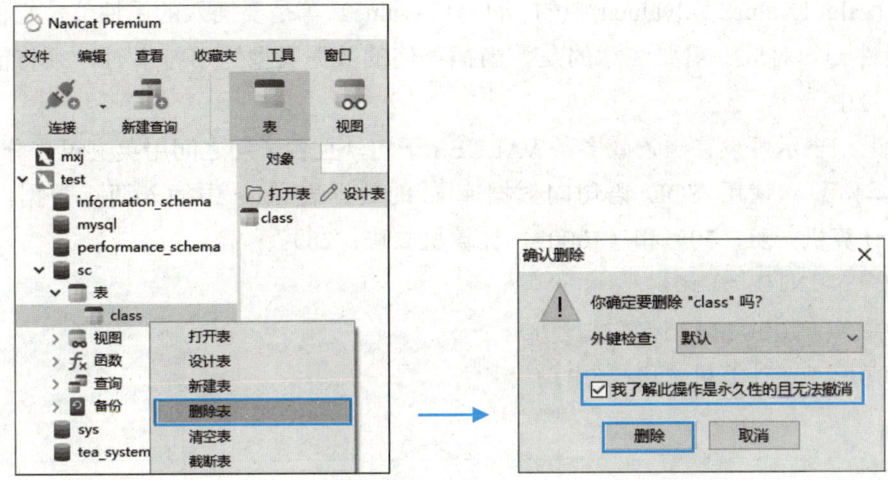


图 4-24　删除数据表

提示

在“确认删除”对话框中的“外键检查”下拉列表中选择“启用”选项，可以对要删除的数据表中的属性进行检查，若该数据表的主键被其他数据表的外键引用，则无法删除该数据表。

### 4.2.2　管理数据

数据表中的数据以二维表的形式存储，每行数据代表一条记录，用户可以根据需要执行插入数据、修改数据和删除数据等操作。

#### 1．插入数据

##### 1）使用 SQL 语句插入数据

使用 SQL 语句插入数据的语法格式如下。

```
INSERT INTO table_name[(col_name1,col_name2,…,col_namen)]
VALUES(value1,value2,…,valuen)[,…];
```

下面对上述语法格式进行说明。

（1）INSERT INTO 是插入数据的命令。

（2）table_name 是要插入数据的数据表的名称。

（3）(col_name1,col_name2,…,col_namen)是可选项，col_name1、col_name2 等用于声明要插入数据的属性名，属性的个数和顺序无须与数据表结构中属性的个数和顺序一致。省略该参数表示声明的属性个数和顺序与数据表结构中属性的个数和顺序一致。

（4）VALUES 是设置属性值的关键字。

（5）(value1,value2,…,valuen)中的 value1、value2 等是要插入的属性值，它们必须与声明的属性一一对应。需要注意的是，当插入值的数据类型为字符串时，须将值包含在英文单引号中。

（6）[,…]表示可设置一条或多条 VALUES 子句，且各子句之间用英文逗号分隔。

【例 4-14】 使用 SQL 语句向数据库 sc 的数据表 class 中插入两行数据，分别为（10001，计算机一班，30）和（10002，计算机二班，28）。

```
INSERT INTO class
VALUES('10001','计算机一班',30),
('10002','计算机二班',28);
```

**提示** 

若已将数据库 sc 的数据表删除，可参照例 4-1 重新创建数据表 class 和 student。

2）使用 Navicat 插入数据

使用 Navicat 也可以完成数据的插入操作，下面通过例 4-15 进行介绍。

【例 4-15】 使用 Navicat 向数据库 sc 的数据表 student 中插入两行数据，分别为（190011，10001，王小明，男，11010220********11）和（190012，10002，赵婷婷，女，11010220********21）。

步骤 1 启动 Navicat 并打开 test 连接和 sc 数据库，然后展开数据表列表，右击“student”选项，在弹出的快捷菜单中选择“打开表”选项，打开“student @sc (test) - 表”界面，如图 4-25 所示。

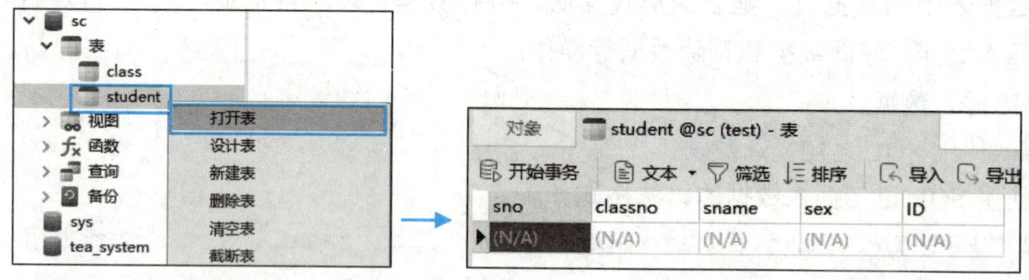


图 4-25 打开“student @sc (test) - 表”界面

步骤 2 在第 1 行的“sno”编辑框中输入“190011”，按“Tab”键将插入点移至下一个编辑框并输入“10001”。使用同样的方法在第 1 行依次输入其余数据，然后单击界面下方的“应用更改”按钮✓。

步骤 3 单击界面下方的“添加记录”按钮+，在第 2 行依次输入数据，然后单击“应用更改”按钮✓，如图 4-26 所示。

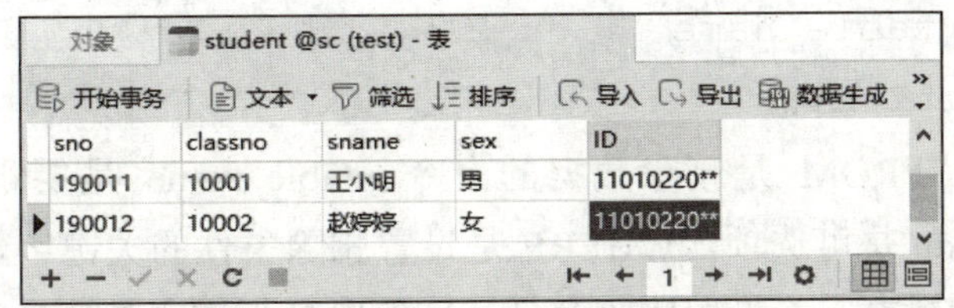

图 4-26　输入数据

**提示**

使用 Navicat 输入数据时，字符串数据可以直接输入，无须将其包含在英文单引号中。

### 2. 修改数据

#### 1）使用 SQL 语句修改数据

使用 SQL 语句修改数据的语法格式如下。

```
UPDATE table_name
SET col_name=value[,…]
[WHERE condition];
```

其中，UPDATE 是修改数据的关键字；table_name 是要修改数据的数据表名称；SET 是设置修改数据的属性及属性值的关键字；col_name=value 是要修改数据的属性及属性值；[,…]表示可设置一组或多组属性及属性值，且多组之间用英文逗号分隔；WHERE condition 是可选项，WHERE 是设置修改条件的关键字，condition 是设置的修改条件，省略该参数表示不设置修改条件，即修改数据表中的所有记录。

【例 4-16】　使用 SQL 语句将数据库 sc 的数据表 student 中姓名（sname）为王小明的学生的学号（sno）修改为“190013”。

```
UPDATE student
SET sno='190013'
WHERE sname='王小明';
```

#### 2）使用 Navicat 修改数据

使用 Navicat 修改数据的具体操作方法是，在 Navicat 窗口的左侧窗格中打开相应连接和数据库，然后展开数据表列表，右击要修改数据的数据表选项，在弹出的快捷菜单中选择“打开表”选项，打开相应数据表界面，在相应编辑框中修改内容，最后单击界面下方的“应用修改”按钮✔。

### 3. 删除数据

#### 1）使用 SQL 语句删除数据

使用 SQL 语句删除数据的语法格式如下。

```
DELETE FROM table_name
[WHERE condition];
```

其中，DELETE FROM 是删除数据的命令；table_name 是要删除数据的数据表名称；WHERE condition 是可选项，WHERE 是设置删除条件的关键字，condition 是设置的删除条件，省略该参数表示不设置删除条件，即删除数据表中的所有记录。

【例 4-17】 使用 SQL 语句将数据库 sc 的数据表 student 中学号为 190013 的学生信息删除。

```
DELETE FROM student
WHERE sno='190013';
```

2）使用 Navicat 删除数据

使用 Navicat 删除数据的具体操作方法是，在 Navicat 窗口的左侧窗格中打开相应连接和数据库，然后展开数据表列表，右击要删除数据的数据表选项，在弹出的快捷菜单中选择“打开表”选项，打开相应数据表界面，右击要删除的记录，在弹出的快捷菜单中选择“删除记录”选项，打开“确认删除”对话框（见图 4-27），单击“删除一条记录”按钮。

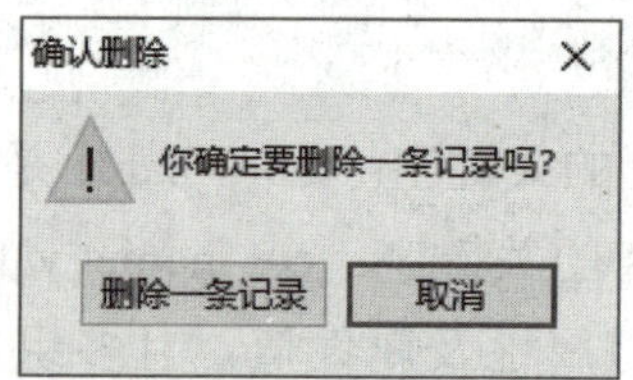


图 4-27 “确认删除”对话框

## 任务实施——管理茶叶在线销售系统数据表

在茗香居茶叶在线销售系统数据库中创建数据表后就可以向数据表中插入数据并处理业务了。为此，本任务实施首先向数据表中插入数据，然后根据实际情况上新茶叶、处理订单、调整价格和库存，以及收集客户评价等。

### 1. 插入数据

茶叶在线销售系统数据库中各数据表的数据如表 4-7～表 4-13 所示。

表 4-7 数据表 customer 的数据

| cID | cName | login | pwd | sex | tel | addr | email | credit | regtime |
|---|---|---|---|---|---|---|---|---|---|
| U001 | 刘明 | liuming | 265237 | 男 | 135****7089 | 大崇明路 50 号 | 355477***@qq.com | 88 | 2022-01-10 17:53:42 |
| U002 | 王丽丽 | wanglili | 287364 | 女 | 132****7829 | 承德西路 80 号 | 435770***@qq.com | 138 | 2022-12-13 12:10:10 |

（续表）

| cID | cName | login | pwd | sex | tel | addr | email | credit | regtime |
|---|---|---|---|---|---|---|---|---|---|
| U003 | 黄国栋 | huangguodong | 736638 | 男 | 133****2342 | 园林路 88 号 | 54770***@qq.com | 72 | 2022-05-01 10:40:05 |
| U004 | 谢立秋 | xieliqiu | 877362 | 女 | 181****2192 | 黄石路 66 号 | 893023***@qq.com | 517 | 2022-04-30 22:18:25 |
| U005 | 李霞 | lixia | 374648 | 女 | 132****4576 | 临江路 77 号 | 894770***@qq.com | 64 | 2022-10-29 20:38:50 |
| U006 | 戴遥 | daiyao | 832972 | 男 | 152****6690 | 经二路 99 号 | 3435554***@qq.com | 39 | 2022-02-06 07:20:10 |
| U007 | 杨小沐 | yangxiaomu | 882730 | 女 | 177****3457 | 启明路 77 号 | 423081***@qq.com | 13 | 2022-01-20 13:24:36 |
| U008 | 张小平 | zhangxiaoping | 283740 | 男 | 199****8880 | 光明路 123 号 | 409129***@qq.com | 265 | 2022-02-16 15:30:23 |
| U009 | 王平 | wangping | 273639 | 男 | 132****2299 | 七一路 12 号 | 5654547***@qq.com | 380 | 2022-02-20 23:50:49 |
| U010 | 高强 | gaoqiang | 627280 | 男 | 199****5787 | 东湖大街 13 号 | 315554***@qq.com | 24 | 2022-01-12 21:51:50 |

表 4-8　数据表 type 的数据

| tpID | tpName | tpComment |
|---|---|---|
| TP001 | 红茶类 | 正山小种、滇红、祁门、川红、九曲红梅等 |
| TP002 | 绿茶类 | 安吉白茶、西湖龙井、洞庭碧螺春、信阳毛尖、庐山云雾、太平猴魁、竹叶青等 |
| TP003 | 黄茶类 | 君山银针、平阳黄汤、蒙顶黄芽、北港毛尖等 |
| TP004 | 乌龙茶类 | 安溪铁观音、凤凰水仙、东方美人、武夷岩茶、红乌龙等 |
| TP005 | 白茶类 | 白毫银针、白牡丹、贡眉等 |
| TP006 | 黑茶类 | 茯砖茶、黑砖茶、花砖茶、天尖茶、生尖茶等 |

表 4-9　数据表 tea 的数据

| tID | tName | tpID | tPrice | tQuantity |
|---|---|---|---|---|
| T001 | 西湖龙井 | TP002 | 716 | 5022 |
| T002 | 洞庭碧螺春 | TP002 | 288 | 3404 |
| T003 | 庐山云雾 | TP002 | 1072 | 5122 |
| T004 | 安吉白茶 | TP002 | 268 | 6027 |
| T005 | 安溪铁观音 | TP004 | 288 | 7058 |
| T006 | 正山小种 | TP001 | 198 | 5029 |

（续表）

| tID | tName | tpID | tPrice | tQuantity |
|---|---|---|---|---|
| T007 | 君山银针 | TP003 | 1240 | 4036 |
| T008 | 白牡丹 | TP005 | 890 | 6828 |
| T009 | 黑砖茶 | TP006 | 776 | 7920 |
| T010 | 平阳黄汤 | TP003 | 836 | 8139 |
| T011 | 红乌龙 | TP004 | 509 | 7418 |

表 4-10　数据表 cart 的数据

| cartID | cID | tID | pNum |
|---|---|---|---|
| G001 | U006 | T004 | 250 |
| G002 | U007 | T001 | 250 |
| G003 | U008 | T002 | 250 |
| G004 | U001 | T006 | 500 |
| G005 | U003 | T008 | 100 |
| G006 | U005 | T009 | 250 |
| G007 | U004 | T010 | 250 |
| G008 | U002 | T011 | 250 |
| G009 | U009 | T008 | 100 |
| G010 | U009 | T009 | 250 |

表 4-11　数据表 neworders 的数据

| oID | cID | oCode | oTime |
|---|---|---|---|
| D001 | U006 | 20220306152356139 | 2022-03-06 15:23:56 |
| D002 | U007 | 20220706145640190 | 2022-07-06 14:56:40 |
| D003 | U008 | 20220302230501009 | 2022-03-02 23:05:01 |
| D004 | U001 | 20220302223155077 | 2022-03-02 22:31:55 |
| D005 | U003 | 20220512183535985 | 2022-05-12 18:35:35 |
| D006 | U005 | 20221107124823897 | 2022-11-07 12:48:23 |
| D007 | U004 | 20221111065821651 | 2022-11-11 06:58:21 |
| D008 | U002 | 20230102131113209 | 2023-01-02 13:11:13 |
| D009 | U009 | 20230121161120651 | 2023-01-21 16:11:20 |

表 4-12 数据表 ordersdetail 的数据

| dID | oID | tID | dNum |
|---|---|---|---|
| X001 | D001 | T004 | 250 |
| X002 | D002 | T001 | 250 |
| X003 | D003 | T002 | 250 |
| X004 | D004 | T006 | 500 |
| X005 | D005 | T008 | 100 |
| X006 | D006 | T009 | 250 |
| X007 | D007 | T010 | 250 |
| X008 | D008 | T011 | 250 |
| X009 | D009 | T008 | 100 |
| X010 | D009 | T009 | 250 |

表 4-13 数据表 appraise 的数据

| aID | cID | tID | content | grade | aTime |
|---|---|---|---|---|---|
| A001 | U006 | T004 | 茶汤清亮，茶汁香浓，如兰在舌，沁人心脾，芬芳甘冽，清香怡人，好评 | 5 | 2022-03-16 11:20:06 |
| A002 | U007 | T001 | 茶叶很好喝，好评 | 4 | 2022-07-10 14:56:40 |
| A003 | U008 | T002 | 色香俱浓怡心神，苦尽甘来功自成 | 5 | 2022-03-22 03:15:11 |
| A004 | U001 | T006 | 茶叶味道不错，口感醇厚，桂皮香很足，碎渣很少，不错，满意 | 5 | 2022-03-20 12:10:34 |
| A005 | U003 | T008 | 茶叶味道正宗，质量很好，外包装很好，价格也很实惠 | 5 | 2022-05-27 10:25:13 |
| A006 | U005 | T009 | 产品的口感还不错，价格也挺实惠，独立小包装喝起来比较方便 | 5 | 2023-01-30 07:17:20 |

步骤 1 启动 Navicat，打开查询界面并选择 mxj 连接和 tea_system 数据库。

步骤 2 向数据表 customer、type 和 tea 中分别插入表 4-7、表 4-8 和表 4-9 中的数据，语句如下。

```
INSERT INTO customer VALUES
('U001','刘明','liuming','265237','男','135****7089','大崇明路50号','355477***@qq.com',88,'2022-01-10 17:53:42'),
('U002','王丽丽','wanglili','287364','女','132****7829','承德西路80号','435770***@qq.com',138,'2022-12-13 12:10:10'),
('U003','黄国栋','huangguodong','736638','男','133****2342','园林路88号','54770***@qq.com',72,'2022-05-01 10:40:05'),
```

```
('U004','谢立秋','xieliqiu','877362','女','181****2192','黄石路66号','893023***@qq.com',517,'2022-04-30 22:18:25'),
('U005','李霞','lixia','374648','女','132****4576','临江路 77 号','894770***@qq.com',64,'2022-10-29 20:38:50'),
('U006','戴遥','daiyao','832972','男','152****6690','经二路 99号','3435554***@qq.com',39,'2022-02-06 07:20:10'),
('U007','杨小沐','yangxiaomu','882730','女','177****3457','启明路77号','423081***@qq.com',13,'2022-01-20 13:24:36'),
('U008','张小平','zhangxiaoping','283740','男','199****8880','光明路123号','409129***@qq.com',265,'2022-02-16 15:30:23'),
('U009','王平','wangping','273639','男','132****2299','七一路12号','5654547***@qq.com',380,'2022-02-20 23:50:49'),
('U010','高强','gaoqiang','627280','男','199****5787','东湖大街13号','315554***@qq.com',24,'2022-01-12 21:51:50');
INSERT INTO type VALUES
('TP001','红茶类','正山小种、滇红、祁门、川红、九曲红梅等'),
('TP002','绿茶类','安吉白茶、西湖龙井、洞庭碧螺春、信阳毛尖、庐山云雾、太平猴魁、竹叶青等'),
('TP003','黄茶类','君山银针、平阳黄汤、蒙顶黄芽、北港毛尖等'),
('TP004','乌龙茶类','安溪铁观音、凤凰水仙、东方美人、武夷岩茶、红乌龙等'),
('TP005','白茶类','白毫银针、白牡丹、贡眉等'),
('TP006','黑茶类','茯砖茶、黑砖茶、花砖茶、天尖茶、生尖茶等');
INSERT INTO tea VALUES
('T001','西湖龙井','TP002',716,5022),
('T002','洞庭碧螺春','TP002',288,3404),
('T003','庐山云雾','TP002',1072,5122),
('T004','安吉白茶','TP002',268,6027),
('T005','安溪铁观音','TP004',288,7058),
('T006','正山小种','TP001',198,5029),
('T007','君山银针','TP003',1240,4036),
('T008','白牡丹','TP005',890,6828),
('T009','黑砖茶','TP006',776,7920),
('T010','平阳黄汤','TP003',836,8139),
('T011','红乌龙','TP004',509,7418);
```

步骤 3　使用同样的方法向数据表 cart、neworders、ordersdetail 和 appraise 中分别插入表 4-10、表 4-11、表 4-12 和表 4-13 中的数据。

### 2. 处理业务

步骤 1　上新茶叶。插入新茶叶的类别信息和茶叶信息，语句如下。

```
-- 插入新的类别信息
INSERT INTO type VALUES
('TP007','春季新茶','包括但不限于新绿茶、新乌龙茶等');
-- 插入新的茶叶信息
INSERT INTO tea VALUES
('T012','新安吉白茶','TP007',450,2000),
('T013','新春碧螺春','TP007',500,1500);
```

**提示** 

在 MySQL 的查询界面中，以“-- ”（含空格）开始的行是注释行，单击“运行”按钮不执行该行内容。

步骤 2　处理订单。插入订单信息和订单详情信息，语句如下。

```
-- 插入订单信息
INSERT INTO neworders VALUES
('D010','U010','20240501123456789','2024-05-01 12:34:56');
-- 插入订单详情信息
INSERT INTO ordersdetail VALUES('X011','D010','T012',300);
```

步骤 3　调整价格和库存。修改茶叶信息，语句如下。

```
-- 修改茶叶 ID 为 T012 的茶叶的信息
UPDATE tea SET tPrice=tPrice*0.9,tQuantity=tQuantity-300
WHERE tID='T012';
```

步骤 4　收集客户评价。插入评价信息，语句如下。

```
-- 插入评价信息
INSERT INTO appraise VALUES
('A007','U010','T012','新茶味道鲜美，香气扑鼻。',5,'2024-05-11
12:30:00');
```

## 任务拓展

本任务介绍了管理数据表的相关知识。在操作数据表中的数据时，需要注意数据表之间的关系及数据表中属性的数据类型和约束。下面给同学们留几个思考题。

（1）如何修改数据表中属性的数据类型？

（2）如何为数据表添加属性？

（3）如何删除数据表？

（4）如何将信息“客户高强购买 500 g 正山小种茶叶”添加到茶叶在线销售系统数据库的数据表 cart 中？

（5）如何筛选出茶叶在线销售系统数据库的数据表 type 中属性 tpID 值为 TP001 的记录，并将该记录中属性 tpComment 的值修改为“正山小种”？

（6）如何删除茶叶在线销售系统数据库中数据表 ordersdetail 的数据？

## 项目实训——创建与管理学生选课系统数据表

### 1. 实训目标

（1）掌握设置数据完整性约束的方法。

（2）掌握使用 SQL 语句和 Navicat 创建数据表的方法。

（3）掌握使用 SQL 语句和 Navicat 查看、修改、重命名与删除数据表的方法。

（4）掌握使用 SQL 语句和 Navicat 向数据表中插入数据，以及修改与删除数据表中数据的方法。

创建与管理
学生选课系统数据表（1）

### 2. 实训内容

在学生选课系统数据库 stud_sys 中创建与管理数据表，具体要求如下。

（1）创建数据表 course、department、major、class、student、s_course、teacher 和 t_course，同时设置非空约束。

（2）在数据表中为属性添加主键约束和外键约束。

（3）在数据表中为属性添加检查约束和默认值约束。

（4）向数据表中插入数据。

创建与管理
学生选课系统数据表（2）

**提示** 

数据库 stud_sys 的数据表结构见附录 B2，具体数据及 SQL 语句见本书配套素材“素材与实例”/“项目 4”/“项目实训”/“stud_sys.sql”文件。

创建与管理
学生选课系统数据表（3）

# 项目评价

请学生结合本项目的学习情况，对学习成果进行自评，请教师进行师评和总评，并将评价结果填入表 4-14 中。

表 4-14　学习成果评价表

| 评价项目 | 评价内容 | 分值 | 评价得分 | |
|---|---|---|---|---|
| | | | 自评 | 师评 |
| 理论知识 | MySQL 常用的数据类型 | 10 | | |
| | 数据的完整性约束 | 10 | | |
| 技术能力 | 使用 SQL 语句和 Navicat 创建数据表 | 20 | | |
| | 使用 SQL 语句和 Navicat 查看、修改、重命名与删除数据表 | 20 | | |
| | 使用 SQL 语句和 Navicat 向数据表中插入数据，以及修改与删除数据表中的数据 | 20 | | |
| 项目实训 | 代码规范、完整、运行良好 | 10 | | |
| 总评 | 综合素质、综合技能、操作规范性 | 10 | | |
| 信息汇总 | 班级 | | 学生签字 | |
| | 教师签字 | | 日期 | |
| | 最终评分 | 自评（70%）+师评（30%）=________ | | |

下面对各评价项目进行说明。

（1）理论知识：通过理论测试评估学生对 MySQL 常用的数据类型和数据完整性约束的掌握程度。

（2）技术能力：评估学生在创建与管理数据表等方面的实际操作技能。

（3）项目实训：根据学生提交的代码的规范性、完整性和运行效果进行评分。

（4）总评：根据学生的综合素质、综合技能和操作规范性进行整体评价。

# 项目 5

# 数据查询

## 项目目标

### 知识目标

- 了解数据查询的方式，包括单表查询、多表查询及嵌套查询。
- 掌握数据查询的方法。

### 技能目标

- 能够使用 SQL 语句进行单表查询，包括无条件查询、条件查询、聚合查询、分组查询，以及操作查询结果等。
- 能够使用 SQL 语句进行多表查询，包括连接查询和联合查询。
- 能够使用 SQL 语句进行嵌套查询，包括单值嵌套查询和多值嵌套查询。

### 素质目标

- 培养沟通能力和团队合作精神。
- 提高隐私保护意识，树立正确的价值观。

## 项目描述

本项目专注于数据查询，通过 3 个任务分别介绍单表查询、多表查询及嵌套查询的相关知识，并以茶叶在线销售系统数据库为例，介绍如何在实际应用中查询数据。

任务 5.1 掌握单表查询：介绍使用 SQL 语句查询数据的相关知识，包括 SELECT 语句的语法格式，以及无条件查询、条件查询、聚合查询、分组查询和操作查询结果的操作。

任务 5.2 掌握多表查询：介绍在多张数据表中查询数据的相关知识，包括连接查询和联合查询的语法格式和操作。

任务 5.3 掌握嵌套查询：介绍嵌套查询的相关知识，包括单值嵌套查询和多值嵌套查询的操作。

总的来说，本项目介绍如何灵活使用多种查询方式从数据库中有效地检索信息，使学生能够应用相关技能解决实际的业务问题。图 5-1 为“数据查询”在数据库系统开发流程中的位置。

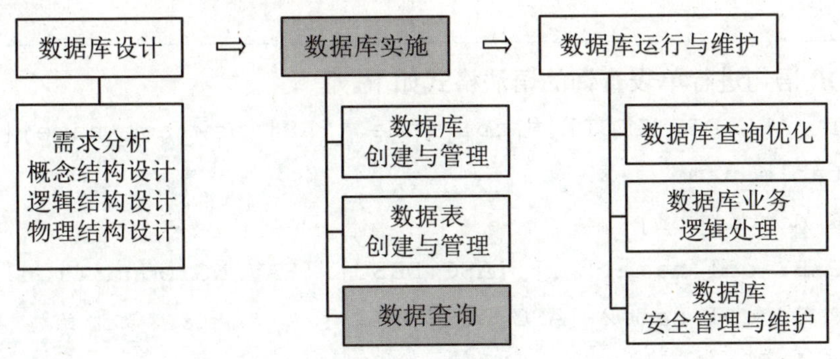


图 5-1 “数据查询”在数据库系统开发流程中的位置

## 文化赏析

### 茶叶中的黄茶

黄茶属轻发酵茶类，加工工艺近似绿茶，只是在干燥过程之前或之后，增加一道“闷黄”的工艺，促使茶叶中的多酚、叶绿素等物质部分氧化。

黄茶按鲜叶的嫩度又分为黄芽茶、黄小茶和黄大茶。我国的黄芽茶有君山银针、蒙顶黄芽、霍山黄芽和远安黄芽等；黄小茶有沩山毛尖、平阳黄汤和雅安黄茶等；黄大茶有皖西黄大茶、英山黄大茶和广东大叶青等。

# 任务 5.1 掌握单表查询

## 任务描述

数据查询是数据库中最基本也是最重要的操作，本任务将介绍单表查询的基本语法，以及使用单表查询并操作查询结果的方法。

### 5.1.1 单表查询语法格式

单表查询语法格式

单表查询是指从一张数据表中查询所需要的数据，它是最基本的数据查询操作，其查询结果是一个临时表。

**提示**

查询操作通常使用 SQL 语句实现，本项目将介绍使用 SQL 语句进行查询的相关知识。

使用 SQL 语句进行单表查询的语法格式如下。

```
SELECT [ALL|DISTINCT] *|col_name [[AS] new_col_name][,…]
FROM table_name
[WHERE condition]
[GROUP BY col_name1[,…] [ASC|DESC] [HAVING condition1]]
[ORDER BY col_name2 [ASC|DESC][,…]]
[LIMIT [offset,]row_count];
```

下面对上述语法格式进行说明。

（1）SELECT 是查询数据的关键字。

（2）ALL 和 DISTINCT 是可选项，其中 ALL 表示显示所有记录；DISTINCT 表示显示不重复的记录。省略该参数表示显示所有记录。

（3）*、col_name 和[,…]是要查询的属性，其中*表示所有属性；col_name 表示具体的属性名；[,…]表示可以设置一个或多个属性，且多个属性名之间用英文逗号分隔。

（4）[AS] new_col_name 是可选项，其中 AS 是定义别名的关键字，可省略；new_col_name 是为属性定义的别名，当别名中含有空格时，须将别名包含在英文单引号中。省略该参数表示不为属性定义别名。

（5）FROM 是指明查询的数据源的关键字。

（6）table_name 是作为数据源的数据表的名称（也可以是视图的名称，具体内容在

项目 6 详细介绍）。

（7）WHERE condition 是可选项，其中 WHERE 是设置查询条件的关键字；condition 是查询条件。省略该参数表示不设置查询条件。

（8）GROUP BY col_name1[,...] [ASC|DESC] [HAVING condition1]是可选项，用于根据指定属性对结果集进行分组，具体内容在 5.1.4 小节详细介绍。

（9）ORDER BY col_name2 [ASC|DESC][,...]是可选项，用于根据指定属性对结果集进行排序，具体内容在 5.1.5 小节详细介绍。

（10）LIMIT [offset,]row_count 是可选项，用于指定结果集显示的记录条数，具体内容在 5.1.5 小节详细介绍。

## 5.1.2　无条件查询

无条件查询是指只包含 SELECT 和 FROM 关键字的查询。

### 1．查询所有属性

使用 SQL 语句查询所有属性时，可使用“*”表示所有属性。

【例 5-1】　在茶叶在线销售系统数据库 tea_system 的数据表 customer 中查询所有客户的全部信息。

```
SELECT *
FROM customer;
```

执行结果如图 5-2 所示。

| cID | cName | login | pwd | sex | tel | addr | email | credit | regtime |
|---|---|---|---|---|---|---|---|---|---|
| U001 | 刘明 | liuming | 265237 | 男 | 135****7089 | 大崇明路50号 | 355477***@qq.com | 88 | 2022-01-10 17:53:42 |
| U002 | 王丽丽 | wanglili | 287364 | 女 | 132****7829 | 承德西路80号 | 435770***@qq.com | 138 | 2022-12-13 12:10:10 |
| U003 | 黄国栋 | huangguodong | 736638 | 男 | 133****2342 | 园林路88号 | 54770***@qq.com | 72 | 2022-05-01 10:40:05 |
| U004 | 谢立秋 | xieliqiu | 877362 | 女 | 181****2192 | 黄石路66号 | 893023***@qq.com | 517 | 2022-04-30 22:18:25 |
| U005 | 李霞 | lixia | 374648 | 女 | 132****4576 | 临江路77号 | 894770***@qq.com | 64 | 2022-10-29 20:38:50 |
| U006 | 戴遥 | daiyao | 832972 | 男 | 152****6690 | 经二路99号 | 3435554***@qq.com | 39 | 2022-02-06 07:20:10 |
| U007 | 杨小沐 | yangxiaomu | 882730 | 女 | 177****3457 | 启明路77号 | 423081***@qq.com | 13 | 2022-01-20 13:24:36 |
| U008 | 张小平 | zhangxiaoping | 283740 | 男 | 199****8880 | 光明路123号 | 409129***@qq.com | 265 | 2022-02-16 15:30:23 |
| U009 | 王平 | wangping | 273639 | 男 | 132****2299 | 七一路12号 | 5654547***@qq.com | 380 | 2022-02-20 23:50:49 |
| U010 | 高强 | gaoqiang | 627280 | 男 | 199****5787 | 东湖大街13号 | 315554***@qq.com | 24 | 2022-01-12 21:51:50 |

图 5-2　查询所有客户的全部信息

提示 

本项目至项目 8 中的例题均在 Navicat 中基于茶叶在线销售系统数据库 tea_system 中实现。在 Navicat 的查询界面执行 SQL 语句时，须先选择 mxj 连接和 tea_system 数据库。此外，为保证例题的顺利进行，请先完成项目 4 的任务实施。

### 2．查询指定属性

使用 SQL 语句查询指定属性时，可以指定一个或多个属性。

【例 5-2】　在数据库 tea_system 的数据表 customer 中查询所有客户的姓名（tName）、

性别（sex）和通信地址（addr）信息。

```
SELECT cName,sex,addr
FROM customer;
```

执行结果如图 5-3 所示。

| cName | sex | addr |
|---|---|---|
| 刘明 | 男 | 大崇明路50号 |
| 王丽丽 | 女 | 承德西路80号 |
| 黄国栋 | 男 | 园林路88号 |
| 谢立秋 | 女 | 黄石路66号 |
| 李雨 | 女 | 临江路77号 |
| 戴遥 | 男 | 经二路99号 |
| 杨小沐 | 女 | 启明路77号 |
| 张小平 | 男 | 光明路123号 |
| 王平 | 男 | 七一路12号 |
| 高强 | 男 | 东湖大街13号 |

图 5-3　查询所有客户的姓名、性别和通信地址信息

### 3．计算属性的值

使用 SQL 语句查询数据时，可以使用表达式属性的值进行计算。

【例 5-3】 在数据库 tea_system 的数据表 tea 中查询每种茶叶的名称（tName）、原价（tPrice）和原价降低 10%的现价信息。

```
SELECT tName AS 茶叶名,tPrice AS 原价,tPrice-tPrice*0.1 AS 现价
FROM tea;
```

执行结果如图 5-4 所示。

| 茶叶名 | 原价 | 现价 |
|---|---|---|
| 西湖龙井 | 716 | 644.4 |
| 洞庭碧螺春 | 288 | 259.2 |
| 庐山云雾 | 1072 | 964.8 |
| 安吉白茶 | 268 | 241.2 |
| 安溪铁观音 | 288 | 259.2 |
| 正山小种 | 198 | 178.2 |
| 君山银针 | 1240 | 1116 |
| 白牡丹 | 890 | 801 |
| 黑砖茶 | 776 | 698.4 |
| 平阳黄汤 | 836 | 752.4 |
| 红乌龙 | 509 | 458.1 |
| 新安吉白茶 | 405 | 364.5 |
| 新春碧螺春 | 500 | 450 |

图 5-4　查询每种茶叶的名称、原价和现价信息

### 5.1.3 条件查询

条件查询是指包含 WHERE 关键字的查询。WHERE 子句需要指定查询条件，通常为条件表达式，其运算结果有 3 种，分别为 TRUE（真）、FALSE（假）和 UNKNOWN（无法判断），执行语句时 MySQL 会从 FROM 子句的中间结果集中选择条件表达式的运算结果为 TRUE 的记录。

当条件表达式中运算的参数有 NULL 时，运算结果可能为 UNKNOWN，此时执行 SQL 语句的结果集不显示任何记录。

条件表达式中常用的运算有比较运算、逻辑运算、范围运算、集合运算、匹配运算和空值运算等。

#### 1. 比较运算

比较运算是指使用比较运算符比较两个条件表达式或值的运算。例如，对于条件表达式 age>18，当属性 age 的值为 19 时，其运算结果为 TRUE。

MySQL 支持的比较运算符有=（等于）、>（大于）、<（小于）、>=（大于或等于）、<=（小于或等于）、<>或!=（不等于）、<=>（等于或为空）。

【例 5-4】 在数据库 tea_system 的数据表 customer 中查询性别（sex）为女的客户信息。

```
SELECT *
FROM customer
WHERE sex='女';
```

执行结果如图 5-5 所示。

| cID | cName | login | pwd | sex | tel | addr | email | credit | regtime |
|---|---|---|---|---|---|---|---|---|---|
| U002 | 王丽丽 | wanglili | 287364 | 女 | 132****7829 | 承德西路80号 | 435770***@qq.com | 138 | 2022-12-13 12:10:10 |
| U004 | 谢立秋 | xieliqiu | 877362 | 女 | 181****2192 | 黄石路66号 | 893023***@qq.com | 517 | 2022-04-30 22:18:25 |
| U005 | 李霞 | lixia | 374648 | 女 | 132****4576 | 临江路77号 | 894770***@qq.com | 64 | 2022-10-29 20:38:50 |
| U007 | 杨小沐 | yangxiaomu | 882730 | 女 | 177****3457 | 启明路77号 | 423081***@qq.com | 13 | 2022-01-20 13:24:36 |

图 5-5 查询性别为女的客户信息

【例 5-5】 在数据库 tea_system 的数据表 tea 中查询单价（tPrice）超过 1000 元的茶叶的名称（tName）、单价（tPrice）和库存量（tQuantity）信息。

```
SELECT tName,tPrice,tQuantity
FROM tea
WHERE tPrice>1000;
```

执行结果如图 5-6 所示。

| tName | tPrice | tQuantity |
|---|---|---|
| 庐山云雾 | 1072 | 5122 |
| 君山银针 | 1240 | 4036 |

图 5-6 查询单价超过 1000 元的茶叶的名称、单价和库存量信息

### 2. 逻辑运算

逻辑运算是指使用逻辑运算符进行的运算。常用的逻辑运算符有 AND、OR 和 NOT，它们可以同时使用。

（1）AND。AND 是逻辑与运算符，用于对多个条件表达式进行与运算，当所有条件表达式的运算结果均为 TRUE 时，整个条件表达式的运算结果才为 TRUE，否则为 FALSE。

例如，条件表达式“(1>2) AND (2<3)”中的两个子表达式的运算结果分别为 FALSE 与 TRUE，则整个条件表达式的运算结果为 FALSE。

（2）OR。OR 是逻辑或运算符，用于对多个条件表达式进行或运算，当所有条件表达式的运算结果均为 FALSE 时，整个条件表达式的运算结果才为 FALSE，否则为 TRUE。

例如，条件表达式“(1>2) OR (2<3)”中的两个子表达式的运算结果分别为 FALSE 与 TRUE，则整个条件表达式的运算结果为 TRUE。

（3）NOT。NOT 是逻辑非运算符，通常位于条件表达式之前，用于否定条件表达式，当条件表达式的运算结果为 FALSE 时，整个条件表达式的运算结果为 TRUE，反之同理。此外，NOT 也可用于部分运算符之前表示否定，即对运算结果取反。

例如，条件表达式“NOT ((1>2) OR (2<3))”中的“(1>2) OR (2<3)”的运算结果为 TRUE，则整个条件表达式的运算结果为 FALSE。

【例 5-6】 在数据库 tea_system 的数据表 type 中查询类别名（tpName）为红茶类或绿茶类的茶叶类别信息。

```
SELECT *
FROM type
WHERE tpName='红茶类' OR tpName='绿茶类';
```

执行结果如图 5-7 所示。

| tpID | tpName | tpComment |
|---|---|---|
| TP001 | 红茶类 | 正山小种、滇红、祁门、川红、九曲红梅等 |
| TP002 | 绿茶类 | 安吉白茶、西湖龙井、洞庭碧螺春、信阳毛尖、庐山云雾、太平猴魁、竹叶青等 |

图 5-7 查询类别名为红茶类或绿茶类的茶叶类别信息

### 3. 范围运算

范围运算是指使用范围运算符 BETWEEN AND 进行的运算。BETWEEN AND 用于判断属性值是否在某一范围内，语法格式如下。

```
col_name [NOT] BETWEEN value1 AND value2
```

其中，NOT 是可选项；value1 是范围的起始值；value2 是范围的终止值。当属性值在指定范围时，条件表达式的运算结果为 TRUE，否则为 FALSE。

需要注意的是，使用 BETWEEN AND 进行查询时，value1 和 value2 均包含在范围

内，即 test BETWEEN value1 AND value2 等同于 test>=value1 AND test<=value2；使用 NOT BETWEEN AND 进行查询时，value1 和 value2 均不包含在范围内；无论是否添加 NOT 关键字，value1 都应该小于 value2。

【例 5-7】 在数据库 tea_system 的数据表 tea 中查询单价（tPrice）在 200 元至 500 元之间的茶叶的名称（tName）和单价（tPrice）信息。

```
SELECT tName,tPrice
FROM tea
WHERE tPrice BETWEEN 200 AND 500;
```

执行结果如图 5-8 所示。

| tName | tPrice |
|---|---|
| 洞庭碧螺春 | 288 |
| 安吉白茶 | 268 |
| 安溪铁观音 | 288 |
| 新安吉白茶 | 405 |
| 新春碧螺春 | 500 |

图 5-8 查询单价在 200 元至 500 元之间的茶叶的名称和单价信息

【例 5-8】 在数据库 tea_system 的数据表 tea 中查询库存量（tQuantity）不在 2000 g 至 6000 g 之间的茶叶的名称（tName）、库存量（tQuantity）和单价（tPrice）信息。

```
SELECT tName,tQuantity,tPrice
FROM tea
WHERE tQuantity NOT BETWEEN 2000 AND 6000;
```

执行结果如图 5-9 所示。

| tName | tQuantity | tPrice |
|---|---|---|
| 安吉白茶 | 6027 | 268 |
| 安溪铁观音 | 7058 | 288 |
| 白牡丹 | 6828 | 890 |
| 黑砖茶 | 7920 | 776 |
| 平阳黄汤 | 8139 | 836 |
| 红乌龙 | 7418 | 509 |
| 新安吉白茶 | 1700 | 405 |
| 新春碧螺春 | 1500 | 500 |

图 5-9 查询库存量不在 2000 g 至 6000 g 之间的茶叶的名称、库存量和单价信息

## 4. 集合运算

集合运算是指使用运算符 IN 进行的运算。IN 用于判断属性值是否在值列表中，语法格式如下。

```
col_name [NOT] IN (value1,value2,…)
```

其中，NOT 是可选项；“value1,value2,…”是值列表。当属性值在值列表中时，条件

表达式的运算结果为 TRUE，否则为 FALSE。

【例 5-9】 在数据库 tea_system 的数据表 type 中查询类别名（tpName）为红茶类、绿茶类或白茶类的茶叶类别信息。

```
SELECT *
FROM type
WHERE tpName IN ('红茶类','绿茶类','白茶类');
```

执行结果如图 5-10 所示。

| tpID | tpName | tpComment |
|---|---|---|
| TP001 | 红茶类 | 正山小种、滇红、祁门、川红、九曲红梅等 |
| TP002 | 绿茶类 | 安吉白茶、西湖龙井、洞庭碧螺春、信阳毛尖、庐山云雾、太平猴魁、竹叶青等 |
| TP005 | 白茶类 | 白毫银针、白牡丹、贡眉等 |

图 5-10　查询类别名为红茶类、绿茶类或白茶类的茶叶类别信息

### 5. 匹配运算

在实际应用中，有时查询条件不能完全确定，只能确定部分信息，此时可以通过匹配运算进行字符串的模糊匹配。

匹配运算是指使用运算符 LIKE 进行的运算。LIKE 用于判断属性值是否与指定字符串相匹配，属性值可以是 CHAR、VARCHAR、TEXT、DATETIME 等类型的数据。LIKE 的语法格式如下。

```
col_name [NOT] LIKE value
```

其中，NOT 是可选项；value 是用于匹配的字符串，通常包含通配符“_”和“%”，“%”表示匹配 0 个、1 个或多个字符，“_”表示匹配单个字符。当属性值与 value 匹配时，条件表达式的运算结果为 TRUE，否则为 FALSE。

需要注意的是，由于 MySQL 默认不区分英文字母的大小写，若想在模糊匹配时进行区分，需要修改相应属性的字符集和排序规则（如修改为 utf8mb4 和 utf8mb4_bin）。

【例 5-10】 在数据库 tea_system 的数据表 customer 中查询所有姓张的客户的信息。

```
SELECT *
FROM customer
WHERE cName LIKE '张%';
```

执行结果如图 5-11 所示。

| cID | cName | login | pwd | sex | tel | addr | email | credit | regtime |
|---|---|---|---|---|---|---|---|---|---|
| U008 | 张小平 | zhangxiaoping | 283740 | 男 | 199****8880 | 光明路123号 | 409129***@qq.com | 265 | 2022-02-16 15:30:23 |

图 5-11　查询所有姓张的客户的信息

【例 5-11】 在数据库 tea_system 的数据表 customer 中查询姓名中第二个字为“小”的客户的姓名（cName）和通信地址（addr）信息。

```
SELECT cName,addr
FROM customer
WHERE cName LIKE '_小%';
```

执行结果如图 5-12 所示。

| cName | addr |
| --- | --- |
| 杨小沐 | 启明路 77号 |
| 张小平 | 光明路 123号 |

图 5-12　查询姓名中第二个字为“小”的客户的姓名和通信地址信息

### 6. 空值运算

空值运算是指使用运算符 IS NULL 进行的运算。IS NULL 用于判断属性值是否为空，语法格式如下。

```
col_name IS [NOT] NULL
```

其中，NOT 是可选项。当属性值为空时，条件表达式的运算结果为 TRUE，否则为 FALSE。

**提示** 

运算符 IS NULL 中的 IS 不能用运算符“=”或 LIKE 代替，因为空值不能用于比较和匹配。

【例 5-12】　在数据库 tea_system 的数据表 customer 中查询电话号码（tel）为空的客户的姓名（cName）和性别（sex）信息。

```
SELECT cName,sex
FROM customer
WHERE tel IS NULL;
```

执行结果如图 5-13 所示。

| cName | sex |
| --- | --- |
| (N/A) | (N/A) |

图 5-13　查询电话号码为空的客户的姓名和性别信息

由于客户均填写了电话号码，因此查询结果集为空。

## 5.1.4　聚合查询和分组查询

在进行数据查询时，有时需要对查询的中间结果集进行统计计算或分组，此时可以使用聚合查询和分组查询实现。

### 1. 聚合查询

聚合查询是指通过聚合函数对查询的中间结果集进行统计计算。MySQL 提供了一系列实用的聚合函数，如表 5-1 所示。

表 5-1　常用的聚合函数

| 聚合函数 | 说明 |
| --- | --- |
| SUM() | 计算总和 |
| AVG() | 计算平均值 |
| COUNT() | 统计符合条件的记录的个数（不包含 NULL 值） |
| COUNT(*) | 统计所有记录的个数（包含 NULL 值） |
| MAX() | 计算最大值 |
| MIN() | 计算最小值 |

例如，SUM(num)表示计算属性 num 的所有值的总和。在进行聚合查询时，函数作为新的属性放置在 SELECT 关键字之后的属性列表中，且可以为函数定义别名，如果不定义别名，则将函数作为属性名显示在结果集中。

【例 5-13】　在数据库 tea_system 的数据表 tea 中查询茶叶单价（tPrice）的最大值。

```
SELECT MAX(tPrice)
FROM tea;
```

执行结果如图 5-14 所示。

图 5-14　查询茶叶单价的最大值

### 2. 分组查询

分组查询是指将查询的中间结果集按某个或多个属性进行分组，可以使用 GROUP BY 子句实现，语法格式如下。

```
GROUP BY col_name[,…] [ASC|DESC] [HAVING condition]
```

其中，col_name 是作为分组依据的属性；[,…]表示作为分组依据的属性可以设置一个或多个，且多个属性名之间用英文逗号分隔；ASC 和 DESC 是可选项，ASC 是指定升序排列的关键字，DESC 是指定降序排列的关键字，省略该参数表示升序排列；HAVING condition 是可选项，HAVING 是筛选 FROM、WHERE 及 GROUP BY 子句输出的中间结果集的关键字，condition 是筛选条件，省略该参数表示不进行筛选。

GROUP BY 子句通常与聚合函数一起使用，用于细化聚合函数的作用对象。在使用聚合函数时，如果没有使用 GROUP BY 子句，聚合函数将作用于整个中间结果集，仅返

回一个值；如果使用 GROUP BY 子句，聚合函数将分别作用于每个组的中间结果集。

【例 5-14】 在数据库 tea_system 的数据表 ordersdetail 中按茶叶 ID（tID）分组查询订购总量大于或等于 300 g 的茶叶 ID（tID）和订购总量信息。

```
SELECT tID AS 茶叶ID,sum(dNum) AS 订购总量
FROM ordersdetail
GROUP BY tID
HAVING 订购总量>=300;
```

执行结果如图 5-15 所示。

| 茶叶ID | 订购总量 |
|---|---|
| T006 | 500 |
| T009 | 500 |
| T012 | 300 |

图 5-15 按茶叶 ID 分组查询订购总量大于或等于 300 g 的茶叶 ID 和订购总量信息

**知识库**

WHERE 子句和 HAVING 子句都用于筛选数据，它们之间的主要区别在于，WHERE 子句在 GROUP BY 子句之前对中间结果集进行筛选，而 HAVING 子句在 GROUP BY 子句之后对分组的中间结果集进行筛选。

### 5.1.5 操作查询结果

在进行数据查询时可以对查询结果进行操作，包括消除重复记录、排序查询结果、限制查询结果记录数量等。

#### 1. 消除重复记录

在 SELECT 关键字之后添加 DISTINCT 关键字可以消除结果集中重复的记录。

【例 5-15】 在数据库 tea_system 的数据表 tea 中查询茶叶的类别 ID（tpID）并消除重复记录。

```
SELECT DISTINCT tpID
FROM tea;
```

执行结果如图 5-16 所示。

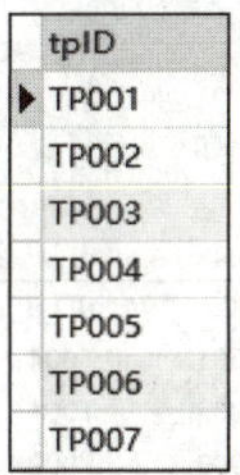

| tpID |
|---|
| TP001 |
| TP002 |
| TP003 |
| TP004 |
| TP005 |
| TP006 |
| TP007 |

图 5-16 查询茶叶的类别 ID 并消除重复记录

### 2. 排序查询结果

默认情况下，查询结果集中的记录会按记录在数据表中存储的顺序排列。在实际应用中，有时需要对结果集中的记录按某个属性的值升序或降序排列，此时可以使用ORDER BY子句实现，语法格式如下。

```
ORDER BY col_name [ASC|DESC][,…]
```

其中，col_name 是作为排序依据的属性名；[,…]表示作为排序依据的属性可以设置一个或多个，且多个属性名之间用英文逗号分隔。

【例 5-16】 在数据库 tea_system 的数据表 neworders 中查询订单 ID（oID）、订单编号（oCode）和下单时间（oTime）信息，并按下单时间（oTime）降序排列。

```
SELECT oID,oCode,oTime
FROM neworders
ORDER BY oTime DESC;
```

执行结果如图 5-17 所示。

| oID | oCode | oTime |
|---|---|---|
| D010 | 20240501123456789 | 2024-05-01 12:34:56 |
| D009 | 20230121161120651 | 2023-01-21 16:11:20 |
| D008 | 20230102131113209 | 2023-01-02 13:11:13 |
| D007 | 20221111065821651 | 2022-11-11 06:58:21 |
| D006 | 20221107124823897 | 2022-11-07 12:48:23 |
| D002 | 20220706145640190 | 2022-07-06 14:56:40 |
| D005 | 20220512183535985 | 2022-05-12 18:35:35 |
| D001 | 20220306152356139 | 2022-03-06 15:23:56 |
| D003 | 20220302230501009 | 2022-03-02 23:05:01 |
| D004 | 20220302223155077 | 2022-03-02 22:31:55 |

图 5-17 查询订单 ID、订单编号和下单时间信息并按下单时间降序排列

### 3. 限制查询结果记录数量

使用 LIMIT 子句能够限制查询结果记录数量，语法格式如下。

```
LIMIT [offset,]row_count
```

其中，“offset,”是可选项，offset 表示要跳过的行数，省略该参数表示从数据表的第一行开始查询（跳过的行数为 0）；row_count 是查询结果的记录数量。

【例 5-17】 在数据库 tea_system 的数据表 ordersdetail 中查询前 3 条订单详情记录。

```
SELECT *
FROM ordersdetail
LIMIT 3;
```

执行结果如图 5-18 所示。

| dID | oID | tID | dNum |
|---|---|---|---|
| X001 | D001 | T004 | 250 |
| X002 | D002 | T001 | 250 |
| X003 | D003 | T002 | 250 |

图 5-18 查询前 3 条订单详情记录

【例 5-18】 在数据库 tea_system 的数据表 ordersdetail 中查询从第 4 行开始的 3 条订单详情记录。

```
SELECT *
FROM ordersdetail
LIMIT 3,3;
```

执行结果如图 5-19 所示。

| dID | oID | tID | dNum |
|---|---|---|---|
| X004 | D004 | T006 | 500 |
| X005 | D005 | T008 | 100 |
| X006 | D006 | T009 | 250 |

图 5-19 查询从第 4 行开始的 3 条订单详情记录

## 任务实施——使用单表查询分析茶叶库存和客户满意度

茗香居希望通过数据查询得到有用的信息，以辅助营销策略的制订。为此，本任务实施将对茶叶在线销售系统数据库中的茶叶库存信息和客户满意度进行分析，以提供决策依据。

### 1. 分析茶叶库存

步骤 1 启动 Navicat，打开查询界面并选择 mxj 连接和 tea_system 数据库。

步骤 2 查询安吉白茶的库存量，以帮助新员工了解其负责的茶叶库存信息，语句如下。

```
SELECT tName AS 茶叶名,tQuantity AS 库存量
FROM tea
WHERE tName='安吉白茶';
```

执行结果如图 5-20 所示。

| 茶叶名 | 库存量 |
|---|---|
| 安吉白茶 | 6027 |

图 5-20 查询安吉白茶的库存量

步骤 3 查询类别 ID 为 TP002 的茶叶的名称及库存量，以帮助员工统计特定类别的茶叶库存信息，语句如下。

```
SELECT tpID AS 类别 ID,tName AS 茶叶名,tQuantity AS 库存量
FROM tea
WHERE tpID='TP002';
```

执行结果如图 5-21 所示。

| 类别ID | 茶叶名 | 库存量 |
|---|---|---|
| TP002 | 西湖龙井 | 5022 |
| TP002 | 洞庭碧螺春 | 3404 |
| TP002 | 庐山云雾 | 5122 |
| TP002 | 安吉白茶 | 6027 |

图 5-21　查询类别 ID 为 TP002 的茶叶的名称及库存量

步骤 4 查询单价超过 800 元的茶叶的名称、单价及库存量信息，以帮助员工分析公司高端产品的库存情况并制订相关的营销策略，语句如下。

```
SELECT tName AS 茶叶名,tPrice AS 单价,tQuantity AS 库存量
FROM tea
WHERE tPrice>800;
```

执行结果如图 5-22 所示。

| 茶叶名 | 单价 | 库存量 |
|---|---|---|
| 庐山云雾 | 1072 | 5122 |
| 君山银针 | 1240 | 4036 |
| 白牡丹 | 890 | 6828 |
| 平阳黄汤 | 836 | 8139 |

图 5-22　查询单价超过 800 元的茶叶的名称、单价及库存量信息

### 2. 分析客户满意度

步骤 1 查询评分为 5 分的客户评价信息，以收集客户对茶叶的正面反馈，从而了解茶叶的优势，并为产品改进和营销策略制订提供有力支持，语句如下。

```
SELECT tID AS 茶叶ID,content AS 评价内容
FROM appraise
WHERE grade=5;
```

执行结果如图 5-23 所示。

| 茶叶ID | 评价内容 |
|---|---|
| T004 | 茶汤清亮，茶汁香浓，如兰在舌，沁人心脾，芬芳甘洌，清香怡人，好评。 |
| T002 | 色香俱浓怡心神，苦尽甘来功自成。 |
| T006 | 茶叶味道不错，口感醇厚，桂皮香很足，碎渣很少，不错，满意。 |
| T008 | 茶叶味道正宗，质量很好，外包装很好，价格也很实惠。 |
| T009 | 产品的口感还不错，价格也挺实惠，独立小包装喝起来比较方便。 |
| T012 | 新茶味道鲜美，香气扑鼻。 |

图 5-23　查询评分为 5 分的客户评价信息

步骤 2 查询不同评分的评价数量信息，以更好地分析客户满意度，语句如下。

```
SELECT grade AS 评分,COUNT(*) AS 评价数量
FROM appraise
GROUP BY grade;
```

执行结果如图 5-24 所示。

| 评分 | 评价数量 |
| --- | --- |
| 5 | 6 |
| 4 | 1 |

图 5-24　查询不同评分的评价数量信息

## 任务拓展

本任务介绍了数据查询中的单表查询。在 MySQL 中，可以使用 SELECT 关键字查询数据，MySQL 会根据查询条件查询指定数据，以获取所需信息。下面给同学们留几个思考题。

（1）单表查询包含哪些查询方式？

（2）如何消除查询结果中的重复记录？

（3）如何对查询结果进行排序？

（4）如何在茶叶在线销售系统数据库中查询单价低于 300 元的茶叶信息？

# 任务 5.2　掌握多表查询

## 任务描述

在实际应用中，数据查询往往需要在多张数据表中进行。本任务将介绍多表查询的方法，包括连接查询和联合查询，帮助学生掌握多表查询的相关技能，以满足实际应用的需求。

### 5.2.1　连接查询

连接查询是关系型数据库中重要的查询方式之一。通过连接查询可以同时查询多张相关联的数据表中的数据。进行连接查询的前提条件是，查询的多张数据表之间必须存在具有相同含义的属性。连接查询主要包括内连接查询和外连接查询。

#### 1. 连接查询语法格式

使用 SQL 语句进行连接查询的语法格式如下。

```
SELECT [ALL|DISTINCT] *|col_name [[AS] new_col_name][,…]
FROM table_name1 [[AS] new_table_name1]
[INNER|LEFT|RIGHT] JOIN
```

```
table_name2 [[AS] new_table_name2]
ON condition
[WHERE condition1]
[GROUP BY col_name1[,…] [ASC|DESC] [HAVING condition2]]
[ORDER BY col_name2 [ASC|DESC][,…]]
[LIMIT [offset,]row_count];
```

下面对上述语法格式进行说明。

（1）table_name1、table_name2 是要进行连接查询的数据表的名称。

（2）[AS] new_table_name1、[AS] new_table_name2 是可选项，表示为进行连接查询的数据表定义别名（AS 可省略）。省略该参数表示不为数据表定义别名。

（3）[INNER|LEFT|RIGHT] JOIN 是连接查询的关键字，其中 INNER JOIN 表示进行内连接查询；LEFT JOIN 表示进行左外连接查询；RIGHT JOIN 表示进行右外连接查询。INNER、LEFT 和 RIGHT 是可选项，省略该参数表示进行内连接查询。

（4）ON 是设置连接条件的关键字。

（5）condition 是连接条件，通常为条件表达式，其中必须指出连接的属性。

**提示**

连接查询是基于连接运算的查询。连接条件中条件表达式的比较运算符为“=”时，等同于等值连接运算；在进行等值连接查询的同时去掉重复属性，等同于自然连接运算。

### 2. 内连接查询

内连接查询会在连接条件中使用比较运算符对多张数据表的某些属性值进行比较，并列出这些数据表中与连接条件相匹配的记录，按查询的属性组成结果集。

在进行内连接查询时，作为连接条件的属性的名称可以不同，但属性的数据类型和意义必须相同，这类属性通常是数据表的主键和外键。

【例 5-19】 在数据库 tea_system 中查询购买过茶叶的客户的姓名（cName）、电话号码（tel）和下单时间（oTime）信息。

通过分析可知，客户的姓名、电话号码信息在数据表 customer 中，下单时间信息在数据表 neworders 中，因此须通过属性客户 ID（cID）对这两张数据表进行连接查询，且查询方式为内连接查询。

```
SELECT cName AS 姓名,tel AS 电话号码,oTime AS 下单时间
FROM customer INNER JOIN neworders
ON customer.cID=neworders.cID;
```

执行结果如图 5-25 所示。

| 姓名 | 电话号码 | 下单时间 |
|---|---|---|
| 刘明 | 135****7089 | 2022-03-02 22:31:55 |
| 王丽丽 | 132****7829 | 2023-01-02 13:11:13 |
| 黄国栋 | 133****2342 | 2022-05-12 18:35:35 |
| 谢立秋 | 181****2192 | 2022-11-11 06:58:21 |
| 李霞 | 132****4576 | 2022-11-07 12:48:23 |
| 戴涵 | 152****6690 | 2022-03-06 15:23:56 |
| 杨小沐 | 177****3457 | 2022-07-06 14:56:40 |
| 张小平 | 199****8880 | 2022-03-02 23:05:01 |
| 王平 | 132****2299 | 2023-01-21 16:11:20 |
| 高强 | 199****5787 | 2024-05-01 12:34:56 |

图 5-25　查询购买过茶叶的客户的姓名、电话号码和下单时间信息

### 3. 外连接查询

外连接查询包括左外连接查询和右外连接查询。右外连接查询会以关键字 RIGHT JOIN 右侧的数据表为基表，将其所有行都输出至结果集，然后根据连接条件匹配左侧数据表的数据，匹配成功的数据放入结果集的相应行中，若基表中的某行没有成功匹配到左侧数据表的数据，则结果集中该行的相应属性值为 NULL。左外连接与右外连接相反。

【例 5-20】　在数据库 tea_system 中查询所有茶叶及对应的茶叶类别信息。

通过分析可知，茶叶信息在数据表 tea 中，茶叶类别信息在数据表 type 中，因此须通过茶叶 ID 属性（tID）对这两张数据表进行外连接查询。因为要查询所有茶叶信息，所以外连接查询以数据表 tea 为基表，根据连接条件匹配数据表 type 中的数据。

```
SELECT tea.tID AS 茶叶 ID,tea.tName AS 茶叶名,tea.tPrice AS 单价,tea.tQuantity AS 库存量,tea.tpID AS 类别 ID,type.tpName AS 茶叶类别,type.tpComment AS 说明
FROM type RIGHT JOIN tea
ON tea.tpID=type.tpID;
```

执行结果如图 5-26 所示。

| 茶叶ID | 茶叶名 | 单价 | 库存量 | 类别ID | 茶叶类别 | 说明 |
|---|---|---|---|---|---|---|
| T001 | 西湖龙井 | 716 | 5022 | TP002 | 绿茶类 | 安吉白茶、西湖龙井、洞庭碧螺春、信阳毛尖、庐山云雾、太平猴魁、竹叶青等 |
| T002 | 洞庭碧螺春 | 288 | 3404 | TP002 | 绿茶类 | 安吉白茶、西湖龙井、洞庭碧螺春、信阳毛尖、庐山云雾、太平猴魁、竹叶青等 |
| T003 | 庐山云雾 | 1072 | 5122 | TP002 | 绿茶类 | 安吉白茶、西湖龙井、洞庭碧螺春、信阳毛尖、庐山云雾、太平猴魁、竹叶青等 |
| T004 | 安吉白茶 | 268 | 6027 | TP002 | 绿茶类 | 安吉白茶、西湖龙井、洞庭碧螺春、信阳毛尖、庐山云雾、太平猴魁、竹叶青等 |
| T005 | 安溪铁观音 | 288 | 7058 | TP004 | 乌龙茶类 | 安溪铁观音、凤凰水仙、东方美人、武夷岩茶、红乌龙等 |
| T006 | 正山小种 | 198 | 5029 | TP001 | 红茶类 | 正山小种、滇红、祁门、川红、九曲红梅等 |
| T007 | 君山银针 | 1240 | 4036 | TP003 | 黄茶类 | 君山银针、平阳黄汤、蒙顶黄芽、北港毛尖等 |
| T008 | 白牡丹 | 890 | 6828 | TP005 | 白茶类 | 白毫银针、白牡丹、贡眉等 |
| T009 | 黑砖茶 | 776 | 7920 | TP006 | 黑茶类 | 茯砖茶、黑砖茶、花砖茶、天尖茶、生尖茶等 |
| T010 | 平阳黄汤 | 836 | 8139 | TP003 | 黄茶类 | 君山银针、平阳黄汤、蒙顶黄芽、北港毛尖等 |
| T011 | 红乌龙 | 509 | 7418 | TP004 | 乌龙茶类 | 安溪铁观音、凤凰水仙、东方美人、武夷岩茶、红乌龙等 |
| T012 | 新安吉白茶 | 405 | 1700 | TP007 | 春季新茶 | 包括但不限于新绿茶、新乌龙茶等 |
| T013 | 新春碧螺春 | 500 | 1500 | TP007 | 春季新茶 | 包括但不限于新绿茶、新乌龙茶等 |

图 5-26　查询所有茶叶及对应的茶叶类别信息

【例 5-21】　在数据库 tea_system 中查询所有客户的姓名及其对茶叶的评价信息。

通过分析可知，客户姓名信息在数据表 customer 中，客户对茶叶的评价信息在数据表 appraise 中，因此须通过客户 ID（cID）属性对这两张数据表进行外连接查询。因为要查询所有客户的姓名（cName）信息，所以外连接查询以数据表 customer 为基表，根据连接条件匹配数据表 appraise 中的数据。

```
SELECT cname AS 客户姓名,tID AS 茶叶 ID,content AS 评价内容,grade AS 评分,aTime AS 评价时间
FROM customer LEFT JOIN appraise
ON customer.cID=appraise.cID;
```

执行结果如图 5-27 所示。

| 客户姓名 | 茶叶ID | 评价内容 | 评分 | 评价时间 |
|---|---|---|---|---|
| 刘明 | T006 | 茶叶味道不错，口感醇厚，桂皮香很足，碎渣很少，不错，满意。 | 5 | 2022-03-20 12:10:34 |
| 王丽丽 | (Null) | (Null) | (Null) | (Null) |
| 黄国栋 | T008 | 茶叶味道正宗，质量很好，外包装很好，价格也很实惠。 | 5 | 2022-05-27 10:25:13 |
| 谢立秋 | (Null) | (Null) | (Null) | (Null) |
| 李霞 | T009 | 产品的口感还不错，价格也挺实惠，独立小包装喝起来比较方便。 | 5 | 2023-01-30 07:17:20 |
| 戴遥 | T004 | 茶汤清亮，茶汁香浓，如兰在舌，沁人心脾，芬芳甘冽，清香怡人，好评。 | 5 | 2022-03-16 11:20:06 |
| 杨小沐 | T001 | 茶叶很好喝，好评。 | 4 | 2022-07-10 14:56:40 |
| 张小平 | T002 | 色香俱浓怡心神，苦尽甘来功自成。 | 5 | 2022-03-22 03:15:11 |
| 王平 | (Null) | (Null) | (Null) | (Null) |
| 高强 | T012 | 新茶味道鲜美，香气扑鼻。 | 5 | 2024-05-11 12:30:00 |

图 5-27　查询所有客户的姓名及其对茶叶的评价信息

由于部分客户未评价茶叶，因此他们的评价数据为 NULL。

### 5.2.2　联合查询

联合查询是基于并运算的查询，它可以将多个查询的结果集合并。使用 SQL 语句进行联合查询的语法格式如下。

```
SELECT *|col_list
FROM table_name1
UNION [ALL]
SELECT *|col_list
FROM table_name2
[UNION …];
```

其中，UNION [ALL]是进行联合查询的关键字，ALL 是可选项，表示保留查询结果的所有记录，省略该参数表示消除查询结果的重复记录；[UNION …]表示可以合并多个 SELECT 语句的查询结果集。

需要注意的是，在进行联合查询时，多个 SELECT 语句中查询的属性数量必须相同，否则 MySQL 会报错。此外，属性的数据类型和顺序最好相同，避免合并后的数据不符合预期。

【例 5-22】 在数据库 tea_system 的数据表 appraise 中查询客户 ID（cID）为 U001 的客户评价的茶叶 ID（tID）信息，在数据表 cart 中查询客户 ID 为 U002 的客户加购的茶叶 ID（tID）信息，并将这两个查询的结果集合并。

```
SELECT cID AS 客户 ID,tID AS 茶叶 ID
FROM appraise
WHERE cID='U001'
UNION
SELECT cID AS 客户 ID,tID AS 茶叶 ID
FROM cart
WHERE cID='U002';
```

执行结果如图 5-28 所示。

| 客户ID | 茶叶ID |
| --- | --- |
| U001 | T006 |
| U002 | T011 |

图 5-28 联合查询的结果

## 任务实施——使用多表查询分析 2022 年的茶叶销售情况

茗香居希望通过分析 2022 年的茶叶销售情况来为 2023 年市场营销策略的调整提供数据支持。为此，本任务实施将在茶叶在线销售系统数据库中查询 2022 年销售总量排名前三的茶叶信息和订单总量排名前五的客户信息。

步骤 1 启动 Navicat，打开查询界面并选择 mxj 连接和 tea_system 数据库。

步骤 2 查询销售总量排名前三的茶叶信息。

（1）连接数据表 ordersdetail、neworders 和 tea，并查询属性 tName 和 dNum。

（2）筛选 2022 年的订单信息。

（3）按 tID 对中间结果集分组，并计算各 tID 对应茶叶的销售总量。

（4）以销售总量为依据，降序排列中间结果集。

（5）限制查询结果显示前 3 条记录。

语句如下。

```
-- 查询茶叶名和销售总量
SELECT t.tName 茶叶名,SUM(od.dNum) AS 销售总量
FROM ordersdetail od
-- 连接订单表，以获取下单时间数据
JOIN neworders ne ON od.oID=ne.oID
```

```
-- 连接茶叶表，以获取茶叶名数据
JOIN tea t ON od.tID=t.tID
-- 设置筛选条件：下单时间的年份为 2022
WHERE YEAR(oTime)=2022
-- 按茶叶 ID 对中间结果集分组，以计算每种茶叶的销售总量
GROUP BY od.tID
-- 以销售总量为依据，降序排列中间结果集，即按茶叶销售总量从高到低排列
ORDER BY 销售总量 DESC
-- 限制查询结果显示销售总量排名前三的茶叶信息
LIMIT 3;
```

执行结果如图 5-29 所示。

| 茶叶名 | 销售总量 |
|---|---|
| 正山小种 | 500 |
| 安吉白茶 | 250 |
| 西湖龙井 | 250 |

图 5-29　查询销售总量排名前三的茶叶信息

**提示** 

YEAR()函数用于提取日期与时间类型数据的年份。

**步骤 3** 查询订单总量排名前五的客户信息。

（1）连接数据表 customer 和 neworders，并查询属性 cName 和 tel。

（2）筛选 2022 年的订单信息。

（3）按 cID 对中间结果集分组，并计算各 cID 对应客户订购的订单总量。

（4）以订单总量为依据，降序排列中间结果集。

（5）限制查询结果显示前 5 条记录。

语句如下。

```
-- 查询客户的姓名、电话号码和订单总量
SELECT c.cName AS 客户姓名,c.tel AS 电话号码,COUNT(*) AS 订单总量
FROM customer c
-- 连接订单表，以获取订单数量数据
JOIN neworders ne ON c.cID=ne.cID
-- 设置筛选条件：下单时间的年份为 2022
WHERE YEAR(oTime)=2022
-- 按客户 ID 对中间结果集分组，以计算每个客户的订单总量
GROUP BY ne.cID
```

```
-- 以订单总量为依据，降序排列中间结果集，即按订单总量从高到低排列
ORDER BY 订单总量 DESC
-- 限制查询结果显示订单总量排名前五的客户信息
LIMIT 5;
```

执行结果如图 5-30 所示。

| 客户姓名 | 电话号码 | 订单总量 |
|---|---|---|
| 刘明 | 135****7089 | 1 |
| 黄国栋 | 133****2342 | 1 |
| 谢立秋 | 181****2192 | 1 |
| 李雨 | 132****4576 | 1 |
| 戴遥 | 152****6690 | 1 |

图 5-30 查询订单总量排名前五的客户信息

茗香居通过对 2022 年的茶叶销售情况进行分析，明确了客户的购买偏好，识别出订单总量排名前五的客户，并在 2023 年调整了生产及采购计划以满足客户需求，同时为特定客户提供了个性化服务以增强客户忠诚度并维护重要的客户关系。通过一系列分析与策略调整，茗香居有效地响应了市场需求，提高了运营效率，增强了市场竞争力。

### 任务拓展

本任务介绍了数据查询中的多表查询。内连接查询和外连接查询都用于连接多张数据表，通常情况下，内连接查询的效率比外连接查询高，因为内连接查询可以忽略一些不需要的行，而外连接查询需要返回至少一张数据表的所有行，即使一些行在另一张数据表中不存在；联合查询用于合并多个查询的结果集。下面给同学们留几个思考题。

（1）内连接查询和外连接查询的区别是什么？

（2）什么情况下需要使用连接查询？

（3）为什么要使用联合查询？

（4）如何在茶叶在线销售系统数据库中查询购物车 ID 为 G001 的客户姓名信息？

## 任务 5.3 掌握嵌套查询

### 任务描述

在 SQL 中，一个形如 SELECT-FROM-WHERE 的语句称为一个查询块，当一个查询块存在于另一个查询块中时，前一个查询块称为子查询，包含它的查询块称为父查询或

外部查询，这样的查询称为嵌套查询。嵌套查询可以将多个简单的查询构成一个复杂的查询，体现了 SQL 语句的灵活性。

本任务将介绍嵌套查询的方法，包括单值嵌套查询和多值嵌套查询。

## 5.3.1　单值嵌套查询

单值嵌套查询是指子查询返回一个值的查询。在单值嵌套查询中，可在子查询与父查询之间使用比较运算符（如>、<、=、<=、>=、!=或<>等）进行连接。

【例 5-23】　在数据库 tea_system 中查询西湖龙井所属的类别名（tpName）和相应的说明（tpComment）信息。

通过分析可知，类别名和说明信息在数据表 type 中，茶叶名（tName）信息在数据表 tea 中，而要查询茶叶的类别名和说明信息须先获取茶叶的类别 ID（tpID）信息，因此须先通过子查询在数据表 tea 中根据茶叶名（tName）查询类别 ID 信息，然后在数据表 type 中根据类别 ID 查询类别名和说明信息。

```
SELECT tpName AS 类别名,tpComment AS 说明
FROM type
WHERE tpID=(SELECT tpID
            FROM tea
            WHERE tName='西湖龙井');
```

执行结果如图 5-31 所示。

| 类别名 | 说明 |
|---|---|
| 绿茶类 | 安吉白茶、西湖龙井、洞庭碧螺春、信阳毛尖、庐山云雾、太平猴魁、竹叶青等 |

图 5-31　查询西湖龙井所属的类别名和相应的说明信息

提示 

在进行单值嵌套查询时，须确保子查询的结果集只有一个值，否则 MySQL 会报错。

## 5.3.2　多值嵌套查询

多值嵌套查询是指子查询返回多个值的查询。在多值嵌套查询中，可在子查询与父查询之间使用运算符[NOT] IN 或[NOT] EXISTS 进行连接。

（1）[NOT] IN 用于判断父查询的查询条件的属性值是否在子查询结果集中。NOT 是可选项。

【例 5-24】　在数据库 tea_system 中查询订购了 TP002 类茶叶的所有订单的订单 ID（oID）、茶叶 ID（tID）和购买数量（dNum）信息。

通过分析可知，订单 ID、茶叶 ID 和购买数量信息在数据表 ordersdetail 中，类别 ID（tpID）及其茶叶的茶叶 ID 信息在数据表 tea 中，因此须先通过子查询在数据表 tea 中根据类别 ID 查询茶叶 ID，然后在数据表 ordersdetail 中根据茶叶 ID 查询订单 ID、茶叶 ID 和购买数量信息。

```
SELECT oID AS 订单 ID,tID AS 茶叶 ID,dNum AS 购买数量
FROM ordersdetail
WHERE tID IN (SELECT tID
              FROM tea
              WHERE tpID='TP002');
```

执行结果如图 5-32 所示。

| 订单ID | 茶叶ID | 购买数量 |
|---|---|---|
| D002 | T001 | 250 |
| D003 | T002 | 250 |
| D001 | T004 | 250 |

图 5-32　查询订购了 TP002 类茶叶的所有订单的订单 ID、茶叶 ID 和购买数量信息

（2）[NOT] EXISTS 用于判断子查询是否返回至少一条记录，若是，则子查询的结果为 TRUE，继续执行父查询；若否，则子查询的结果为 FALSE，不再执行父查询。NOT 是可选项。

【例 5-25】　在数据库 tea_system 中查询加购了茶叶 T009 的所有客户的姓名（cName）和电话号码（tel）信息。

通过分析可知，客户的姓名和电话号码信息在数据表 customer 中，加购茶叶的信息在数据表 cart 中，因此须先通过子查询在数据表 cart 中根据茶叶 ID（tID）查询指定客户信息，若子查询的结果集中存在指定客户信息，则执行父查询，查询这些客户的姓名和电话号码信息。

```
SELECT cName AS 客户姓名,tel AS 电话号码
FROM customer
WHERE EXISTS(SELECT *
             FROM cart
             WHERE customer.cID=cart.cID and tID='T009');
```

执行结果如图 5-33 所示。

| 客户姓名 | 电话号码 |
|---|---|
| 李霞 | 132****4576 |
| 王平 | 132****2299 |

图 5-33　查询加购了茶叶 T009 的所有客户的姓名和电话号码信息

提示

在使用 EXISTS 关键字进行嵌套查询时，通常需要在子查询中添加数据表的连接条件，以便进行父查询与子查询中间结果集之间的判断。此外，由于该类子查询的结果本质上并不是数据，而是通过 TRUE 表示子查询的中间结果集，所以一般在子查询的 SELECT 语句后用“*”简写属性名。

## 任务实施——使用嵌套查询优化茶叶营销策略

为了优化销售策略，茗香居计划对茶叶数据进行进一步分析。为此，本任务实施将在茶叶在线销售系统数据库中查询库存量较低、销售量最高及评价最高的茶叶信息。

步骤 1 启动 Navicat，打开查询界面并选择 mxj 连接和 tea_system 数据库。

步骤 2 查询库存量低于安全阈值的茶叶名及其库存量。

（1）使用子查询获取安全阈值。子查询中查询的数据表为 tea，通过聚合函数 AVG() 计算属性 tQuantity 的平均值，再乘以 0.2 作为茶叶库存量的安全阈值。

（2）父查询中查询的数据表为 tea，同时将属性 tQuantity 的值与安全阈值进行比较，查询 tQuantity 的值低于安全阈值的记录中的 tName 和 tQuantity 信息。

语句如下。

```
SELECT tName AS 茶叶名,tQuantity AS 库存量
FROM tea
WHERE tQuantity<(SELECT AVG(tQuantity)*0.2
                 FROM tea);
```

执行结果如图 5-34 所示。

| 茶叶名 | 库存量 |
|---|---|
| (N/A) | (N/A) |

图 5-34　查询库存量低于安全阈值的茶叶名及其库存量

由于各茶叶的库存量均高于安全值，因此查询结果集为空。

步骤 3 查询销售总量最高的茶叶名及其销售总量。

（1）使用子查询获取销售总量。子查询中查询的数据表为 ordersdetail，查询的属性为 tID 及 dNum，同时按 tID 对中间结果集分组，得到数据表 ordersdetail 中所有的 tID 及其对应的销售总量，并定义中间结果集的别名为 m。

（2）父查询中查询的数据表为 tea，连接中间结果集 m，连接条件是 tea.tID=m.tID，然后查询 tName 和销售总量，并以销售总量为依据，降序排列中间结果集。

（3）限制结果集显示第 1 条记录。

语句如下。

```
-- 查询茶叶名和销售总量
SELECT tName AS 茶叶名,销售总量
-- 连接子查询的结果集 m，以获取茶叶的销售总量
FROM tea
-- 在子查询中按茶叶 ID 分组，以计算各茶叶的销售总量
JOIN(SELECT tID,SUM(total.dNum) AS 销售总量
     FROM ordersdetail AS total
     GROUP BY tID ) AS m
ON tea.tID=m.tID
-- 以销售总量为依据，降序排列中间结果集，按茶叶销售总量从高到低排列
ORDER BY 销售总量 DESC
-- 限制结果集显示销售总量最高的茶叶信息
LIMIT 1;
```

执行结果如图 5-35 所示。

| 茶叶名 | 销售总量 |
|---|---|
| 正山小种 | 500 |

图 5-35　查询销售总量最高的茶叶名及其销售总量

**步骤 4**　查询平均评分最高的茶叶名及其销售总量。

（1）使用子查询获取平均评分。最内层子查询中查询的数据表为 appraise，查询的属性为 grade 的平均值（定义别名为 AvgGrade），同时按 tID 对中间结果集进行分组，得到数据表 appraise 中每种茶叶的平均评分，并定义中间结果集的别名为 avgGrades。

（2）使用子查询获取平均评分的最大值。第二层子查询中查询的数据表为 avgGrades，查询的属性为 AvgGrade 的最大值，得到最高的平均评分。

（3）使用子查询获取最高平均评分对应的 tID。第三层子查询中查询的数据表为 appraise，查询的属性为 tID，查询条件为平均评分等于最高平均评分。

（4）在父查询中连接数据表 tea 和 ordersdetail，然后查询属性 tName 和 dNum 的总和（定义别名为销售总量），查询条件为属性 tID 的值等于最高平均评分对应的 tID，并按 tName 对中间结果集分组，得到指定茶叶的 tName 和销售总量。

语句如下。

```
-- 查询茶叶名和销售数量的总和
SELECT t.tName AS 茶叶名,SUM(od.dNum) AS 销售总量
FROM tea t
```

```
-- 连接茶叶表和订单详情表，以获取茶叶的茶叶名和销售数量
JOIN ordersdetail od ON t.tID=od.tID
WHERE t.tID IN (
    -- 在第三层子查询中查询最高的平均评分对应的茶叶 ID
    SELECT a.tID
    FROM appraise a
    GROUP BY a.tID
    HAVING AVG(a.grade)=(
        -- 在第二层子查询中查询最高的平均评分
        SELECT MAX(avgGrades.AvgGrade)
        FROM (
            -- 在最内层子查询中按茶叶 ID 对中间结果集分组，以计算每种茶叶
的平均评分
            SELECT AVG(a.grade) AS AvgGrade
            FROM appraise a
            GROUP BY a.tID
        )AS avgGrades
    )
)
-- 按茶叶名对中间结果集分组，以计算每种茶叶的销售总量
GROUP BY t.tName;
```

执行结果如图 5-36 所示。

| 茶叶名 | 销售总量 |
| --- | --- |
| 安吉白茶 | 250 |
| 洞庭碧螺春 | 250 |
| 正山小种 | 500 |
| 白牡丹 | 200 |
| 黑砖茶 | 500 |
| 新安吉白茶 | 300 |

图 5-36　查询平均评分最高的茶叶名及其销售总量

茗香居通过查询库存量较低的茶叶信息，制订了新的采购计划；通过查询销售总量最高的茶叶信息，加大了相应茶叶的宣传力度，提升了品牌市场占有率；通过查询平均评分最高的茶叶信息，有效提升了运营效率和盈利能力。这种数据驱动的策略能够帮助企业在竞争激烈的市场中保持竞争力，改进业务操作，并提高客户满意度。

## 任务拓展

本任务介绍了数据查询中的嵌套查询。在学习数据查询的过程中，同学们要加强对信息安全重要性和数据隐私的认识，以及重视在维护信息安全方面所需承担的责任。下面给同学们留几个思考题。

（1）嵌套查询的主要特点是什么？

（2）什么情况下需要使用嵌套查询？

（3）嵌套查询应遵循什么规则？

（4）如何在茶叶在线销售系统数据库中查询客户 ID 为 U002 的所有订单的订单 ID 和下单时间信息？

## 项目实训——查询学生选课系统数据

### 1. 实训目标

（1）掌握 SELECT 语句的基本语法。

（2）掌握无条件查询和条件查询的方法。

（3）掌握聚合查询和分组查询的方法。

（4）掌握操作查询结果的方法。

（5）掌握内连接查询和外连接查询的方法。

（6）掌握联合查询的方法。

（7）掌握单值嵌套查询和多值嵌套查询的方法。

查询学生选课系统数据（1）

查询学生选课系统数据（2）

### 2. 实训内容

在学生选课系统数据库 stud_sys 中查询数据，具体要求如下。

（1）使用 SQL 语句进行单表查询。

① 查询学生表 student 中所有学生的信息。

② 查询课程表 course 中所有课程的名称和学分。

③ 查询课程表 course 中名称为数据库开发技术课程的学时。

④ 查询学生表 student 中班级编号为 C2022011 的所有学生的学号和姓名，并使用 AS 关键字将结果集中属性的名称分别定义为学号和姓名。

⑤ 查询学生表 student 中所有姓王的学生的信息。

⑥ 查询学生表 student 中班级编号为 C2022012 的人数。

⑦ 查询学生表 student 中男生和女生的数量。

查询学生选课系统数据（3）

查询学生选课系统数据（4）

⑧ 查询学生表 student 中所有学生的姓名、性别和出生日期，并将查询结果按出生日期降序排列。

查询学生选课系统数据（5）

（2）使用 SQL 语句进行多表查询和嵌套查询。

① 查询所有学生的姓名及所在的班级名称（内连接）。

② 查询选修了数据库开发技术课程的学生姓名（内连接或单值嵌套）。

③ 查询没有选修课程的学生的姓名（外连接）。

## 项目评价

请学生结合本项目的学习情况，对学习成果进行自评，请教师进行师评和总评，并将评价结果填入表 5-2 中。

表 5-2　学习成果评价表

<table>
<tr><th rowspan="2">评价项目</th><th rowspan="2" colspan="2">评价内容</th><th rowspan="2">分值</th><th colspan="2">评价得分</th></tr>
<tr><th>自评</th><th>师评</th></tr>
<tr><td rowspan="3">理论知识</td><td colspan="2">使用 SQL 语句进行单表查询的语法格式</td><td>15</td><td></td><td></td></tr>
<tr><td colspan="2">使用 SQL 语句进行多表查询的语法格式</td><td>10</td><td></td><td></td></tr>
<tr><td colspan="2">使用 SQL 语句进行嵌套查询的语法格式</td><td>10</td><td></td><td></td></tr>
<tr><td rowspan="4">技术能力</td><td colspan="2">使用 SQL 语句进行无条件查询、条件查询、聚合查询、分组查询，以及操作查询结果</td><td>15</td><td></td><td></td></tr>
<tr><td colspan="2">使用 SQL 语句进行内连接查询和外连接查询</td><td>15</td><td></td><td></td></tr>
<tr><td colspan="2">使用 SQL 语句进行联合查询</td><td>5</td><td></td><td></td></tr>
<tr><td colspan="2">使用 SQL 语句进行单值嵌套查询和多值嵌套查询</td><td>10</td><td></td><td></td></tr>
<tr><td>项目实训</td><td colspan="2">代码规范、完整、运行良好</td><td>10</td><td></td><td></td></tr>
<tr><td>总评</td><td colspan="2">综合素质、综合技能、操作规范性</td><td>10</td><td></td><td></td></tr>
<tr><td rowspan="3">信息汇总</td><td>班级</td><td colspan="2"></td><td>学生签字</td><td></td></tr>
<tr><td>教师签字</td><td colspan="2"></td><td>日期</td><td></td></tr>
<tr><td>最终评分</td><td colspan="4">自评（70%）+师评（30%）=________</td></tr>
</table>

下面对各评价项目进行说明。

（1）理论知识：通过理论测试评估学生对各种查询语句的语法格式的掌握程度。

（2）技术能力：评估学生在数据查询方面的实际操作技能。

（3）项目实训：根据学生提交的代码的规范性、完整性和运行效果进行评分。

（4）总评：根据学生的综合素质、综合技能和操作规范性进行整体评价。

# 项目 6

# 数据库查询优化

## 项目目标

### 知识目标

- 了解视图的基本概念和优点。
- 了解索引的分类和使用原则。
- 掌握视图和索引的使用方法。

### 技能目标

- 能够使用 SQL 语句和 Navicat 创建、查看、修改与删除视图。
- 能够使用 SQL 语句和 Navicat 创建、查看与删除索引。

### 素质目标

- 培养科学规划和合理分类的能力，从而更有效地达到目标。

## 项目描述

本项目专注于数据库的查询优化，通过两个精心设计的任务介绍视图和索引的相关知识和技能，并以茶叶在线销售系统数据库为例，介绍视图和索引的实际应用。

任务 6.1　使用视图优化查询操作：介绍视图的基础知识，以及创建和管理视图的操作。

任务 6.2　使用索引优化查询性能：介绍索引的基础知识，以及创建和管理索引的操作。

总的来说，本项目能够帮助学生加深对数据库查询优化技术的理解。图 6-1 为“数据库查询优化”在数据库系统开发流程中的位置。

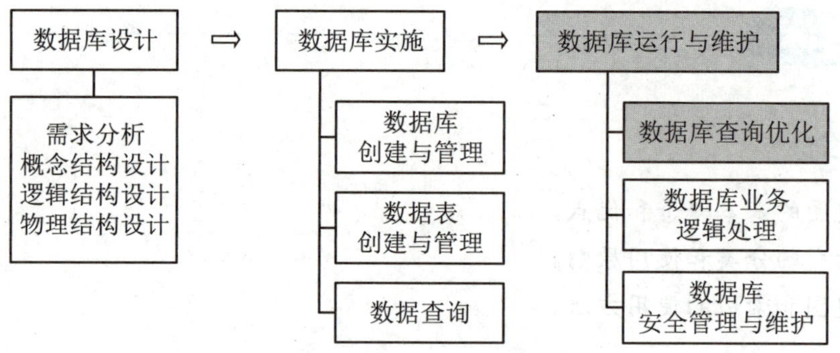


图 6-1　“数据库查询优化”在数据库系统开发流程中的位置

## 文化赏析

### 茶叶中的乌龙茶

乌龙茶也称青茶，品种较多，是具有鲜明中国特色的茶叶品类。乌龙茶是经过采摘、萎凋、摇青、炒青、揉捻、烘焙等工序制作出的茶叶，品尝后齿颊留香，回味甘鲜。

我国的乌龙茶主要有安溪铁观音、凤凰水仙、东方美人、武夷岩茶、罗汉沉香和红乌龙等，其中安溪铁观音较为著名。

# 任务 6.1　使用视图优化查询操作

## 任务描述

视图具有简化复杂查询、保障数据安全和确保逻辑独立等特点，在优化查询方面作用显著。本任务将介绍视图的基本概念和优点，以及创建、查看、修改与删除视图的方法，以帮助学生掌握使用视图优化查询操作的技能。

### 6.1.1　视图概述

#### 1. 视图的基本概念

视图是从数据库中的一张或多张数据表中导出的虚拟表，它是用户查看数据表中数据的一种方式。简单来说，视图就是 SELECT 语句的结果集，结果集的名字就是视图的名称。

创建视图时引用的数据表称为基表，视图中的数据可以来自一个或多个基表，也可以来自其他视图。创建视图后，可以像查询数据表一样查询视图，也可以对视图进行修改、删除等操作。

#### 2. 视图的优点

与直接操作数据表相比，使用视图主要有以下优点。

（1）简单。通过视图，用户可以只提取需要的数据，即“看到的就是需要的”，便于管理和使用。例如，将经常使用的 SELECT 语句创建成视图，可以使用户仅通过查询视图就能获取需要的信息，而不需要在每次查询时都指定全部的查询条件。

（2）安全。通过视图，用户只能查看或修改他们所看到的数据，数据库中的其他数据既看不到也不可以访问。根据用户的权限定义视图，能够将用户对数据库的访问限制在一定的范围内，从而为敏感数据提供安全保护。

（3）逻辑数据独立。视图对应数据库系统体系结构三级模式中的外模式，当数据库的逻辑结构发生变化时，只需要修改视图的定义，就可以保证用户看到的数据不变，对应的应用程序也就无须修改了。因此可以说，视图为数据库中的数据提供了一定的逻辑独立性。

### 6.1.2　创建和查看视图

创建和查看视图

#### 1. 使用 SQL 语句创建视图

使用 SQL 语句创建视图的语法格式如下。

```
CREATE [OR REPLACE]
[ALGORITHM=UNDEFINED|MERGE|TEMPTABLE]
[DEFINER=user]
[SQL SECURITY DEFINER|INVOKER]
VIEW view_name[(column_list)]
AS select_sql
[WITH [CASCADED|LOCAL] CHECK OPTION];
```

下面对上述语法格式进行说明。

（1）CREATE VIEW 是创建视图的命令。

（2）OR REPLACE 是可选项，用于判断是否存在同名视图，若存在，则替换已有视图，否则创建新视图。当省略该参数时，若创建一个与已存在视图同名的视图，则MySQL 会取消执行且会报错。

（3）ALGORITHM=UNDEFINED|MERGE|TEMPTABLE 是可选项，其中 ALGORITHM 是设置视图算法（SELECT 语句的解析方式）的关键字，UNDEFINED 表示由 MySQL 自行选择；MERGE 表示在视图中查询数据时，先将视图定义中的 SELECT 语句与查询语句合并，再进行查询；TEMPTABLE 表示在视图中查询数据时，先将视图定义中的 SELECT 语句结果集存入临时表，再进行查询。省略该参数表示由 MySQL 自行选择。

（4）DEFINER=user 是可选项，其中 DEFINER 是设置定义视图的用户的关键字；user 是用户的名称。省略该参数表示设置的用户为当前用户。

（5）SQL SECURITY DEFINER|INVOKER 是可选项，其中 SQL SECURITY 是设置视图安全控制的命令，DEFINER 表示根据定义视图的用户的权限来执行命令；INVOKER 表示根据调用视图的用户的权限来执行命令。省略该参数表示安全控制为 DEFINER。

（6）view_name 是要创建的视图的名称。

（7）(column_list)是可选项，用于设置要创建的视图包含的属性列表，且属性顺序必须与视图定义中 SELECT 语句中的属性顺序一致。省略该参数表示系统根据视图定义中的 SELECT 语句自动设置。

（8）AS select_sql 用于声明定义视图的 SELECT 语句，其中 AS 是声明语句的关键字；select_sql 是具体的 SELECT 语句。

（9）WITH [CASCADED|LOCAL] CHECK OPTION 是可选项，用于设置操作视图的检查条件，其中 CASCADED 是默认值，表示更新视图时应满足相关视图和数据表中数据的约束条件；LOCAL 表示更新视图时应满足视图本身的定义条件。省略该参数表示操作视图时不进行检查。

**提示**

在创建视图之前最好先执行相应的 SELECT 语句，查看其结果集是否满足需求。

【例 6-1】　使用 SQL 语句在茶叶在线销售系统数据库 tea_system 中创建客户订购茶叶视图 view_teaorder，其中包括客户姓名（cName）、茶叶名（tName）和订购数量（dNum）信息。

通过分析可知，客户姓名信息在数据表 customer 中，茶叶名信息在数据表 tea 中，订购数量信息在数据表 ordersdetail 中，且数据表 customer 与 tea 通过数据表 ordersdetail 与 neworders 连接，因此视图定义的 SELECT 语句需要对这 4 个表进行连接。

```
CREATE OR REPLACE VIEW view_teaorder
AS SELECT customer.cName AS 客户姓名,tea.tName AS 茶叶名,
ordersdetail.dNum AS 订购数量
FROM customer JOIN tea JOIN ordersdetail JOIN neworders
ON customer.cID=neworders.cID AND
neworders.oID=ordersdetail.oID AND tea.tID=ordersdetail.tID;
```

### 2. 使用 SQL 语句查看视图

查看视图包括查看视图的结构和定义。

（1）使用 SQL 语句查看视图结构的语法格式如下。

```
DESCRIBE view_name;
```

其中，DESCRIBE 是查看视图结构的关键字；view_name 是要查看结构的视图的名称。

【例 6-2】　使用 SQL 语句查看视图 view_teaorder 的结构。

```
DESCRIBE view_teaorder;
```

执行结果如图 6-2 所示。

| Field | Type | Null | Key | Default | Extra |
|---|---|---|---|---|---|
| 客户姓名 | varchar(50) | NO | | (Null) | |
| 茶叶名 | varchar(50) | NO | | (Null) | |
| 订购数量 | int | NO | | (Null) | |

图 6-2　查看视图 view_teaorder 的结构

（2）使用 SQL 语句查看视图定义的语法格式如下。

```
SHOW CREATE VIEW view_name;
```

其中，SHOW CREATE VIEW 是查看视图定义的命令；view_name 是要查看定义的视图的名称。

【例 6-3】　使用 SQL 语句查看视图 view_teaorder 的定义。

```
SHOW CREATE VIEW view_teaorder;
```

执行结果如图 6-3 所示。

| View | Create View | character_set_client | collation_connection |
| --- | --- | --- | --- |
| view_teaord | CREATE ALGORITHM=UN | utf8mb4 | utf8mb4_0900_ai_ci |

图 6-3　查看视图 view_teaorder 的定义

**提示** 

使用 SQL 语句查看视图定义的结果包括 View（视图的名称）、Create View（视图的定义）、character_set_client（客户端向服务器发送数据时使用的字符集）和 collation_connection（当前连接的排序规则）。

### 3. 使用 Navicat 创建和查看视图

下面通过例 6-4 介绍使用 Navicat 创建和查看视图的方法。

【例 6-4】　使用 Navicat 在数据库 tea_system 中创建茶叶信息视图 view_teadetail，其中包括茶叶名（tName）、类别名（tpName）和单价（tPrice）信息。

通过分析可知，茶叶名和单价信息在数据表 tea 中，类别名信息在数据表 type 中，因此需要对这两个表进行连接。

**步骤 1** 启动 Navicat，打开查询界面并选择 mxj 连接和 tea_system 数据库。

**步骤 2** 在数据库 tea_system 的数据库对象列表中右击“视图”选项，在弹出的快捷菜单中选择“新建视图”选项，打开“无标题 @tea_system (mxj) - 视图”界面，如图 6-4 所示。

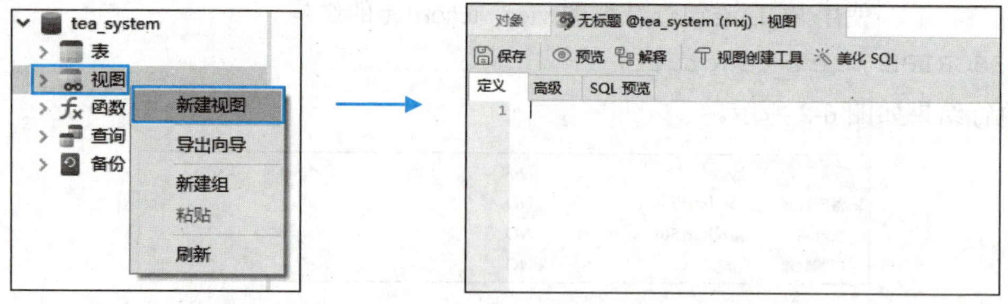


图 6-4　打开“无标题 @tea_system (mxj) - 视图”界面

**步骤 3** 在界面中单击“视图创建工具”按钮，打开“无标题 - 视图创建工具”窗口，此时窗口的左侧窗格默认打开当前数据库，在其中依次双击数据表 tea 和 type，将其添加到中间的操作区域，然后依次勾选“tName”“tpName”“tPrice”复选框，依次添加属性，如图 6-5 所示。

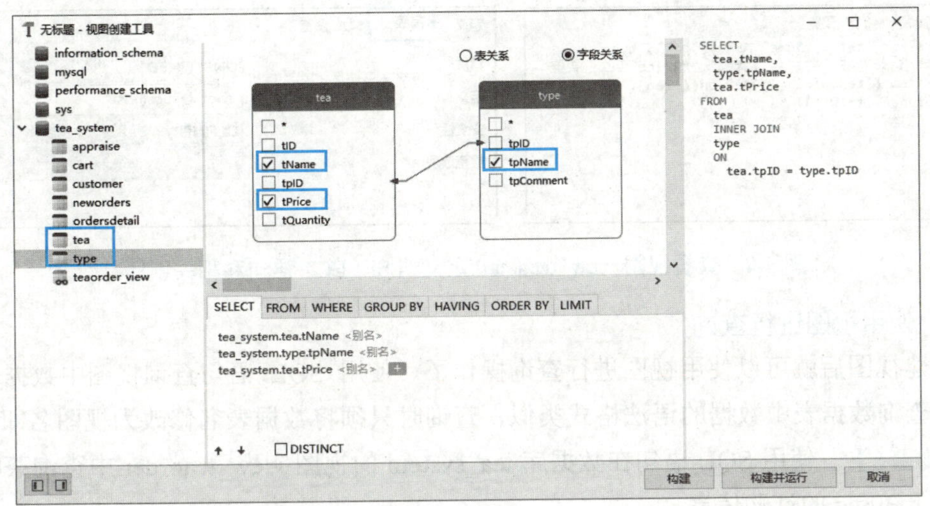

图 6-5　添加数据表和属性

步骤 4　在窗口下方的“SELECT”选项卡中单击第 1 个自动生成的属性名右侧的“<别名>”文字链接，打开编辑框，在其中输入别名“茶叶名”并按“Enter”键，使用同样的方法设置其他两个属性的别名为“类别名”和“单价”，如图 6-6 所示。

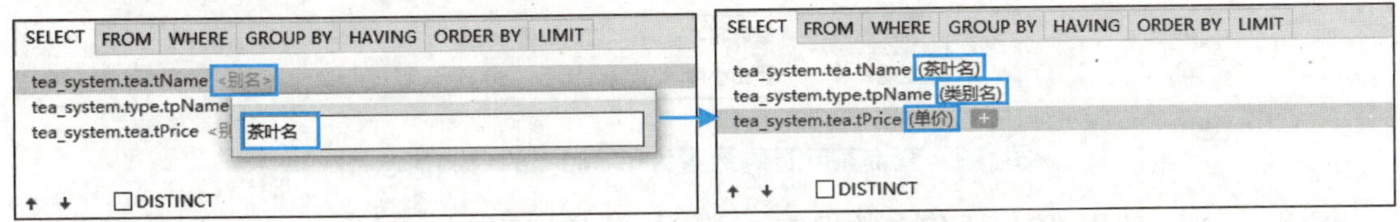

图 6-6　设置属性别名

步骤 5　在窗口底部单击“构建”按钮，返回“无标题 @tea_system (mxj) - 视图”界面，单击“保存”按钮，打开“另存为”对话框，在“视图名”编辑框中输入“view_teadetail”，单击“保存”按钮，创建视图 view_teadetail，如图 6-7 所示。

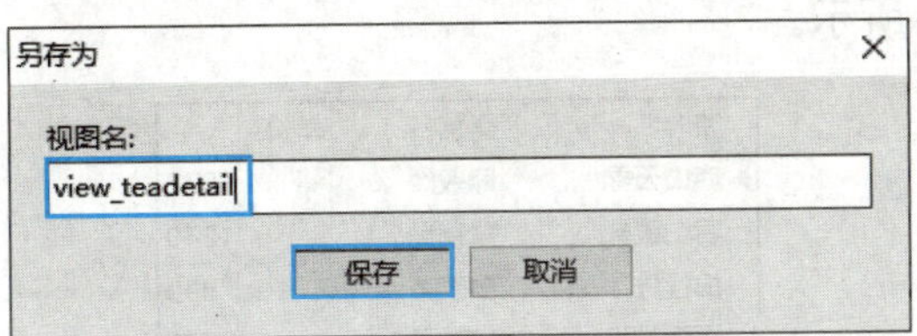

图 6-7　创建视图 view_teadetail

步骤 6　“无标题 @tea_system (mxj) - 视图”界面标题自动变为“view_teadetail @tea_system (mxj) - 视图”，在“定义”选项卡中可查看该视图定义的 SELECT 语句，在“高级”选项卡中可查看该视图的算法、定义者、安全性和检查选项信息，如图 6-8 所示。

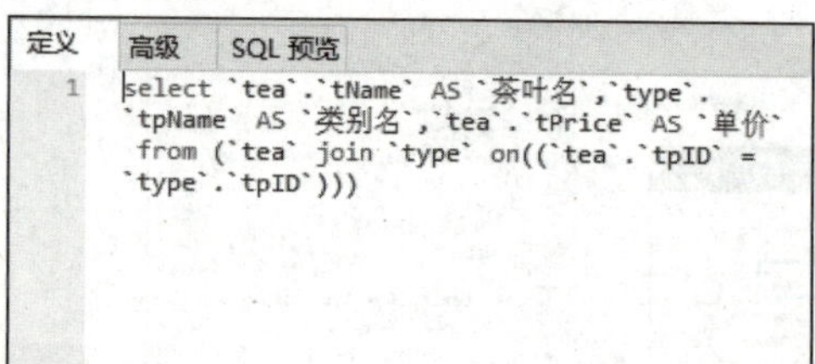


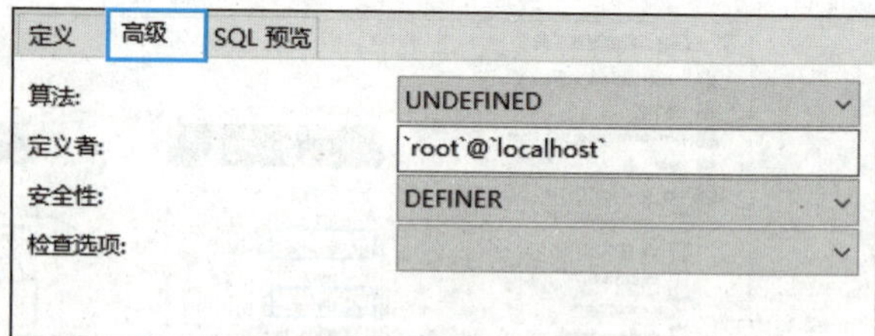


图 6-8　查看视图 view_teadetail 定义的 SELECT 语句和相关信息

### 4. 使用视图进行查询

创建视图后就可以使用视图进行查询操作了。使用 SQL 语句查询视图中数据的语法格式与查询数据表中数据的语法格式类似，查询时只须将数据表名修改为视图名即可。

【例 6-5】　使用 SQL 语句在数据库 tea_system 的视图 view_teaorder 中查询茶叶订购数量大于 300 g 的订购信息。

```
SELECT *
FROM view_teaorder
WHERE 订购数量>300;
```

执行结果如图 6-9 所示。

| 客户姓名 | 茶叶名 | 订购数量 |
|---|---|---|
| 刘明 | 正山小种 | 500 |

图 6-9　查询茶叶订购数量大于 300 g 的订购信息

【例 6-6】　使用 SQL 语句在数据库 tea_system 的视图 view_teadetail 中查询单价大于 800 元的茶叶信息。

```
SELECT *
FROM view_teadetail
WHERE 单价>800;
```

执行结果如图 6-10 所示。

| 茶叶名 | 类别名 | 单价 |
|---|---|---|
| 庐山云雾 | 绿茶类 | 1072 |
| 君山银针 | 黄茶类 | 1240 |
| 白牡丹 | 白茶类 | 890 |
| 平阳黄汤 | 黄茶类 | 836 |

图 6-10　查询单价大于 800 元的茶叶信息

**提示**

对视图中的数据可以进行管理操作，包括插入数据、修改数据和删除数据。需要注意的是，在对视图中的数据进行修改后，相应的基表中的数据也会随之变化。

使用 SQL 语句管理视图中数据的语法格式与管理数据表中数据的语法格式类似，只须将相关语法格式中的数据表名修改为视图名。需要注意的是，操作的数据应满足相应约束条件。

使用 Navicat 管理视图中数据的具体操作方法是，在 Navicat 窗口的左侧窗格中打开相应连接和数据库，在数据库对象列表中单击“视图”选项左侧的展开按钮 ›，展开视图列表，右击要管理数据的视图选项，在弹出的快捷菜单中选择“打开视图”选项，打开相应的视图界面进行操作（操作方法与在数据表界面中管理数据的操作方法相同）。

## 6.1.3 修改视图

### 1. 使用 SQL 语句修改视图

在使用 SQL 语句创建视图时添加 OR REPLACE 命令，可以实现修改视图的操作。此外，还可以使用 ALTER VIEW 命令修改视图，语法格式如下。

```
ALTER [ALGORITHM=UNDEFINED|MERGE|TEMPTABLE]
[DEFINER=user]
[SQL SECURITY DEFINER|INVOKER]
VIEW view_name[(column_list)]
AS select_sql
[WITH [CASCADED|LOCAL] CHECK OPTION];
```

其中，view_name 是要修改的视图的名称；其余参数的含义与创建视图语法格式中参数的含义相同。

【例 6-7】 使用 SQL 语句将数据库 tea_system 中视图 view_teaorder 的安全控制修改为 INVOKER，并在视图中添加客户的电话号码（tel）信息。

```
ALTER SQL SECURITY INVOKER
VIEW view_teaorder
AS SELECT customer.cName AS 客户姓名,customer.tel AS 电话号码,
tea.tName AS 茶叶名,ordersdetail.dNum AS 订购数量
FROM customer JOIN tea JOIN ordersdetail JOIN neworders
ON customer.cID=neworders.cID AND
neworders.oID=ordersdetail.oID AND tea.tID=ordersdetail.tID;
```

### 2. 使用 Navicat 修改视图

使用 Navicat 修改视图的具体操作方法是，在 Navicat 窗口的左侧窗格中打开相应连接和数据库，在数据库对象列表中单击“视图”选项左侧的展开按钮 ›，展开视图列表，右击要修改的视图选项，在弹出的快捷菜单中选择“设计视图”选项，打开相应的视图

设计界面，单击“视图创建工具”按钮，在打开的窗口中添加或删除数据表或属性（在操作区域选择并右击数据表，在弹出的快捷菜单中选择“移除”选项，可删除数据表；取消勾选属性复选框，可删除属性），单击“构建”按钮返回界面，选择“高级”选项卡，在其中修改视图的算法、定义者、安全性和检查选项信息，单击“保存”按钮。

### 6.1.4 删除视图

#### 1. 使用 SQL 语句删除视图

使用 SQL 语句删除视图的语法格式如下。

```
DROP VIEW [IF EXISTS] view_name[,…];
```

其中，DROP VIEW 是删除视图的命令；IF EXISTS 是可选项，用于判断是否存在同名视图，若不存在，则 MySQL 会取消执行但不会报错，当省略该参数时，若删除一个不存在的视图，则 MySQL 会取消执行且会报错；view_name 是要删除的视图的名称；[,…]表示可删除一个或多个视图，且多个视图名之间用英文逗号分隔。

【例 6-8】 使用 SQL 语句在数据库 tea_system 中删除视图 view_teaorder。

```
DROP VIEW view_teaorder;
```

#### 2. 使用 Navicat 删除视图

使用 Navicat 删除视图的具体操作方法是，在 Navicat 窗口的左侧窗格中打开相应连接和数据库，然后展开视图列表，右击要删除的视图选项，在弹出的快捷菜单中选择“删除视图”选项，打开“确认删除”对话框，勾选“我了解此操作是永久性的且无法撤销”复选框，单击“删除”按钮。

## 任务实施——使用视图提高茶叶在线销售系统的数据访问效率

茗香居计划使用视图简化日常运营管理的数据库操作，以及提高数据访问效率。为此，本任务实施将在茶叶在线销售系统数据库中创建客户购买视图、库存预警视图和高评分茶叶视图，并使用视图进行查询，以及根据实际情况修改视图。

#### 1. 创建视图

步骤 1 启动 Navicat，打开查询界面并选择 mxj 连接和 tea_system 数据库。

步骤 2 创建用于快速查询购买频率较高客户的客户购买视图 view_fre，其中包括客户 ID、客户姓名和订单数量信息。

视图定义的 SELECT 语句中，查询的数据表为 customer 和 neworders，查询的属性为 cID、cName 和 oID 的总数，两个表的连接属性为 cID；按客户 ID 和客户姓名对中间结果集分组，并以订单数量为依据降序排列查询结果。

语句如下。

```
CREATE VIEW view_fre
```

```
AS SELECT c.cID,c.cName,COUNT(n.oID) AS OrdersNum
FROM customer AS c JOIN neworders AS n
ON c.cID=n.cID
GROUP BY c.cID,c.cName
ORDER BY OrdersNum DESC;
```

步骤 3 创建用于快速查询库存量小于安全阈值 500 g 的茶叶的库存预警视图 view_lowtq，其中包括茶叶 ID、茶叶名和库存量信息。

视图定义的 SELECT 语句中，查询的数据表为 tea，查询的属性为 tID、tName 和 tQuantity，查询的条件为库存量小于 500 g。

语句如下。

```
CREATE VIEW view_lowtq
AS SELECT tID,tName,tQuantity
FROM tea
WHERE  tQuantity<500;  -- 将安全阈值设置为 500 g，可根据实际情况调整
```

步骤 4 创建用于快速查询平均评分大于或等于 4 分的茶叶的高评分茶叶视图 view_hrt，其中包括茶叶 ID、茶叶名和平均评分信息。

视图定义的 SELECT 语句中，查询的数据表为 tea 和 appraise，查询的属性为 tID、tName 和 grade 的平均值，两个表的连接属性为 tID；按茶叶 ID 对中间结果集分组，并筛选平均评分大于或等于 4 分的记录。

语句如下。

```
CREATE VIEW view_hrt
AS SELECT t.tID,t.tName,AVG(a.grade) AS AvgGrade
FROM tea AS t JOIN appraise AS a
ON t.tID=a.tID
GROUP BY t.tID
HAVING AvgGrade>=4;
```

### 2. 使用视图进行查询

步骤 1 在客户购买视图 view_fre 中查询前 3 条记录，获取购买数量排名前三的客户信息，语句如下。

```
SELECT *
FROM view_fre
LIMIT 3;
```

执行结果如图 6-11 所示。

| cID | cName | OrdersNum |
|---|---|---|
| U001 | 刘明 | 1 |
| U002 | 王丽丽 | 1 |
| U003 | 黄国栋 | 1 |

图 6-11　在客户购买视图 view_fre 中查询前 3 条记录

步骤 2　在库存预警视图 view_lowtq 中查询库存量不足的茶叶信息，语句如下。

```
SELECT *
FROM view_lowtq;
```

执行结果如图 6-12 所示。

| tID | tName | tQuantity |
|---|---|---|
| (N/A) | (N/A) | (N/A) |

图 6-12　在库存预警视图 view_lowtq 中查询库存量不足的茶叶信息

步骤 3　在高评分茶叶视图 view_hrt 中查询评分较高的茶叶信息，语句如下。

```
SELECT *
FROM view_hrt;
```

执行结果如图 6-13 所示。

| tID | tName | AvgGrade |
|---|---|---|
| T004 | 安吉白茶 | 5.0000 |
| T001 | 西湖龙井 | 4.0000 |
| T002 | 洞庭碧螺春 | 5.0000 |
| T006 | 正山小种 | 5.0000 |
| T008 | 白牡丹 | 5.0000 |
| T009 | 黑砖茶 | 5.0000 |
| T012 | 新安吉白茶 | 5.0000 |

图 6-13　在高评分茶叶视图 view_hrt 中查询评分较高的茶叶信息

### 3．修改视图

为保证库存量充足，将库存预警视图 view_lowtq 中库存量的安全阈值修改为 800 g，帮助公司快速识别库存量不足的茶叶，确保营销活动不会因库存量问题而受阻。

语句如下。

```
ALTER VIEW view_lowtq
AS SELECT tID,tName,tQuantity
FROM tea
WHERE tQuantity<800;   -- 将安全阈值修改为 800 g
```

茗香居通过使用视图提高了常规业务操作的效率，同时减轻了系统对数据表进行大量复杂查询造成的负担。

## 任务拓展

本任务介绍了视图的相关知识及操作方法。利用视图可以对多张数据表中不同属性的数据进行操作，并且能够更好地保证数据的安全性。下面给同学们留几个思考题。

（1）要想在茶叶在线销售系统数据库中创建用于显示每位客户的总购买金额和积分信息的视图 customer_orders，如何实现？

（2）要想将视图 customer_orders 中姓名为刘明的客户的积分增加 50，如何实现？

（3）如何使用视图 customer_orders 进行查询？

（4）如何删除视图 customer_orders？

# 任务 6.2 使用索引优化查询性能

## 任务描述

在使用 SQL 语句进行查询时，默认会对涉及的数据表进行全表扫描，对于大型数据表，这会增加查询时间。在实际应用中，为了提升数据查询的速度，通常都会为相关属性创建索引。本任务将介绍索引的基本概念，以及创建、查看和删除索引的方法，以帮助学生掌握使用索引优化查询性能的技能。

### 6.2.1 索引概述

索引是一种特殊的数据库对象，它的作用相当于书籍的目录，使用它可以快速查询数据表中的特定记录。在 MySQL 中，可以为任何数据类型的属性创建索引。

#### 1. 索引的分类

MySQL 支持多种类型的索引，具体如下。

（1）根据存储方式划分，可将索引分为 BTREE 索引和 HASH 索引。

① BTREE 索引。BTREE 索引以平衡的树形结构存储索引信息，每个索引值均存储在树形结构的叶子节点中。BTREE 索引的特点是按照属性值的顺序依次存储对应的索引值，且所有叶子节点通过指针连接，构成一个有序链表，在为属性创建 BTREE 索引后，在数据表中查询数据时 MySQL 可以根据索引值的顺序快速定位数据所在的行。

BTREE 索引是 MyISAM 和 InnoDB 存储引擎的默认索引。

② HASH 索引。HASH 索引也称哈希索引，它利用哈希表结构存储索引信息，哈希表会将属性值通过哈希函数转换为固定长度的哈希码作为索引值。HASH 索引的特点是属性值与索引值之间具有明显的对应关系，在为属性创建 HASH 索引后，如果对该属性

进行等值查询（如 WHERE age=18），MySQL 可以根据索引值快速定位数据所在的行。

HASH 索引是 MEMORY 存储引擎的默认索引。HASH 索引的查询效率相对于 BTREE 索引更高，但是 HASH 索引也有一定的限制和弊端。例如，HASH 索引仅适用于查询条件使用=、IN 和<=>运算符的查询，不适用于范围查询；在属性值中包含大量重复值时，HASH 索引的性能会有所下降。

（2）根据功能划分，可将索引分为全文索引、普通索引、空间索引、唯一索引和主键索引。

① 全文索引。全文索引用于对字符串数据进行快速查询，只能为 CHAR、VARCHAR 或 TEXT 类型的属性创建全文索引。

② 普通索引。普通索引是 MySQL 中最基本的索引类型，它没有任何限制，主要功能是加快 MySQL 对数据的访问速度。

③ 空间索引。空间索引是为空间数据类型的属性创建的索引。

**提示**

空间数据类型包括 GEOMETRY、POINT、LINESTRING 和 POLYGON 等，感兴趣的读者可查阅相关资料自行学习。

④ 唯一索引。唯一索引能够保证属性中不包含重复值，数据表的唯一约束就是利用唯一索引实现的。

⑤ 主键索引。主键索引是一种特殊的唯一索引，主要功能是保证属性的每个值都是唯一的且不可为空。

在 MySQL 5.6 之前，只有 MyISAM 存储引擎支持全文索引和空间索引。从 MySQL 5.6 开始，InnoDB 存储引擎支持全文索引。从 MySQL 5.7 开始，InnoDB 存储引擎支持空间索引。

### 2. 索引的使用原则

索引的使用原则如下。

（1）索引属性独立。要想通过索引提升查询效率，应保证查询条件中的属性是独立的，而不是包含在表达式中。例如，为销售数量属性 sum 创建索引后，若将查询条件设置为 WHERE sum-500>0，则进行查询时不会使用索引；若将查询条件设置为 WHERE sum>500，则进行查询时会使用索引。

（2）在进行模糊查询时，通配符不能位于最左侧。例如，为姓名属性 name 创建索引后，若将查询条件设置为 name LIKE '%李%'，则进行查询时不会使用索引；若将查询条件设置为 name LIKE '李%'，则进行查询时会使用索引。

**提示**

索引的设计原则见 2.4.2 小节。此外，虽然使用索引可以加快查询速度，提升查询性能，但是索引并不是越多越好，过多地使用索引也会造成以下弊端。

（1）维护索引耗费的时间较多，且耗时会随着数据量的增加而增加。

（2）索引会占用物理空间，因此需要一定的额外物理存储来存放索引文件。

（3）当对数据表中的数据执行增加、删除和修改等操作时，索引也需要动态地维护，降低了数据的维护速度。

### 6.2.2　创建和查看索引

#### 1. 使用 SQL 语句创建索引

使用 SQL 语句创建索引包括在创建数据表的同时创建索引、直接创建索引和通过修改数据表结构的方式创建索引。

（1）使用 SQL 语句在创建数据表的同时创建索引的语法格式如下。

```
CREATE TABLE table_name(
col_name data_type [constraints] [COMMENT note],
…
[UNIQUE|FULLTEXT|SPATIAL] INDEX|KEY [index_name]
(col_name1[(length)] [ASC|DESC][,…])[,…]);
```

下面对上述语法格式进行说明。

① UNIQUE、FULLTEXT 和 SPATIAL 是可选项，用于指明索引的类型，其中 UNIQUE 表示唯一索引；FULLTEXT 表示全文索引；SPATIAL 表示空间索引。省略该参数表示创建的索引为普通索引。

② INDEX 和 KEY 是创建索引的关键字，它们的作用相同。

③ index_name 是可选项，表示要创建的索引的名称。省略该参数表示使用默认名称。

④ col_name1 是要创建索引的属性名，可以设置一个或多个，且多个属性之间用英文逗号分隔。当设置多个属性时，创建的索引称为复合索引。

⑤ (length)是可选项，用于设置索引长度，只有属性的数据类型为字符串时才能设置该参数。当省略该参数时，MySQL 自动设置索引长度。

⑥ ASC 和 DESC 是可选项，用于设置索引的排列方式，其中 ASC 是指定升序排列的关键字，DESC 是指定降序排列的关键字，省略该参数表示升序排列。

⑦ 索引可创建一个或多个，且多个索引之间用英文逗号分隔。

【例 6-9】　使用 SQL 语句在数据库 tea_system 中创建数据表 test，其中包含属性 sno、sname、sex 和 addr，并为属性 sno 创建普通索引，为属性 addr 创建全文索引。

```
CREATE TABLE test(
sno INT,
sname VARCHAR(10),
sex VARCHAR(2),
addr VARCHAR(20),
INDEX (sno),
FULLTEXT INDEX (addr)
);
```

（2）使用 SQL 语句直接创建索引的语法格式如下。

```
CREATE [UNIQUE|FULLTEXT|SPATIAL] INDEX index_name
ON table_name(col_name[(length)] [ASC|DESC][,…]);
```

其中，CREATE INDEX 是创建索引的命令；index_name 是要创建的索引的名称，不可省略；ON 是指明索引来源的关键字；table_name 是要创建索引的数据表的名称；其余参数的含义与在创建数据表的同时创建索引的语法格式中参数的含义相同。

【例 6-10】 使用 SQL 语句在数据库 tea_system 中为数据表 appraise 的属性 aTime 创建普通索引 index_time。

```
CREATE INDEX index_time
ON appraise(aTime);
```

【例 6-11】 使用 SQL 语句在数据库 tea_system 中为数据表 ordersdetail 的属性 dID 和 oID 创建复合索引 index_do。

```
CREATE INDEX index_do
ON ordersdetail(dID,oID);
```

（3）使用 SQL 语句通过修改数据表结构的方式创建索引的语法格式如下。

```
ALTER TABLE table_name
ADD [UNIQUE|FULLTEXT|SPATIAL] INDEX
index_name(col_name[(length)] [ASC|DESC][,…]);
```

其中，ALTER TABLE 是修改数据表的命令；table_name 是要创建索引的数据表的名称；ADD INDEX 是在数据表中创建索引的命令；index_name 是要创建的索引的名称，不可省略；其余参数的含义与在创建数据表的同时创建索引的语法格式中参数的含义相同。

【例 6-12】 使用 SQL 语句在数据库 tea_system 中为数据表 customer 的属性 tel 创建唯一索引。

```
ALTER TABLE customer
ADD UNIQUE INDEX index_tel(tel);
```

### 2. 使用 SQL 语句查看索引

使用 SQL 语句查看索引的语法格式如下。

```
SHOW INDEX FROM table_name;
```

其中，SHOW INDEX 是查看索引的命令；FROM 是指明索引来源的关键字；table_name 是要查看的索引所在数据表的名称。

【例 6-13】　使用 SQL 语句在数据库 tea_system 中查看数据表 customer 中的索引。

```
SHOW INDEX FROM customer;
```

执行结果如图 6-14 所示。

| Table | Non_unique | Key_name | Seq_in_index | Column_name | Collation | Cardinality | Sub_part | Packed | Null | Index_type | Comment | Index_comment | Visible | Expression |
|---|---|---|---|---|---|---|---|---|---|---|---|---|---|---|
| customer | 0 | PRIMARY | 1 | cID | A | 10 | (Null) | (Null) |  | BTREE |  |  | YES | (Null) |
| customer | 0 | index_tel | 1 | tel | A | 10 | (Null) | (Null) |  | BTREE |  |  | YES | (Null) |

图 6-14　查看数据表 customer 中的索引

**提示** 

使用 SQL 语句查看索引的结果包括 Table（索引所在数据表的名称）、Non_unique（索引的值是否唯一，1 表示不唯一、0 表示唯一）、Key_name（索引的名称）、Seq_in_index（索引的属性的序号，若属性为复合索引的第二个属性，则值为 2）、Column_name（索引的属性的名称）、Collation（索引值的排列顺序，A 表示升序、D 表示降序）、Cardinality（索引中不重复值的数量）、Sub_part（属性值被索引的数量，Null 表示对所有属性值进行索引）、Packed（索引的压缩方式，通常为 Null）、Null（索引的属性值是否可以为空）、Index_type（根据存储方式划分的索引类型）、Comment（索引涉及的数据表的注释）、Index_comment（索引的注释）、Visible（索引是否可见）和 Expression（创建索引使用的表达式）信息。

### 3. 使用 Navicat 创建和查看索引

使用 Navicat 在创建数据表的同时创建索引的方法可见 4.1.3 小节，使用 Navicat 直接创建索引及查看索引的具体操作方法是，在 Navicat 窗口的左侧窗格中打开相应连接（如 mxj）和数据库（如 tea_system），然后展开数据表列表，右击相应数据表选项（如 test），在弹出的快捷菜单中选择“设计表”选项，打开相应数据表设计界面，选择“索引”选项卡（见图 6-15），可查看当前数据表的索引，单击“添加索引”按钮，在编辑框中设置相应的信息后单击“保存”按钮，可创建索引。

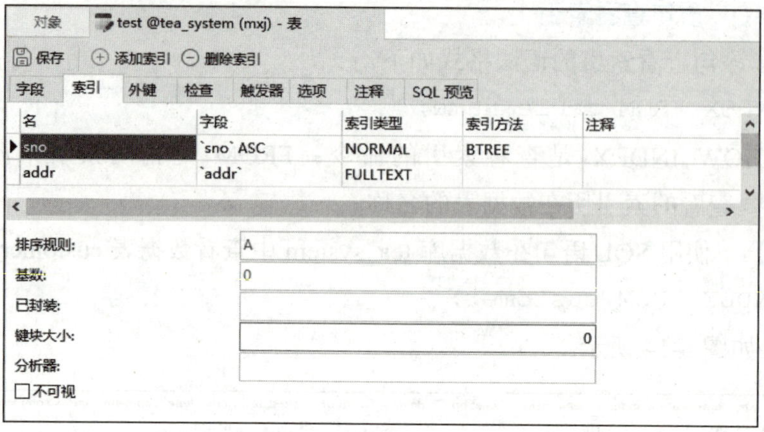

图 6-15　数据表设计界面的“索引”选项卡

### 6.2.3　删除索引

#### 1. 使用 SQL 语句删除索引

使用 SQL 语句可以直接删除索引，也可以通过修改数据表结构的方式删除索引。

（1）使用 SQL 语句直接删除索引的语法格式如下。

```
DROP INDEX index_name ON table_name;
```

其中，DROP INDEX 是删除索引的命令；index_name 是要删除的索引的名称；ON 是指明索引来源的关键字；table_name 是要删除的索引所在数据表的名称。

【例 6-14】　使用 SQL 语句删除数据库 tea_system 中数据表 appraise 中的索引 index_time。

```
DROP INDEX index_time ON appraise;
```

（2）使用 SQL 语句通过修改数据表结构的方式删除索引的语法格式如下。

```
ALTER TABLE table_name
DROP INDEX index_name;
```

其中，ALTER TABLE 是修改数据表的命令；table_name 是要修改结构的数据表的名称；DROP INDEX 是删除索引的命令；index_name 是要删除的索引的名称。

【例 6-15】　使用 SQL 语句删除数据库 tea_system 中数据表 customer 中的索引 index_tel。

```
ALTER TABLE customer
DROP INDEX index_tel;
```

#### 2. 使用 Navicat 删除索引

使用 Navicat 删除索引的具体操作方法是，在 Navicat 窗口的左侧窗格中打开相应连接和数据库，然后展开数据表列表，右击相应数据表选项，在弹出的快捷菜单中选择

“设计表”选项，打开相应数据表设计界面，选择“索引”选项卡，选择索引选项，单击“删除索引”按钮，打开“确认删除”对话框，单击“删除”按钮，最后单击数据表设计界面的“保存”按钮。

**提示** 

索引结构特殊，通常不会对其进行修改，若要修改索引，则须先删除原索引，再重新创建。

## 任务实施——使用索引优化茶叶在线销售系统的查询性能

茗香居因在客户服务、订单处理和库存管理方面面临大量的数据查询需求，计划使用索引来提高查询性能。为此，本任务实施将为茶叶在线销售系统数据库中相应数据表中的登录名、下单时间和茶叶 ID 属性创建索引，以提高相关业务的查询效率。

**步骤 1** 启动 Navicat，打开查询界面并选择 mxj 连接和 tea_system 数据库。

**步骤 2** 为数据表 customer 的属性 login 创建唯一索引 index_lg，以优化基于客户登录名的查询，语句如下。

```
CREATE INDEX index_lg
ON customer(login);
```

**步骤 3** 为数据表 neworders 的属性 oTime 创建索引 index_ot，以优化基于下单时间的查询，语句如下。

```
CREATE INDEX index_ot
ON neworders(oTime);
```

**步骤 4** 为数据表 ordersdetail 的属性 tID 创建索引 index_tid，以优化基于茶叶 ID 的查询，语句如下。

```
CREATE INDEX index_tid
ON ordersdetail(tID);
```

在创建索引后，查询相应数据（如下单时间在 2022 年内的所有订单信息）的时间显著减少。茗香居通过创建索引大大提高了相关业务的处理效率。由此可见，有效的索引策略能够提升系统的响应速度，从而支持业务的快速发展和提升客户服务质量。

## 任务拓展

本任务介绍了索引的相关知识及操作方法。在数据库中创建索引能够有效提高查询效率，显著减少查询中分组和排序中间结果集的时间。下面给同学们留几个思考题。

（1）MySQL 支持的索引有哪些？

（2）使用 SQL 语句直接创建索引的语法格式是什么？

（3）要想在茶叶在线销售系统数据库中为数据表 customer 的属性 regtime 创建名为 index_reg 的索引，如何实现？

## 项目实训——优化学生选课系统数据库的查询操作和性能

优化学生选课系统数据库的查询操作和性能（1）

### 1. 实训目标

（1）理解视图的概念。

（2）掌握创建、查看、修改与删除视图的方法。

（3）理解索引的概念。

（4）掌握创建、查看与删除索引的方法。

### 2. 实训内容

优化学生选课系统数据库 stud_sys 的查询操作和性能，具体要求如下。

（1）创建视图 view_stud，其中包括学生的姓名、性别和所在班级名称信息。

（2）查看视图 view_stud 的结构。

（3）在视图 view_stud 中查询姓名为赵乐政的学生的性别和所在班级名称信息。

（4）删除视图 view_stud。

（5）创建视图 view_c1，其中包括计算机应用技术 1 班的所有学生信息。

（6）创建视图 view_cs1，其中包括选修了数据库开发技术课程的所有学生的姓名信息。

（7）参照数据表 student，创建包括属性 sNo、sName、sSex、sBirth、sTel、classNo 的数据表 test。注意不要设置主键。

（8）在数据表 test 中为属性 sName 创建普通索引 index_name。

（9）在数据表 test 中为属性 sNo 添加主键，并为属性 sName 和 classNo 创建复合索引 index_sc。

（10）查看数据表 test 中的索引。

（11）删除索引 index_name。

优化学生选课系统数据库的查询操作和性能（2）

优化学生选课系统数据库的查询操作和性能（3）

## 项目评价

请学生结合本项目的学习情况，对学习成果进行自评，请教师进行师评和总评，并将评价结果填入表 6-1 中。

表 6-1　学习成果评价表

<table>
<tr><th rowspan="2">评价项目</th><th rowspan="2" colspan="2">评价内容</th><th rowspan="2">分值</th><th colspan="2">评价得分</th></tr>
<tr><th>自评</th><th>师评</th></tr>
<tr><td rowspan="4">理论知识</td><td colspan="2">视图的基本概念和优点</td><td>10</td><td></td><td></td></tr>
<tr><td colspan="2">使用 SQL 语句创建、查看、修改与删除视图的语法格式</td><td>15</td><td></td><td></td></tr>
<tr><td colspan="2">索引的分类和使用原则</td><td>10</td><td></td><td></td></tr>
<tr><td colspan="2">使用 SQL 语句创建、查看与删除索引的语法格式</td><td>15</td><td></td><td></td></tr>
<tr><td rowspan="2">技术能力</td><td colspan="2">使用 SQL 语句和 Navicat 创建、查看、修改与删除视图</td><td>15</td><td></td><td></td></tr>
<tr><td colspan="2">使用 SQL 语句和 Navicat 创建、查看与删除索引</td><td>15</td><td></td><td></td></tr>
<tr><td>项目实训</td><td colspan="2">代码规范、完整、运行良好</td><td>10</td><td></td><td></td></tr>
<tr><td>总评</td><td colspan="2">综合素质、综合技能、操作规范性</td><td>10</td><td></td><td></td></tr>
<tr><td rowspan="3">信息汇总</td><td>班级</td><td colspan="2"></td><td>学生签字</td><td></td></tr>
<tr><td>教师签字</td><td colspan="2"></td><td>日期</td><td></td></tr>
<tr><td>最终评分</td><td colspan="4">自评（70%）+师评（30%）=______</td></tr>
</table>

下面对各评价项目进行说明。

（1）理论知识：通过理论测试评估学生对视图和索引的概念和使用方法等的掌握程度。

（2）技术能力：评估学生在数据库查询优化方面的实际操作技能。

（3）项目实训：根据学生提交的代码的规范性、完整性和运行效果进行评分。

（4）总评：根据学生的综合素质、综合技能和操作规范性进行整体评价。

# 项目 7

# 数据库业务逻辑处理

## 项目目标

### 知识目标

- 了解数据库编程相关内容，包括变量、常量、运算符、SQL 编程语句，以及 MySQL 常用函数的使用方法。
- 掌握存储过程、触发器和事件的基础知识和使用方法。

### 技能目标

- 能够使用 SQL 语句和 Navicat 创建、查看、执行、修改与删除存储过程。
- 能够使用 SQL 语句和 Navicat 创建、查看与删除触发器。
- 能够使用 SQL 语句和 Navicat 创建、查看、修改与删除事件。

### 素质目标

- 培养逻辑思维能力、数据分析能力和业务理解能力。
- 加强实践练习，注重学思结合、知行统一。

## 项目描述

本项目聚焦于数据库编程技术和自动化技术，通过 4 个精心设计的任务，介绍数据库编程及常用数据库对象的相关内容，并以茶叶在线销售系统数据库为例，介绍如何在实际应用中实现复杂业务的逻辑处理和自动化处理，确保学生能够掌握相关技能并将其应用到系统开发中。

任务 7.1　了解数据库编程：介绍数据库编程的基础知识，包括变量、常量、运算符、SQL 编程语句和 MySQL 常用函数的使用。

任务 7.2　使用存储过程实现数据访问：介绍存储过程的基础知识，以及创建、查看、执行、修改与删除存储过程的操作。

任务 7.3　使用触发器实现任务自动化：介绍触发器的基础知识，以及创建、查看与删除触发器的操作。

任务 7.4　使用事件实现任务自动化：介绍事件的基础知识，以及创建、查看、修改与删除事件的操作。

总的来说，本项目不仅能够加深学生对数据库编程技术和自动化技术的理解，还能够提高学生在数据库系统性能优化和业务处理方面的能力。图 7-1 为“数据库业务逻辑处理”在数据库系统开发流程中的位置。

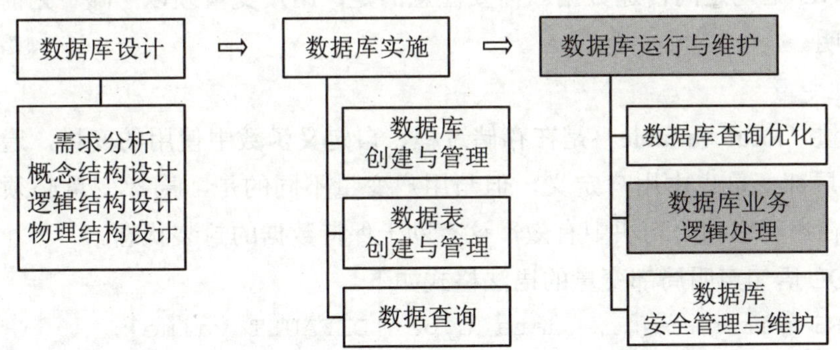


图 7-1　“数据库业务逻辑处理”在数据库系统开发流程中的位置

## 文化赏析

### 茶叶中的白茶

白茶是六大类茶叶中制作工艺相对简单的一类，其制作过程主要以自然萎凋和干燥为主，不经过杀青和揉捻，因此具有外形芽毫完整、汤色黄绿清澈和滋味清淡回甘等特点，保留了更多茶叶的自然香气。

我国的白茶主要有白毫银针、白牡丹、寿眉、贡眉等，其中白毫银针较为著名。

# 任务 7.1 了解数据库编程

## 任务描述

数据库编程技术是实现数据管理和应用开发的重要手段。本任务将介绍数据库编程技术的重要内容，包括变量、常量、运算符、SQL 编程语句和 MySQL 常用函数的使用，为学生进一步深入学习数据库编程打下良好基础。

### 7.1.1 变量、常量和运算符

#### 1. 变量

变量是值在程序运行过程中会发生改变的量，通常用于存储程序运行过程中的录入数据、中间结果或最终结果等临时数据。根据创建方式及作用域的不同，可将变量分为用户变量、局部变量和系统变量。

##### 1）用户变量

用户变量（user-defined variable）是由用户定义的变量，它只在同一会话中有效，用于在不同 SQL 语句之间传递数据。需要注意的是，用户变量须以“@”为前缀，且无须在使用前声明。

##### 2）局部变量

局部变量（local variable）是在存储过程、自定义函数中使用的变量，通常用于存储中间结果。局部变量也由用户定义，但与用户变量不同的是，局部变量必须在使用前声明，并且只在声明它的语句块中有效，这有助于保持数据的封装状态。

使用 SQL 语句声明局部变量的语法格式如下。

```
DECLARE var_name[,…] data_type [DEFAULT value];
```

其中，DECLARE 是声明局部变量的关键字；var_name 是局部变量的名称；[,…]表示局部变量可以设置一个或多个，且多个局部变量名之间用英文逗号分隔；data_type 是局部变量的数据类型；DEFAULT value 是可选项，DEFAULT 是设置局部变量默认值的关键字，value 是设置的默认值，省略该参数表示默认值为 NULL。

【例 7-1】 声明一个 INT 类型的局部变量 count。

```
DECLARE count INT;
```

##### 3）系统变量

系统变量（system variable）是由数据库管理系统预定义的变量，用于控制数据库的操作和环境设置。在使用系统变量时，需要在系统变量名前添加“@@”。

（1）系统变量分为全局系统变量和会话系统变量两种。

① 全局系统变量。全局系统变量能够影响数据库服务器的整体行为，其设置对所有连接或会话有效。

② 会话系统变量。会话系统变量只影响与其相关联的特定连接或会话。

系统变量涵盖多种功能设置变量，如客户端发送请求数据时所使用的字符集、服务器返回客户端的结果集所使用的字符集、MySQL 服务器允许的最大同时连接数、MySQL 服务器的 SQL 模式等。

（2）使用 SQL 语句查看系统变量的方式有两种，分别为使用 SHOW 关键字和使用 SELECT 关键字。

① 使用 SHOW 关键字查看系统变量的语法格式如下。

```
SHOW [GLOBAL|SESSION] VARIABLES [LIKE value];
```

其中，SHOW VARIABLES 是查看系统变量的命令；GLOBAL 和 SESSION 是可选项，GLOBAL 表示全局系统变量，SESSION 表示会话系统变量，省略该参数表示查看会话系统变量；LIKE value 是可选项，LIKE 是匹配系统变量名称的关键字，value 是用于匹配的字符串，省略该参数表示查看所有全局系统变量或会话系统变量。

【例 7-2】　使用 SQL 语句查看以“version”开头的全局系统变量。

```
SHOW GLOBAL VARIABLES LIKE 'version%';
```

执行结果如图 7-2 所示。

信息　摘要　结果 1　剖析　状态

| Variable_name | Value |
|---|---|
| version | 8.0.30 |
| version_comment | MySQL Community Server - GPL |
| version_compile_machine | x86_64 |
| version_compile_os | Win64 |
| version_compile_zlib | 1.2.12 |

图 7-2　查看以“version”开头的全局系统变量

图 7-2 中的“version”是 MySQL 的版本；“version_comment”是 MySQL 版本的注释或描述；“version_compile_machine”是编译 MySQL 使用的机器类型（硬件架构）；“version_compile_os”是编译 MySQL 使用的操作系统；“version_compile_zlib”是编译 MySQL 使用的压缩库版本。

② 使用 SELECT 关键字查看系统变量的语法格式如下。

```
SELECT @@var_name [AS new_var_name];
```

其中，SELECT 是查看系统变量的关键字；var_name 是系统变量的名称；AS new_var_name 是可选项，AS 是设置系统变量别名的关键字，new_var_name 是设置的系统变量别名。

【例 7-3】　使用 SQL 语句查看 MySQL 的版本。

```
SELECT @@version AS MySQL的版本;
```

执行结果如图 7-3 所示。

| 信息 | 摘要 | 结果 1 | 剖析 | 状态 |
|---|---|---|---|---|

| MySQL的版本 |
|---|
| 8.0.30 |

图 7-3　查看 MySQL 的版本

## 2．常量

常量是值在程序运行过程中固定不变的量，它不需要声明，可以在使用时直接引用。根据数据类型的不同，可将常量分为数值常量、日期与时间常量、字符串常量、布尔常量和 NULL 等。

（1）数值常量。数值常量包括整数和小数，如 123、15.75 等。

（2）日期与时间常量。日期与时间常量通常用特定的格式表示，且须包含在英文单引号中，如'2024-01-01'。

（3）字符串常量。字符串常量包括汉字、英文字母和数字等字符，且须包含在英文单引号中，如'Hello,world!'。

（4）布尔常量。布尔常量是指布尔值 TRUE 和 FALSE。

（5）NULL。NULL 是特殊的常量，表示空值或未知值。

## 3．运算符

在数据查询等操作中，运算符扮演着关键角色，它用于对数据进行算术运算、比较运算或逻辑运算等。根据功能的不同，可将运算符分为算术运算符、比较运算符、逻辑运算符和位运算符等。

（1）算术运算符。算术运算符用于对操作数进行基本的数学运算，包括+（加法）、-（减法）、*（乘法）、/（除法）和%（取模，即求两个数相除得到的余数）等。

（2）比较运算符。比较运算符用于比较两个值或表达式，并返回 TRUE、FALSE 或 UNKNOWN。比较运算符包括=、>、<、>=、<=、<>、!=和<=>等。

（3）逻辑运算符。逻辑运算符用于对表达式进行逻辑判断，并返回 TRUE、FALSE 或 UNKNOWN。逻辑运算符包括 AND、OR 和 NOT，常用于 WHERE 子句中。

（4）位运算符。位运算符用于对操作数进行位运算。位运算是指将给定的操作数转换为对应的二进制数并对其中的每位进行指定的逻辑运算，然后将得到的二进制结果转换为十进制数。位运算符包括&（位与）、|（位或）、^（位异或）和~（位非）等。

① &（位与）：将给定的操作数转换为对应的二进制数，并逐位进行逻辑与运算。二进制数的逻辑与运算是指，若所有二进制数的某个二进制位都为 1，则该位的运算结果为 1，否则为 0。

例如，计算 2&10 的过程为，将 2 转换为二进制数 00000010，将 10 转换为二进制数

00001010，然后将两个二进制数右对齐，并逐位进行逻辑与运算，得到二进制数 00000010，最后将其转换为十进制数 2。

② |（位或）：将给定的操作数转换为对应的二进制数，并逐位进行逻辑或运算。二进制数的逻辑或运算是指，若所有二进制数的某个二进制位至少有一个为 1，则该位的运算结果为 1，否则为 0。

③ ^（位异或）：将给定的操作数转换为对应的二进制数，并逐位进行逻辑异或运算。二进制数的逻辑异或运算是指，若所有二进制数的某个二进制位都为 0 或都为 1，则该位的运算结果为 0，否则为 1。

④ ~（位非）：将给定的操作数转换为对应的二进制数，并逐位取反，即 1 取反后为 0，0 取反后为 1。

以上运算符的优先级与高级语言中的运算符优先级基本相同，此处不再赘述。

### 7.1.2　SQL 编程语句

SQL 编程语句主要有赋值语句、封装语句、条件控制语句和循环控制语句等。

#### 1．赋值语句

赋值语句用于为变量赋值。

##### 1）为用户变量和局部变量赋值

使用 SQL 语句为用户变量和局部变量赋值的语法格式有两种，分别为使用 SET 关键字和使用 SELECT INTO 命令。

（1）使用 SET 关键字为用户变量和局部变量赋值的语法格式如下。

```
SET var_name[:]=expr[,…];
```

其中，SET 是为变量赋值的关键字；var_name 是要赋值的变量的名称；[:]=是赋值运算符，“:” 可省略；expr 是赋的值；[,…]表示赋值的变量和值可以设置一组或多组，且多组之间用英文逗号分隔。

【例 7-4】　使用 SET 关键字将用户变量 a 的值赋为 1，将已声明的局部变量 count 的值赋为 2。

```
SET @a=1;
SET count=2;
```

（2）使用 SELECT INTO 命令为用户变量和局部变量赋值的语法格式如下。

```
SELECT expr INTO var_name;
```

其中，SELECT INTO 是为变量赋值的命令；expr 是赋的值；var_name 是要赋值的变量的名称。

【例 7-5】　使用 SELECT INTO 命令将用户变量 a 的值赋为 1，将已声明的局部变量 count 的值赋为 2。

```
SELECT 1 into @a;
SELECT 2 into count;
```

与使用 SET 关键字为变量赋值不同的是，使用 SELECT INTO 命令为变量赋值时，可以将数据查询结果赋给变量。此时，语法格式中的 expr 是属性名，同时须在 var_name 参数之后添加 FROM 子句、WHERE 子句等以得到一个查询结果（查询结果必须只有一个值）。

【例 7-6】 使用 SELECT INTO 命令将茶叶在线销售系统数据库 tea_system 的数据表 tea 中茶叶西湖龙井的单价赋给已声明的局部变量 count。

```
SELECT tPrice INTO count FROM tea WHERE tName='西湖龙井';
```

此外，还可以使用 SELECT 关键字和“:=”运算符为用户变量赋值，语法格式如下。

```
SELECT var_name:=expr[,…];
```

需要注意的是，使用这种方式为用户变量赋值后，会产生结果集。

**提示** 

用户变量的数据类型会根据所赋的值动态确定。例如，如果为用户变量赋的值为整数，则变量类型为整数；如果赋的值为字符串，则变量类型为字符串。

2）为系统变量赋值

使用 SQL 语句为系统变量赋值的语法格式如下。

```
SET GLOBAL|SESSION var_name=expr[,…];
```

其中，SET 是为变量赋值的关键字；GLOBAL 和 SESSION 是设置系统变量类型的关键字，GLOBAL 表示全局系统变量，SESSION 表示会话系统变量；其他参数的含义与使用 SET 关键字为用户变量和局部变量赋值的语法格式中参数的含义相同。

【例 7-7】 将当前会话的写入数据超时时间设置为 30 秒，即将会话系统变量 net_write_timeout 的值设置为 30。

```
SET SESSION net_write_timeout=30;
```

### 2. 封装语句

封装语句是指使用 BEGIN END 关键字包裹的多条语句（语句块），它可以嵌套使用。封装语句是一个相对独立的执行单元，常用于存储过程、触发器等数据库对象的内部，以封装多条语句。封装语句的语法格式如下。

```
BEGIN
    statement;
    …
END;
```

其中，statement 是各种语句，表示具体的操作。

### 3．条件控制语句

条件控制语句用于根据一定的判断条件选择执行某些语句。常用的条件控制语句有 IF 语句和 CASE 语句等。

（1）IF 语句。IF 语句的语法格式如下。

```
IF condition1 THEN statement1;
    [ELSEIF condition2 THEN statement2;]
    …
    [ELSE statementn;]
END IF;
```

其中，IF 是开始条件控制的关键字；condition1、condition2 等是判断条件；THEN 是执行语句的关键字；statement1、statement2 等是执行的语句；ELSEIF 子句是可选项，用于多条件判断，它可以有 0 个、1 个或多个；ELSE 是可选项，最多有一个，当省略该参数时，若所有 condition 的判断结果均为 FALSE，则不执行任何语句；END IF 是结束条件控制的命令。

IF 语句的执行过程是，先对 condition1 进行判断，若判断结果为 TRUE，则执行 statement1；否则继续对 condition2 进行判断，若判断结果为 TRUE，则执行 statement2；否则继续对后续 ELSEIF 子句的条件进行判断，依此类推；若所有 ELSEIF 子句的条件判断结果均为 FALSE，则执行 statementn 或不执行任何语句。

【例 7-8】　使用 IF 语句判断数据库 tea_system 中客户 ID 为 U009 的客户是否加购了茶叶。

```
DECLARE num INT;
SELECT COUNT(*) INTO num FROM cart WHERE cID='U009';
IF num>0 THEN
    SELECT '购物车中有茶叶。';
ELSE
    SELECT '购物车中无茶叶。';
END IF;
```

**提示**

上述语句可在存储过程中执行并查看执行结果，使用存储过程同时执行多条 SQL 语句的相关内容在任务 7.2 中详细介绍。此外，SELECT 关键字后面为变量、常量或函数等时，表示将其输出到结果集中。

（2）CASE 语句。CASE 语句的语法格式有两种。

① CASE 语句的第一种语法格式如下。

```
CASE condition
    WHEN value1 THEN statement1;
    [WHEN value2 THEN statement2;]
    …
    [ELSE statementn;]
END;
```

其中，CASE 是开始条件控制的关键字；condition 是判断条件；WHEN 是比较判断结果与常量的关键字，WHEN 子句可以有一个或多个；value1、value2 等是常量；THEN 是执行语句的关键字；statement1、statement2 等是执行的语句；ELSE 是可选项，最多有一个，当省略该参数时，若 condition 的判断结果与所有常量均不相等，则不执行任何语句；END 是结束条件控制的关键字。

上述 CASE 语句的执行过程是，先对 condition 进行判断，然后将判断结果依次与各 value 比较，并执行与 condition 的判断结果相等的 value 对应的 statement；若 condition 的判断结果与所有 value 均不相等，则执行 statementn 或不执行任何语句。

② CASE 语句的第二种语法格式如下。

```
CASE
    WHEN condition1 THEN statement1;
    [WHEN condition2 THEN statement2;]
    …
    [ELSE statementn;]
END;
```

其中，condition1、condition2 等是判断条件；statement1、statement2 等是语句块；ELSE 是可选项，最多有一个，当省略该参数时，若所有 condition 的判断结果均为 FALSE，则不执行任何语句。

上述 CASE 语句的执行过程是，按顺序依次对 condition1、condition2 等进行判断，若判断结果为 TRUE，则执行相应的 statement；若所有 condition 的判断结果均为 FALSE，则执行 statementn 或不执行任何语句。

**提示**

CASE 语句可以在 SELECT 语句中使用，此时 CASE 语句中的“;”均须省略。

【例 7-9】 使用 CASE 语句判断客户的等级，假设积分大于或等于 300 的客户为 A 级，积分小于 300 且大于或等于 200 的客户为 B 级，其余为 C 级。

```
SELECT cName AS 客户姓名,CASE
    WHEN credit>=300 THEN 'A 级'
```

```
    WHEN credit<300 AND credit>=200 THEN 'B级'
    ELSE 'C级'
    END AS 客户等级
FROM customer;
```

执行结果如图7-4所示。

| 客户姓名 | 客户等级 |
|---|---|
| 刘明 | C级 |
| 王丽丽 | C级 |
| 黄国栋 | C级 |
| 谢立秋 | A级 |
| 李雨 | C级 |
| 戴遥 | C级 |
| 杨小沐 | C级 |
| 张小平 | B级 |
| 王平 | A级 |
| 高强 | C级 |

图7-4　判断客户的等级

### 4. 循环控制语句

循环控制语句用于根据一定的条件重复执行某些语句。常用的循环控制语句有WHILE语句和REPEAT语句等。

（1）WHILE语句。WHILE语句的语法格式如下。

```
WHILE condition
DO statement;
END WHILE;
```

其中，WHILE是开始循环控制的关键字；condition是循环条件；DO是执行语句的关键字；statement是执行的语句；END WHILE是结束循环控制的命令。

WHILE语句的执行过程是，先对condition进行判断，若判断结果为TRUE，则执行一次statement；再次对condition进行判断，若判断结果为TRUE，则再执行一次statement，不断重复，直至condition的判断结果为FALSE时结束循环。

（2）REPEAT语句。REPEAT语句的语法格式如下。

```
REPEAT
statement;
UNTIL condition
END REPEAT;
```

其中，REPEAT是开始循环控制的关键字；statement是执行的语句；UNTIL是判断循环条件的关键字；condition 是循环条件；END REPEAT 是结束循环控制的命令。

REPEAT 语句的执行顺序是，先执行一次 statement，然后对 condition 进行判断，若判断结果为 FALSE，则再执行一次 statement，不断重复，直至 condition 的判断结果为 TRUE 时结束循环。

【例 7-10】　使用 REPEAT 语句计算从 1 累加到 100 的结果。

```
DECLARE total INT DEFAULT 0;
DECLARE n INT DEFAULT 100;
REPEAT
SET total:=total+n;
SET n:=n-1;
UNTIL n<=0
END REPEAT;
SELECT total;
```

### 7.1.3　MySQL 常用函数

函数对于任何程序设计语言来说都是非常关键的组成部分。MySQL 中常用的函数有数学函数、字符串函数、日期与时间函数、系统函数等。

#### 1. 数学函数

数学函数主要用于对数值数据进行数学运算。常用的数学函数如下。

（1）ABS($x$)：绝对值函数，返回 $x$ 的绝对值。

（2）SQRT($x$)：平方根函数，返回 $x$ 的平方根。

（3）MOD($x, y$)：取模函数，返回 $x$ 除以 $y$ 的余数。与取模运算 $x$%$y$ 相同的是，该函数在运算时，若除数或被除数为 NULL，则返回结果为 NULL；若除数为 0，则返回结果为 NULL。

（4）GREATEST($x1, x2,\ldots, xn$)：最大值函数，返回 $x1, x2,\ldots, xn$ 中的最大值。

（5）LEAST($x1, x2,\ldots, xn$)：最小值函数，返回 $x1, x2,\ldots, xn$ 中的最小值。

（6）ROUND($x$)和 ROUND($x, y$)：四舍五入函数。其中，ROUND($x$)返回距离 $x$ 最近的整数；ROUND($x, y$)表示对数值 $x$ 进行四舍五入并保留小数点后 $y$ 位。

（7）RAND()和 RAND($x$)：随机数函数。其中，RAND()返回 0 至 1 之间的随机数值，且每次执行都会返回不同的结果；RAND($x$)表示当 $x$ 取同一值时，即使重复执行多次，也返回同一结果。

【例 7-11】　使用数学函数计算 256 的平方根。

```
SELECT SQRT(256);
```

执行结果如图 7-5 所示。

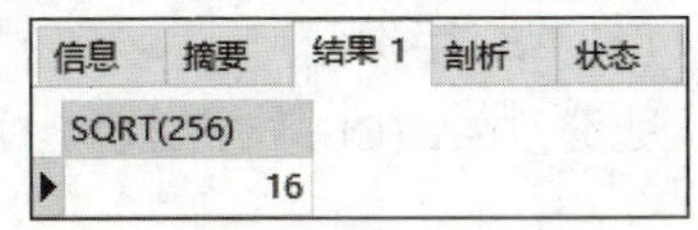


图 7-5　计算 256 的平方根

### 2. 字符串函数

字符串函数用于对字符串进行连接、截取等。常用的字符串函数如下。

（1）LENGTH(*str*)：获取字符串字节长度函数，返回 *str* 的字节长度。

（2）CONCAT(*str1*,*str2*,…,*strn*)：连接字符串函数，返回由 *str1*,*str2*,…,*strn* 按顺序拼接后的字符串。若参数中有一个 NULL，则返回结果为 NULL。

（3）LEFT(*str*,*len*)：获取指定长度字符串函数，返回 *str* 中最左侧的 *len* 个字符。

（4）RIGHT(*str*,*len*)：获取指定长度字符串函数，返回 *str* 中最右侧的 *len* 个字符。

（5）SUBSTRING(*str*,*pos*,*len*)：获取指定长度字符串函数，返回 *str* 中从 *pos* 位置开始的 *len* 个字符。当 *pos* 为 1 时，表示从第 1 个字符开始获取；当 *pos* 为 0 时，返回值为空。

【例 7-12】　使用字符串函数将“云青青兮欲雨”“，”“水澹澹兮生烟”“。”字符串连接。

```
SELECT CONCAT('云青青兮欲雨','，','水澹澹兮生烟','。') AS 诗句;
```

执行结果如图 7-6 所示。

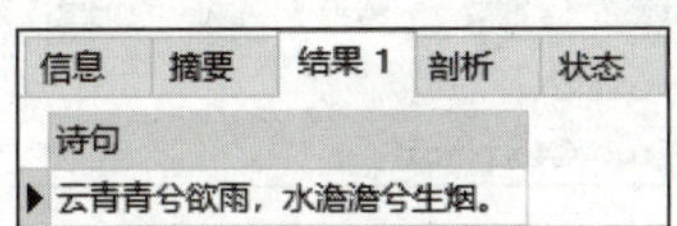


图 7-6　将“云青青兮欲雨”“，”“水澹澹兮生烟”“。”字符串连接

### 3. 日期与时间函数

日期与时间函数用于获取不同格式的日期与时间信息。常用的日期与时间函数如下。

（1）CURDATE()和 CURRENT_DATE()：获取系统当前日期函数，返回 YYYY-MM-DD 格式的日期。

（2）CURTIME()和 CURRENT_TIME()：获取系统当前时间函数，返回 HH:MM:SS 格式的时间。

（3）NOW()和 CURRENT_TIMESTAMP()：获取系统当前日期与时间函数，返回“YYYY-MM-DD HH:MM:SS”格式的日期与时间。

（4）YEAR(*date*)、MONTH(*date*)和 DAY(*date*)：依次为获取年份、月份和日期在所在月份的天数函数，分别返回 *date* 中的年份、月份及 *date* 在所在月份的天数（*date* 为 DATE 或 DATETIME 等类型的数据）。

【例 7-13】　使用日期与时间函数获取系统当前日期的年份、月份和日期在所在月份的天数。

```
SELECT YEAR(CURDATE()) AS 年份,
MONTH(CURDATE()) AS 月份,DAY(CURDATE()) AS 日期;
```

执行结果如图 7-7 所示。

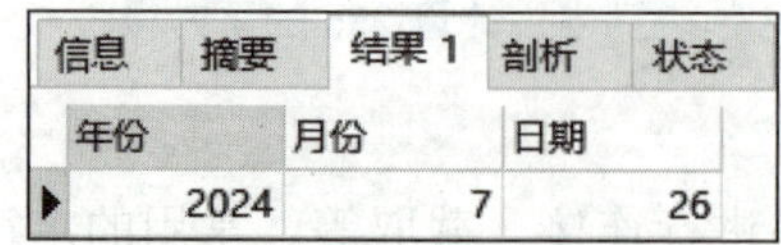

| 年份 | 月份 | 日期 |
|---|---|---|
| 2024 | 7 | 26 |

图 7-7　获取系统当前日期的年份、月份和日期在所在月份的天数

### 4. 系统函数

系统函数用于查询 MySQL 的系统信息。常用的系统函数如下。

（1）DATABASE()：获取数据库名函数，返回当前数据库的名称。

（2）USER()：获取用户函数，返回当前用户的名称及 MySQL 服务器的主机名。

（3）CHARSET(*str*)：查询字符集函数，返回 *str* 的字符集。

（4）COLLATION(*str*)：查询排序规则函数，返回 *str* 的排序规则。

【例 7-14】　使用系统函数查询当前用户。

```
SELECT USER();
```

执行结果如图 7-8 所示。

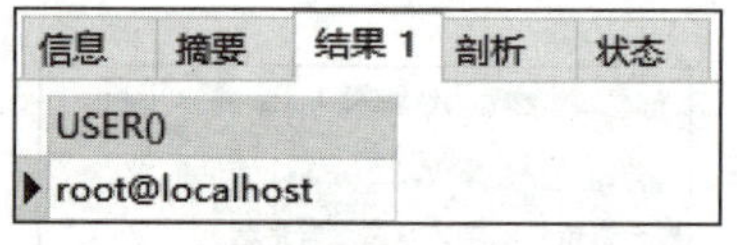

| USER() |
|---|
| root@localhost |

图 7-8　查询当前用户

**提示** 

聚合函数也是 MySQL 中的常用函数。聚合函数又称统计函数，用于对一组值进行计算并返回计算结果。聚合函数通常在 SELECT 语句中使用，具体内容见 5.1.4 小节。

## 任务实施——使用数据库编程提高茶叶在线销售系统的数据操作效率

为了提高茶叶在线销售系统的数据操作效率，茗香居计划通过数据库编程优化和管理相关业务。为此，本任务实施将动态调整定价、评估客户忠诚度，以及优化库存管理。

步骤 1　启动 Navicat，打开查询界面并选择 mxj 连接和 tea_system 数据库。

步骤 2　利用条件控制语句和运算符动态调整定价，以动态调整市场需求和库存的

关系，语句如下。

```
UPDATE tea
SET tPrice=tPrice*CASE
    WHEN tQuantity<500 THEN 1.1      -- 库存量少于 500 g 时单价提高 10%
    WHEN tQuantity>5000 THEN 0.9     -- 库存量超过 5000 g 时单价降低 10%
    ELSE 1.0                         -- 其他情况单价保持不变
END;
```

步骤 3　使用聚合函数和运算符评估客户忠诚度。首先统计每位客户的订单数量和平均评分，然后将订单数量乘以 0.2（权重为 20%），将平均评分乘以 0.8（权重为 80%），最后将这两个加权结果相加，得到每位客户忠诚度的综合得分，语句如下。

```
SELECT c.cID AS 客户 ID,c.cName AS 客户姓名,
       COUNT(DISTINCT o.oID)*0.2+AVG(a.grade)*0.8 AS 忠诚度
FROM customer c
JOIN neworders o ON c.cID=o.cID    -- 连接订单表，以获取订单数据
JOIN appraise a ON c.cID=a.cID     -- 连接评价表，以获取评价数据
GROUP BY c.cID,c.cName;
```

执行结果如图 7-9 所示。

| 客户ID | 客户姓名 | 忠诚度 |
|---|---|---|
| U001 | 刘明 | 4.20000 |
| U003 | 黄国栋 | 4.20000 |
| U005 | 李雨 | 4.20000 |
| U006 | 戴遥 | 4.20000 |
| U007 | 杨小沐 | 3.40000 |
| U008 | 张小平 | 4.20000 |
| U010 | 高强 | 4.20000 |

图 7-9　评估客户忠诚度

步骤 4　使用数学函数、聚合函数和运算符计算客户购买的茶叶中库存量少于 5000 g 的茶叶的采购量，以优化库存管理。首先计算茶叶销售总量，然后使用 ROUND()函数对销售总量乘以 1.2 的结果进行取整，最后使用 GREATEST()函数取计算结果与 1000 之间的最大值作为茶叶的采购量，语句如下。

```
SELECT t.tName AS 茶叶名,
       GREATEST(1000,ROUND(SUM(od.dNum)*1.2)) AS 采购量
FROM tea t
-- 连接订单详情表，以获取销售数据
JOIN ordersdetail od ON t.tID=od.tID
-- 按茶叶名和库存量对结果集分组，以计算各茶叶的销售总量
```

```
GROUP BY t.tName,t.tQuantity
-- 筛选出库存量少于 5000 g 的记录
HAVING t.tQuantity<5000;
```

执行结果如图 7-10 所示。

| 茶叶名 | 采购量 |
|---|---|
| 洞庭碧螺春 | 1000 |
| 新安吉白茶 | 1000 |

图 7-10　计算客户购买的茶叶中库存量少于 5000 g 的茶叶的采购量

## 任务拓展

本任务介绍了数据库编程的基础知识。在日常的数据库管理中，同学们可以使用数据库编程技术完成更复杂的业务。下面给同学们留几个思考题。

（1）要想在茶叶在线销售系统数据库中将购物车 ID 为 G009 的茶叶数量增加 20、将购物车 ID 为 G010 的茶叶数量减少 50，如何实现？

（2）要想在茶叶在线销售系统数据库中查询购物车 ID 为 G008 的茶叶的总价，如何实现？

（3）要想在茶叶在线销售系统数据库中查询购物车中加购数量最多的茶叶，如何实现？

# 任务 7.2　使用存储过程实现数据访问

## 任务描述

存储过程常用于业务逻辑语句的封装、事务管理和权限控制等。本任务将从认识存储过程入手，介绍创建、查看、执行、修改与删除存储过程的方法。

### 7.2.1　存储过程概述

MySQL 中的存储过程（stored procedure）是一种预编译的数据库程序，它可以接收用户输入的参数并执行一系列的 SQL 语句，通常用于实现特定的业务或数据操作等。存储过程具有以下优点。

（1）提高系统性能。存储过程只在创建时编译，创建后每次执行都不再重新编译，因此能够提高查询等操作的速度，从而提高系统性能。

（2）提高数据安全性。当用户想要使用某张数据表的数据但没有权限时，可以通过执行数据库管理员创建的存储过程来间接操作该数据表，避免没有权限的用户直接操作数据表，从而提高数据安全性。

（3）简化维护任务。存储过程可以被重复执行，有助于实现模块化的程序设计，简化数据库的维护任务。

（4）减少网络流量。在客户端执行存储过程时，只需要声明其名称（有时会输入参数）就可以实现相关操作，相较于逐条地执行操作，能够有效减少网络流量。

## 7.2.2　创建和查看存储过程

### 1. 创建存储过程

使用 SQL 语句创建存储过程的语法格式如下。

```
CREATE PROCEDURE [IF NOT EXISTS] proc_name([[IN|OUT|INOUT] parameter_name TYPE[,…]])
    [SQL SECURITY DEFINER|INVOKER]
    [COMMENT note]
    routine_body;
```

下面对上述语法格式进行说明。

（1）CREATE PROCEDURE 是创建存储过程的命令。

（2）IF NOT EXISTS 是可选项，用于在执行创建存储过程操作前判断是否存在同名存储过程，若存在，则 MySQL 会取消执行但不会报错。当省略该参数时，若创建一个与已存在存储过程同名的存储过程，则 MySQL 会取消执行且会报错。

（3）proc_name 是要创建的存储过程的名称。

（4）[IN|OUT|INOUT] parameter_name TYPE 是可选项，用于设置存储过程的参数，可以设置 0 个、1 个或多个，且多个参数之间用英文逗号分隔。

① IN 是默认值，表示参数类型为输入参数，即可将外界的数据传递到存储过程中。

② OUT 表示参数类型为输出参数，即可将存储过程的运算结果传递到外界。

③ INOUT 表示参数类型为输入输出参数，即既可将外界的数据传递到存储过程中，又可将存储过程的运算结果传递到外界。

④ parameter_name 是参数的名称。

⑤ TYPE 是参数的数据类型。

（5）SQL SECURITY DEFINER|INVOKER 是可选项，其中 SQL SECURITY 是设置存储过程安全控制（可执行存储过程的用户类型）的命令；DEFINER 表示只有创建者才能执行；INVOKER 表示拥有权限的用户均可以执行。省略该参数表示设置安全控制为 DEFINER。

（6）COMMENT note 是可选项，其中 COMMENT 是设置存储过程注释的关键字；note 是设置的注释内容，须以字符串的形式输入。省略该参数表示不设置注释。

（7）routine_body 是存储过程的主体内容，包括用于实现存储过程功能的语句，通常包含在 BEGIN END 关键字中。

【例 7-15】 创建通过指定茶叶 ID 和调整量更新茶叶库存量的存储过程 proc_uptean。

通过分析可知，该存储过程在执行时需要先接收两个参数，分别为茶叶 ID 和调整量，然后更新指定茶叶 ID 的库存量，调整量为正数则增加库存量，调整量为负数则减少库存量，最后输出茶叶库存量相关信息，以确认是否更新成功。

```
DELIMITER $$
CREATE PROCEDURE proc_uptean(IN teaID VARCHAR(30),IN num INT)
BEGIN
    -- 根据参数调整茶叶的库存量
    UPDATE tea
    SET tQuantity=tQuantity+num
    WHERE tID=teaID;
    -- 查询调整后的茶叶库存量信息
    SELECT tID,tName,tQuantity
    FROM tea
    WHERE tID=teaID;
END$$
DELIMITER ;
```

**提示** 

在 MySQL 中，默认将“;”作为语句结束关键字，当同时执行多条语句时，MySQL 会在执行第 1 条语句后就结束执行，有时还会报错。由于存储过程通常包含多条语句，因此在创建存储过程时需要使用 DELIMITER 关键字将结束关键字修改为其他字符，如使用“DELIMITER $$”语句将结束关键字修改为“$$”，这样就可以在语句块中正常使用“;”作为结束关键字了。需要注意的是，存储过程创建完成后，应再次使用 DELIMITER 关键字将结束关键字修改为“;”。

### 2. 查看存储过程

查看存储过程包括查看存储过程的状态和定义。

（1）使用 SQL 语句查看存储过程状态的语法格式如下。

```
SHOW PROCEDURE STATUS [LIKE proc_name];
```

其中，SHOW PROCEDURE STATUS 是查看存储过程状态的命令；LIKE proc_name

是可选项，LIKE 是匹配存储过程名称的关键字，proc_name 是用于匹配存储过程名称的字符串，省略该参数表示查看数据库中所有存储过程的状态。

【例 7-16】　查看存储过程 proc_uptеain 的状态。

```
SHOW PROCEDURE STATUS LIKE 'proc_uptеain';
```

执行结果如图 7-11 所示。

| Db | Name | Type | Definer | Modified | Created | Security_type | Comment | character_set_client | collation_connection | Database Collation |
|---|---|---|---|---|---|---|---|---|---|---|
| tea_system | proc_uptеain | PROCEDURE | root@localhost | 2024-07-27 22:17:43 | 2024-07-27 22:17:43 | DEFINER | | utf8mb4 | utf8mb4_0900_ai_ci | utf8mb4_general_ci |

图 7-11　查看存储过程 proc_uptеain 的状态

**提示**

使用 SQL 语句查看存储过程状态的结果包括 Db（存储过程所在数据库）、Name（存储过程的名称）、Type（数据库对象）、Definer（创建存储过程的用户）、Modified（存储过程的修改时间）、Created（存储过程的创建时间）、Security_type（可执行存储过程的用户类型）、Comment（存储过程的注释）、character_set_client、collation_connection 和 Database Collation（存储过程所在数据库的排序规则）。

（2）使用 SQL 语句查看存储过程定义的语法格式如下。

```
SHOW CREATE PROCEDURE proc_name;
```

其中，SHOW CREATE PROCEDURE 是查看存储过程定义的命令；proc_name 是要查看定义的存储过程的名称。

【例 7-17】　查看存储过程 proc_uptеain 的定义。

```
SHOW CREATE PROCEDURE proc_uptеain;
```

执行结果如图 7-12 所示。

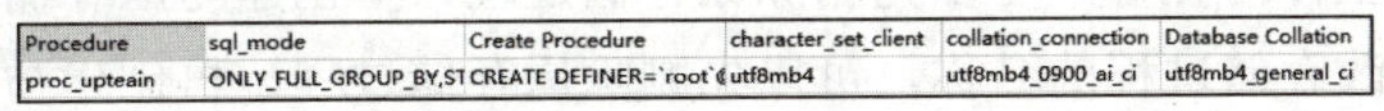

| Procedure | sql_mode | Create Procedure | character_set_client | collation_connection | Database Collation |
|---|---|---|---|---|---|
| proc_uptеain | ONLY_FULL_GROUP_BY,ST | CREATE DEFINER=`root`( | utf8mb4 | utf8mb4_0900_ai_ci | utf8mb4_general_ci |

图 7-12　查看存储过程 proc_uptеain 的定义

**提示**

使用 SQL 语句查看存储过程定义的结果包括 Procedure（存储过程的名称）、sql_mode（MySQL 服务器的 SQL 模式）、Create Procedure（存储过程的定义）、character_set_client、collation_connection 和 Database Collation。

## 7.2.3　执行存储过程

存储过程创建成功后，可以在程序、触发器或其他存储过程中执行。使用 SQL 语句执行存储过程的语法格式如下。

```
CALL proc_name([parameter[,…]]);
```

其中，CALL 是执行存储过程的关键字；proc_name 是要执行的存储过程的名称；parameter[,...]是可选项，表示存储过程的参数，可以设置 0 个、1 个或多个，且多个参数名之间用英文逗号分隔。需要注意的是，执行存储过程时设置的参数应与创建存储过程时设置的参数的数量和数据类型保持一致。

【例 7-18】 执行存储过程 proc_uptean，指定要更新库存量的茶叶的茶叶 ID 为 T001，调整量为 500（库存量增加 500 g）。

```
CALL proc_uptean('T001',500);
```

执行结果如图 7-13 所示。

| | tID | tName | tQuantity |
|---|---|---|---|
| ▶ | T001 | 西湖龙井 | 5522 |

图 7-13　执行存储过程 proc_uptean

## 7.2.4　修改存储过程

使用 SQL 语句修改存储过程的语法格式如下。

```
ALTER PROCEDURE proc_name
[SQL SECURITY DEFINER|INVOKER]
[COMMENT note];
```

其中，ALTER PROCEDURE 是修改存储过程的命令；proc_name 是要修改的存储过程的名称；其他参数的含义与创建存储过程语法格式中参数的含义相同。

需要注意的是，ALTER PROCEDURE 语句用于修改存储过程的特性，如果要修改存储过程的参数或主体内容等，可以先删除原存储过程，再创建与原存储过程同名的存储过程；如果要修改存储过程的名称，可以先删除原存储过程，再创建与原存储过程名称不同的存储过程。

## 7.2.5　删除存储过程

使用 SQL 语句删除存储过程的语法格式如下。

```
DROP PROCEDURE [IF EXISTS] proc_name;
```

其中，DROP PROCEDURE 是删除存储过程的命令；IF EXISTS 是可选项，用于判断是否存在同名存储过程，若不存在，则 MySQL 会取消执行但不会报错，当省略该参数时，若删除一个不存在的存储过程，则 MySQL 会取消执行且会报错；proc_name 是要删除的存储过程的名称。

【例 7-19】 删除存储过程 proc_uptean。

```
DROP PROCEDURE proc_uptean;
```

提示 

使用 Navicat 同样可以创建、查看、执行、修改与删除存储过程。

使用 Navicat 创建存储过程的具体操作方法是，在 Navicat 窗口的左侧窗格中打开相应连接（如 mxj）和数据库（如 tea_system），展开数据库对象列表，右击“函数”选项，在弹出的快捷菜单中选择“新建函数”选项，打开“函数向导”对话框，在“名”编辑框中输入存储过程的名称（如 proc_name），保持“过程”单选钮的选中状态（若存储过程有参数，可单击“下一步”按钮，在打开的界面中设置参数），单击“完成”按钮，打开相应存储过程设计界面（见图 7-14），在 END 关键字前输入存储过程的主体内容后单击“保存”按钮。

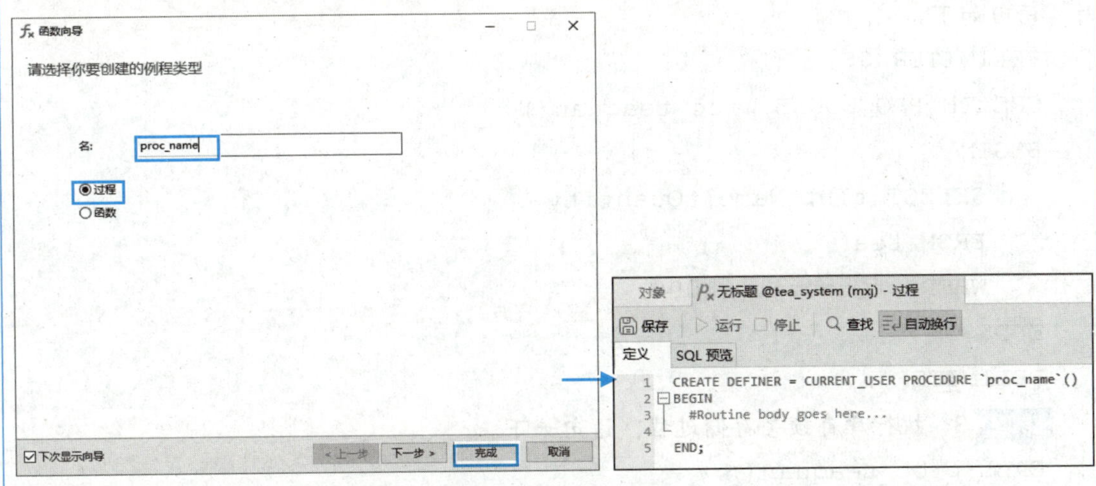


图 7-14　打开存储过程设计界面

保存后，单击“运行”按钮可执行该存储过程（若存储过程存在参数，将打开“输入参数”对话框，在其中输入参数后单击“确定”按钮即可）。

创建的存储过程将显示在数据库的“函数”列表中，右击相应存储过程选项，在弹出的快捷菜单中选择“设计函数”选项，在打开的存储过程设计界面的“定义”选项卡中可查看和修改存储过程的定义，修改后单击“保存”按钮；在相应存储过程的右键菜单中选择“删除函数”选项，打开“确认删除”对话框，勾选“我了解此操作是永久性的且无法撤销”复选框，单击“删除”按钮，可删除存储过程。

知识库

MySQL 支持自定义函数，其功能与存储过程类似，创建、查看、执行、修改与删除的方法也均与存储过程的相应操作方法类似。与存储过程不同的是，在使用 SQL 语句操作自定义函数时，须将存储过程所有语法格式中的 PROCEDURE 替换为 FUNCTION；在使用 Navicat 操作自定义函数时，须在“函数向导”对话框中选中“函数”单选钮。

## 任务实施——使用存储过程提高茶叶在线销售系统的运行效率

为了提高茶叶在线销售系统的运行效率，茗香居计划使用存储过程完成相关业务操作。为此，本任务实施将创建并执行库存预警存储过程和订单处理与库存更新存储过程。

步骤 1 启动 Navicat，打开查询界面并选择 mxj 连接和 tea_system 数据库。

步骤 2 创建库存预警存储过程，实现的功能是快速查询库存量小于 1000 g 的茶叶，语句如下。

```
DELIMITER $$
CREATE PROCEDURE proc_teaquan()
BEGIN
    SELECT tID,tName,tQuantity
    FROM tea
    WHERE tQuantity<1000;
END$$
DELIMITER ;
```

步骤 3 执行库存预警存储过程，语句如下。

```
CALL proc_teaquan();
```

执行结果如图 7-15 所示。

| tID | tName | tQuantity |
| --- | --- | --- |
| (N/A) | (N/A) | (N/A) |

图 7-15 执行库存预警存储过程

由于目前没有库存量不足的茶叶，故查询结果集为空。

步骤 4 创建订单处理与库存更新存储过程，实现的功能是当客户购买茶叶时，先自动检查库存量，若库存量充足，则完成订单，否则提示客户库存量不足，语句如下。

```
DELIMITER $$
CREATE PROCEDURE proc_ord(IN _oID VARCHAR(30),IN _cID VARCHAR(30),_oCode VARCHAR(20),IN _oTime TIMESTAMP,IN _dID VARCHAR(30),IN _tID VARCHAR(30),IN _dNum INT)
BEGIN
```

```
-- 声明变量并将茶叶的库存量赋给该变量
DECLARE _stock INT;
SELECT tQuantity INTO _stock FROM tea WHERE tID=_tID;
-- 判断库存量是否大于或等于购买数量
IF _stock>=_dNum THEN
    -- 若库存量充足，则根据购买数量更新库存量
    UPDATE tea SET tQuantity=tQuantity-_dNum
    WHERE tID=_tID;
    -- 向订单表中插入订单信息
    INSERT INTO neworders VALUES(_oID,_cID,_oCode,_oTime);
    -- 向订单详情表中插入订单详情信息
    INSERT INTO ordersdetail VALUES(_dID,_oID,_tID,_dNum);
    SELECT ne.oID AS 订单 ID,cID AS 客户 ID,oCode AS 订单编
号,oTime AS 下单时间,dID AS 详情 ID,tID AS 茶叶 ID,dNum AS 购买数量
    FROM neworders ne JOIN ordersdetail od
    WHERE ne.oID=od.oID AND ne.oID=_oID;
ELSE
    -- 若库存量不足，提示库存量不足信息
    SELECT '本茶叶库存量不足。' AS 错误信息;
END IF;
END$$
DELIMITER ;
```

步骤 5 执行订单处理与库存更新存储过程，语句如下。

```
CALL proc_ord('D011','U001','20240728185044123','2024-07-28
18:50:44','X012','T012',200);
```

执行结果如图 7-16 所示。

| 订单ID | 客户ID | 订单编号 | 下单时间 | 详情ID | 茶叶ID | 购买数量 |
|---|---|---|---|---|---|---|
| D011 | U001 | 20240728185044123 | 2024-07-28 18:50:44 | X012 | T012 | 200 |

图 7-16 执行订单处理与库存更新存储过程

茗香居通过使用存储过程完成了许多关键业务操作，提高了系统的运行效率，从而为自己赢得了更多竞争优势，在市场中保持领先地位。

## 任务拓展

本任务介绍了存储过程的相关知识。在日常的数据库管理中，使用存储过程可以减少开发工作量，提升开发效率。在日常学习和生活中，同学们也要多思考、多动手，提高自己做事的效率。下面给同学们留几个思考题。

（1）使用 SQL 语句创建存储过程的语法格式是什么？

（2）要想在茶叶在线销售系统数据库中查询类别 ID 为 TP006 的茶叶的信息，如何使用存储过程实现？

（3）要想在茶叶在线销售系统数据库中根据茶叶的 tID 删除对应的茶叶信息，如何使用存储过程实现？

# 任务 7.3 使用触发器实现任务自动化

## 任务描述

在 MySQL 中，触发器是一种由事件激发某个操作的数据库对象。本任务将从认识触发器入手，学习创建、查看与删除触发器的方法。

### 7.3.1 触发器概述

触发器（trigger）是一种特殊的存储过程，当对特定的数据表进行插入数据、修改数据或删除数据操作时，MySQL 自动执行触发器的主体内容，以完成特定任务。

MySQL 的触发器常用于检查数据完整性、记录审计日志、同步更新数据等。例如，在医疗信息系统中，触发器用于自动更新患者的病历信息。

#### 1. 触发器的优点和缺点

触发器可以提高系统的安全性和可靠性，但也需要开发人员认真设计和测试，避免出现错误。下面介绍触发器的优点和缺点。

（1）触发器的优点如下。

① 触发器能够实现数据约束，确保数据的一致性和完整性。

② 触发器能够自动执行，显著减少开发人员的工作量，以及提高系统的安全性和可靠性。

③ 触发器能够减少应用程序和数据库之间的交互，提高系统的响应速度。

（2）触发器的缺点如下。

① 触发器会占用系统资源，在高并发情况下可能会影响系统的性能。

② 触发器需要开发人员进行定期维护，可能会增加系统的维护成本。

### 2. 触发器的分类

触发器可以按照触发时间和触发事件进行分类。

（1）按触发时间分类，可将触发器分为 BEFORE 触发器和 AFTER 触发器。

① BEFORE 触发器：在数据操作前触发，常用于数据验证和预处理。

② AFTER 触发器：在数据操作后触发，常用于执行依赖于数据操作结果的任务，如同步更新数据等。

（2）按触发事件分类，可将触发器分为 INSERT 触发器、UPDATE 触发器和 DELETE 触发器。

① INSERT 触发器：在向数据表中插入数据时触发。

② UPDATE 触发器：在修改数据表中数据时触发。

③ DELETE 触发器：在删除数据表中数据时触发。

创建触发器

## 7.3.2　创建和查看触发器

### 1. 创建触发器

使用 SQL 语句创建触发器的语法格式如下。

```
CREATE TRIGGER [IF NOT EXISTS] trigger_name BEFORE|AFTER
INSERT|UPDATE|DELETE ON table_name
FOR EACH ROW trigger_body;
```

下面对上述语法格式进行说明。

（1）CREATE TRIGGER 是创建触发器的命令。

（2）IF NOT EXISTS 是可选项，用于在执行创建触发器操作前判断是否存在同名触发器，若存在，则 MySQL 会取消执行但不会报错。当省略该参数时，若创建一个与已存在触发器同名的触发器，则 MySQL 会取消执行且会报错。

（3）trigger_name 是要创建的触发器的名称。

（4）BEFORE 和 AFTER 是设置触发器触发时间的关键字，其中 BEFORE 表示数据操作前；AFTER 表示数据操作后。

（5）INSERT、UPDATE 和 DELETE 是设置触发器触发事件的关键字，其中 INSERT 表示插入数据操作；UPDATE 表示修改数据操作；DELETE 表示删除数据操作。

（6）ON 是指明触发器关联数据表的关键字。

（7）table_name 是触发器要关联的数据表的名称。

（8）FOR EACH ROW 表示触发器会按行触发。

（9）trigger_body 是触发器的主体内容，包括用于实现触发器功能的语句，通常包含在 BEGIN END 关键字中。

【例 7-20】 创建触发器 tri_apprbein，实现的功能是每次向数据表 appraise 中插入新评价后，自动更新对应客户的积分（客户每评价一次，积分增加 5 分）。

```
DELIMITER $$
CREATE TRIGGER tri_apprbein AFTER
INSERT ON appraise
FOR EACH ROW
BEGIN
   -- 将客户的积分增加 5 分
   UPDATE customer
   SET credit=credit+5
   WHERE cID=NEW.cID;
END$$
DELIMITER ;
```

创建触发器后，向数据表 appraise 中插入一条记录，然后在数据表 customer 中查询相应客户的客户 ID（cID）、客户姓名（cName）和积分（credit）信息，语句如下。

```
INSERT INTO appraise VALUE('A008','U010','T012','好评。
',5,now());
SELECT cID AS 客户 ID,cName AS 客户姓名,credit AS 积分
FROM customer
WHERE cID='U010';
```

执行结果如图 7-17 所示。

| 客户ID | 客户姓名 | 积分 |
|---|---|---|
| U010 | 高强 | 29 |

图 7-17 插入评价信息并查询相应客户信息

**提示** 

在 MySQL 中，OLD 和 NEW 是触发器中的两个隐含变量。当在触发器中使用 UPDATE 语句时，OLD 和 NEW 分别表示修改前和修改后的记录；使用 INSERT 语句时，NEW 表示插入的记录；使用 DELETE 语句时，OLD 表示删除的记录。通过使用这两个变量，可以在触发器中访问和操作受影响的记录。

### 2. 查看触发器

查看触发器包括查看数据表中触发器的状态和查看触发器的定义。

（1）使用 SQL 语句查看数据表中触发器状态的语法格式如下。

```
SHOW TRIGGERS [LIKE table_name];
```

其中，SHOW TRIGGERS 是查看数据表中触发器状态的命令；LIKE table_name 是可选项，LIKE 是匹配数据表名称的关键字，table_name 是用于匹配数据表名称的字符串，省略该参数表示查看所有数据表中触发器的状态。

【例 7-21】　查看所有数据表中触发器的状态。

```
SHOW TRIGGERS;
```

执行结果如图 7-18 所示。

| Trigger | Event | Table | Statement | Timing | Created | sql_mode | Definer | character_set_client | collation_connection | Database Collation |
|---|---|---|---|---|---|---|---|---|---|---|
| tri_apprbein | INSERT | appraise | BEGIN-- 将 | AFTER | 2024-07-28 20:48:35.86 | ONLY_FULL_ | root@localhost | utf8mb4 | utf8mb4_0900_ai_ci | utf8mb4_general_ci |

图 7-18　查看所有数据表中触发器的状态

**提示**

使用 SQL 语句查看数据表中触发器状态的结果包括 Trigger（触发器的名称）、Event（触发器的触发事件）、Table（触发器所在数据表）、Statement（触发器的主体内容）、Timing（触发器的触发时间）、Created、sql_mode、Definer、character_set_client、collation_connection 和 Database Collation。

（2）使用 SQL 语句查看触发器定义的语法格式如下。

```
SHOW CREATE TRIGGER trigger_name;
```

其中，SHOW CREATE TRIGGER 是查看触发器定义的命令；trigger_name 是要查看定义的触发器的名称。

【例 7-22】　查看触发器 tri_apprbein 的定义。

```
SHOW CREATE TRIGGER tri_apprbein;
```

执行结果如图 7-19 所示。

| Trigger | sql_mode | SQL Original Statement | character_set_client | collation_connection | Database Collation | Created |
|---|---|---|---|---|---|---|
| tri_apprbein | ONLY_FULL_ | CREATE DEFINER=`root`@ | utf8mb4 | utf8mb4_0900_ai_ci | utf8mb4_general_ci | 2024-07-28 20:48:35.86 |

图 7-19　查看触发器 tri_apprbein 的定义

### 7.3.3　删除触发器

使用 SQL 语句删除触发器的语法格式如下。

```
DROP TRIGGER [IF EXISTS] trigger_name;
```

其中，DROP TRIGGER 是删除触发器的命令；IF EXISTS 是可选项，用于判断是否存在同名触发器，若不存在，则 MySQL 会取消执行但不会报错，当省略该参数时，若删除一个不存在的触发器，则 MySQL 会取消执行且会报错；trigger_name 是要删除的触发器的名称。

【例 7-23】 删除触发器 tri_apprbein。

```
DROP TRIGGER tri_apprbein;
```

**提示** 

当删除一张数据表时，数据表中的触发器也会同时删除。此外，若要修改触发器，通常需要先删除该触发器，再创建与原触发器同名的触发器。

**提示**

使用 Navicat 同样可以创建、查看与删除触发器。

使用 Navicat 创建触发器的具体操作方法是，在 Navicat 窗口的左侧窗格中打开相应连接（如 mxj）和数据库（如 tea_system），然后展开数据表列表，右击要创建触发器的数据表选项（如 tea），在弹出的快捷菜单中选择“设计表”选项，打开相应数据表设计界面，选择“触发器”选项卡（见图 7-20），在第 1 行的“名”编辑框中输入触发器的名称（或单击“添加触发器”按钮，在出现的行中输入），在“触发”下拉列表中选择触发时间，勾选相应触发事件复选框，在“定义”选项卡的编辑区输入触发器的主体内容，单击“保存”按钮。

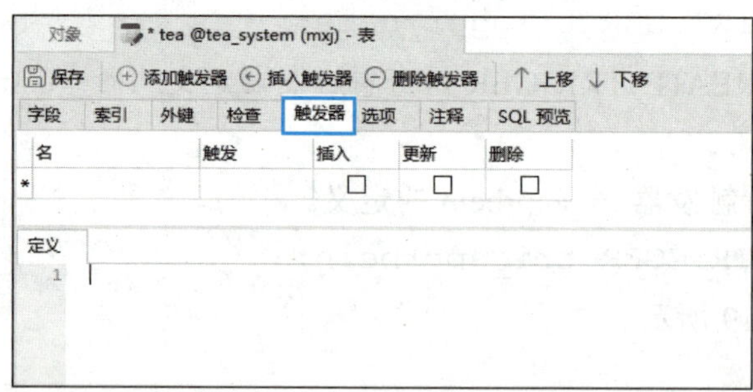


图 7-20 数据表设计界面的“触发器”选项卡

再次打开相应数据表设计界面的“触发器”选项卡可查看触发器；选择触发器后单击“删除触发器”按钮，在打开的“确认删除”对话框中单击“删除”按钮，单击“保存”按钮，可删除触发器。

## 任务实施——使用触发器实现茶叶在线销售系统的任务自动化

为了提高操作效率和数据处理的准确性，茗香居计划使用触发器实现茶叶在线销售系统关键业务的自动化操作。为此，本任务实施将创建自动更新库存触发器和自动删除

订单详情触发器，以确保数据的一致性。

步骤 1 启动 Navicat，打开查询界面并选择 mxj 连接和 tea_system 数据库。

步骤 2 创建自动更新库存触发器 tri_aforin，实现的功能是使库存信息根据订单详情表新插入的信息自动更新，语句如下。

```
DELIMITER $$
CREATE TRIGGER tri_aforin AFTER
INSERT ON ordersdetail
FOR EACH ROW
BEGIN
    UPDATE tea
    SET tQuantity=tQuantity-NEW.dNum
    WHERE tID=NEW.tID;
END$$
DELIMITER ;
```

步骤 3 向数据表 ordersdetail 中插入订单详情信息并查询相应茶叶的库存信息，语句如下。

```
-- 向订单详情表中插入订单详情信息
INSERT INTO ordersdetail VALUE('X013','D011','T013',300);
-- 查询茶叶表中相应茶叶的库存信息
SELECT tName AS 茶叶名,tQuantity AS 库存量
FROM tea
WHERE tID='T013';
```

执行结果如图 7-21 所示。

| 茶叶名 | 库存量 |
|---|---|
| 新春碧螺春 | 1200 |

图 7-21 插入订单详情信息并查询相应茶叶的库存信息

在向订单详情表中插入数据后会触发触发器 tri_aforin，茶叶的库存信息自动根据新插入的订单详情信息进行更新。

步骤 4 创建自动删除订单详情触发器 tri_deord，实现的功能是在删除订单信息前，将所有相应的订单详情信息删除，确保订单信息相关操作的完整性，语句如下。

```
DELIMITER $$
CREATE TRIGGER tri_deord BEFORE
DELETE ON neworders
FOR EACH ROW
```

```
BEGIN
   DELETE FROM ordersdetail
   WHERE oID=OLD.oID;
END$$
DELIMITER ;
```

步骤 5 删除数据表 neworders 中的一条订单信息并查询相应的订单详情信息，语句如下。

```
-- 删除订单表中的一条订单信息
DELETE FROM neworders
WHERE oID='D011';
-- 查询订单详情表中相应的订单详情信息
SELECT *
FROM ordersdetail
WHERE oID='D011';
```

执行结果如图 7-22 所示。

| dID | oID | tID | dNum |
|---|---|---|---|
| (N/A) | (N/A) | (N/A) | (N/A) |

图 7-22　删除一条订单信息并查询相应的订单详情信息

在删除订单表中的数据后会触发触发器 tri_deord，将订单详情表中的相关信息删除。

**提示** 

若在未创建触发器 tri_deord 的情况下直接删除订单信息，则 MySQL 会报错，因为订单详情表中包含引用其订单 ID 信息的记录，受到外键约束的限制而无法删除。在创建触发器 tri_deord 之后删除订单信息，MySQL 会先删除订单详情表中的相关记录，再删除订单信息，可以不受外键约束的限制。

茗香居通过使用触发器实现了关键业务的自动化处理，提高了操作效率和数据处理的准确性。

## 任务拓展

本任务介绍了触发器的相关知识。在日常的数据库管理中，利用触发器能够实现自动化任务，还能防止非法或不遵循业务规则的数据操作。下面给同学们留几个思考题。

（1）触发器的优点和缺点分别是什么？

（2）触发器有哪些类型？

（3）要想在删除茶叶在线销售系统数据库中的某一个茶叶种类时，将茶叶表中的相应茶叶信息全部删除，如何使用触发器实现？

# 任务 7.4　使用事件实现任务自动化

## 任务描述

事件类似于操作系统中的定时任务，它可以按照预定的计划自动执行特定任务，从而实现定期的数据处理和维护等操作。本任务将从认识事件入手，介绍创建、查看、修改与删除事件的方法。

### 7.4.1　事件概述

在 MySQL 中，事件（event）是一种根据指定时间或时间间隔自动执行任务的数据库对象，它可以作为定时任务调度器实现数据库任务的自动化。MySQL 中的事件通过事件调度器（event scheduler）实现，因此，要使用事件，必须保证事件调度器为开启状态。事件调度器的状态可以通过查看全局系统变量 event_scheduler 的方式查看，SQL 语句如下。

```
SHOW GLOBAL VARIABLES LIKE 'event_scheduler';
```

执行结果如图 7-23 所示。

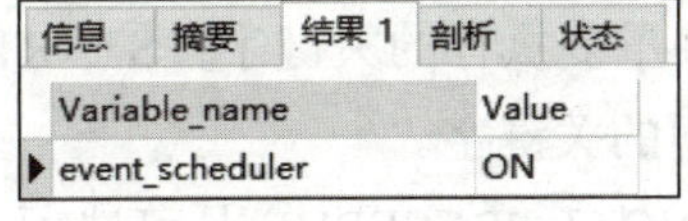
信息　摘要　结果 1　剖析　状态

| Variable_name | Value |
|---|---|
| event_scheduler | ON |

图 7-23　查看事件调度器的状态

图 7-23 中的 Value 信息表示事件调度器的状态，值为 ON 表示开启；值为 OFF 表示未开启。事件调度器通常为开启状态，若未开启，可通过将全局系统变量 event_scheduler 的值设置为 ON 的方式开启。

### 7.4.2　创建和查看事件

#### 1．创建事件

使用 SQL 语句创建事件的语法格式如下。

```
CREATE EVENT [IF NOT EXISTS] event_name
ON SCHEDULE schedule
```

```
[ON COMPLETION [NOT] PRESERVE]
[ENABLE|DISABLE|DISABLE ON SLAVE]
[COMMENT note]
DO event_body;
```

下面对上述语法格式进行说明。

（1）CREATE EVENT 是创建事件的命令。

（2）IF NOT EXISTS 是可选项，用于在执行创建事件操作前判断是否存在同名事件，若存在，则 MySQL 会取消执行但不会报错。当省略该参数时，若创建一个与已存在事件同名的事件，则 MySQL 会取消执行且会报错。

（3）event_name 是要创建的事件的名称。

（4）ON SCHEDULE 是设置事件执行时间的命令。

（5）schedule 是事件的执行时间，可以使用 AT 关键字或 EVERY 关键字进行设置，语法格式如下。

```
AT timestamp[+INTERVAL interval]…
|EVERY interval
[STARTS timestamp[+INTERVAL interval]…]
[ENDS timestamp[+INTERVAL interval]…]
```

其中，AT 是定义事件执行一次的关键字；timestamp 是具体的时间；+INTERVAL 用于设置时间间隔；interval 是具体的时间间隔，格式为“n time”，n 是表示时间长度的常量，time 包括 YEAR（年）、QUARTER（季）、MONTH（月）、WEEK（周）、DAY（日）、HOUR（时）、MINUTE（分）和 SECOND（秒）等关键字，如“1 MONTH”表示一个月；EVERY 是设置事件重复执行的关键字；STARTS 是设置事件开始时间的关键字；ENDS 是设置事件结束时间的关键字。

（6）ON COMPLETION [NOT] PRESERVE 是可选项，添加关键字 NOT 表示事件到期后自动删除，省略关键字 NOT 表示事件到期后不会自动删除，而是永久保留。省略该参数表示事件到期后自动删除。

（7）ENABLE、DISABLE 和 DISABLE ON SLAVE 是可选项，用于定义事件的状态，其中 ENABLE 表示启用事件，即允许该事件按计划执行；DISABLE 表示禁用事件，即暂停执行该事件；DISABLE ON SLAVE 表示在从服务器上禁用该事件（用于主从服务器环境）。省略该参数表示创建事件后启用事件。

（8）COMMENT note 是可选项，其中 COMMENT 是设置事件注释的关键字；note 是设置的注释内容。省略该参数表示不设置注释。

（9）DO 是声明事件主体内容的关键字。

（10）event_body 是事件的主体内容，包括用于实现事件功能的语句，通常包含在

BEGIN END 关键字中。

【例 7-24】　创建事件 eve_optimizetea，实现的功能是在当前日期的早上五点优化数据表 tea，且每周重复执行一次。

```
CREATE EVENT eve_optimizetea
ON SCHEDULE EVERY 1 WEEK
STARTS TIMESTAMP(CURRENT_DATE,'05:00:00')
DO OPTIMIZE TABLE tea;
```

提示 

上述语句中的 TIMESTAMP(CURRENT_DATE,'05:00:00')表示将当前日期和字符串'05:00:00'结合起来形成完整的日期与时间数据；OPTIMIZE TABLE 是优化数据表的命令，优化数据表的操作不宜频繁执行，每周或每月执行一次即可。

### 2. 查看事件

查看事件包括查看事件的状态和定义。

（1）使用 SQL 语句查看事件状态的语法格式如下。

```
SHOW EVENTS [LIKE event_name];
```

其中，SHOW EVENTS 是查看事件状态的命令；LIKE event_name 是可选项，LIKE 是匹配事件名称的关键字，event_name 是用于匹配事件名称的字符串，省略该参数表示查看数据库中所有事件的状态。

【例 7-25】　查看数据库中所有事件的状态。

```
SHOW EVENTS;
```

执行结果如图 7-24 所示。

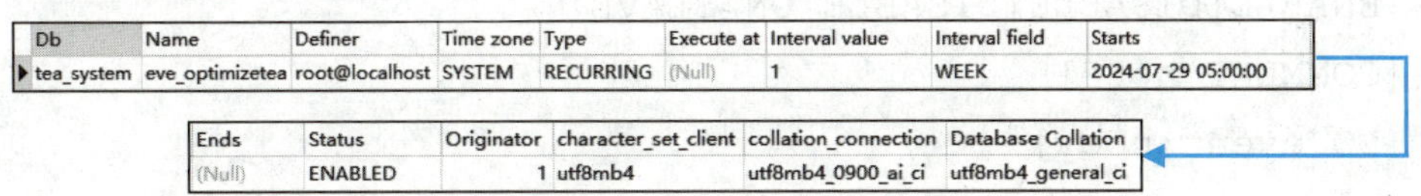

| Db | Name | Definer | Time zone | Type | Execute at | Interval value | Interval field | Starts |
|---|---|---|---|---|---|---|---|---|
| tea_system | eve_optimizetea | root@localhost | SYSTEM | RECURRING | (Null) | 1 | WEEK | 2024-07-29 05:00:00 |

| Ends | Status | Originator | character_set_client | collation_connection | Database Collation |
|---|---|---|---|---|---|
| (Null) | ENABLED | 1 | utf8mb4 | utf8mb4_0900_ai_ci | utf8mb4_general_ci |

图 7-24　查看数据库中所有事件的状态

提示 

使用 SQL 语句查看事件状态的结果包括 Db（事件所在数据库）、Name（事件的名称）、Definer、Time zone（时区）、Type（事件类型，RECURRING 表示根据条件重复执行，ONETIME 表示根据条件仅执行一次）、Execute at（ONETIME 类型事件的执行时间）、Interval value（表示 RECURRING 类型事件的执行间隔长度的常量）、Interval field（RECURRING 类型事件的执行间隔单位）、Starts（RECURRING 类型事件的开始时间）、Ends（RECURRING 类型事件的结束时间）、Status（事件的状态）、Originator（创建该事件的服务器标识号）、character_set_client、collation_connection 和 Database Collation。

（2）使用 SQL 语句查看事件定义的语法格式如下。

```
SHOW CREATE EVENT event_name;
```

其中，SHOW CREATE EVENT 是查看事件定义的命令；event_name 是要查看定义的事件的名称。

【例 7-26】 查看事件 eve_optimizetea 的定义。

```
SHOW CREATE EVENT eve_optimizetea;
```

执行结果如图 7-25 所示。

| Event | sql_mode | time_zone | Create Event | character_set_client | collation_connection | Database Collation |
|---|---|---|---|---|---|---|
| eve_optimizetea | ONLY_FULL_ | SYSTEM | CREATE DEFINER=`root`@ | utf8mb4 | utf8mb4_0900_ai_ci | utf8mb4_general_ci |

图 7-25 查看事件 eve_optimizetea 的定义

## 7.4.3 修改事件

若想临时禁用事件或再次启用事件、修改事件的名称、设置事件注释等，可对事件进行修改。使用 SQL 语句修改事件的语法格式如下。

```
ALTER EVENT event_name
[ON SCHEDULE schedule]
[ON COMPLETION [NOT] PRESERVE]
[RENAME TO new_event_name]
[ENABLE|DISABLE|DISABLE ON SLAVE]
[COMMENT note]
[DO event_body];
```

其中，ALTER EVENT 是修改事件的命令；event_name 是要修改的事件的名称；RENAME TO 是重命名事件的命令；new_event_name 是事件的新名称；其他参数的含义与创建事件语法格式中参数的含义相同。

【例 7-27】 为事件 eve_optimizetea 添加注释“早上五点优化茶叶表，每周重复一次”。

```
ALTER EVENT eve_optimizetea
COMMENT '早上五点优化茶叶表，每周重复一次';
```

## 7.4.4 删除事件

使用 SQL 语句删除事件的语法格式如下。

```
DROP EVENT [IF EXISTS] event_name;
```

其中，DROP EVENT 是删除事件的命令；IF EXISTS 是可选项，用于判断是否存在同名事件，若不存在，则 MySQL 会取消执行但不会报错，当省略该参数时，若删除一个不存在的事件，则 MySQL 会取消执行且会报错；event_name 是要删除的事件的名称。

【例 7-28】　删除事件 eve_optimizetea。

```
DROP EVENT eve_optimizetea;
```

提示 

使用 Navicat 同样可以创建、查看、修改与删除事件。

使用 Navicat 创建事件的具体操作方法是，在 Navicat 窗口的左侧窗格中打开相应连接（如 mxj）和数据库（如 tea_system），在工具栏中单击“其他”下拉按钮，在展开的下拉列表中选择“事件”选项，打开事件对象界面，单击“新建事件”按钮，打开事件设计界面（见图 7-26），在“定义”选项卡的编辑区输入事件的主体内容，并设置事件的定义者、状态和到期后是否自动删除等；在“计划”选项卡中设置事件的执行时间；在“注释”选项卡中设置事件的注释，单击“保存”按钮，打开“另存为”对话框，在“事件名”编辑框中输入事件的名称，单击“保存”按钮。

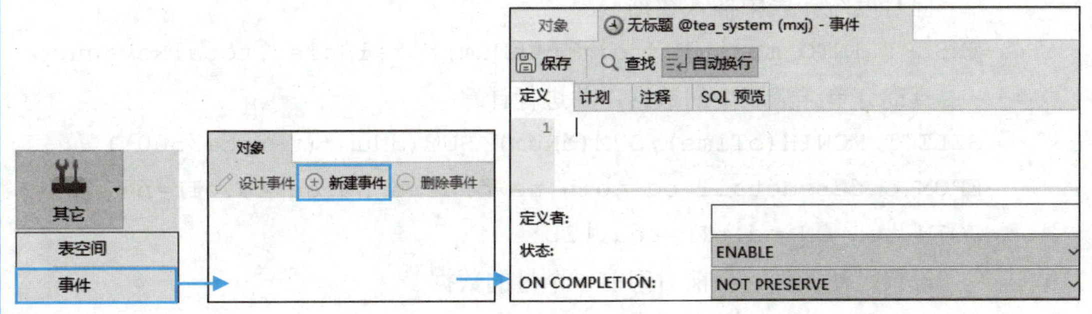


图 7-26　打开事件设计界面

创建的事件将显示在事件对象界面中，选择相应事件选项，单击“设计事件”按钮，在打开的事件设计界面中可查看和修改事件，修改后单击“保存”按钮；在事件对象界面选择相应事件选项，单击“删除事件”按钮，打开“确认删除”对话框，勾选“我了解此操作是永久性的且无法撤销”复选框，单击“删除”按钮，可删除事件。

## 任务实施——使用事件实现茶叶在线销售系统的任务自动化

为了提高数据管理效率和系统响应速度，茗香居计划使用事件实现茶叶在线销售系统中需要定期执行的任务。为此，本任务实施将创建事件，实现定时汇总销售数据。

**步骤 1** 启动 Navicat，打开查询界面并选择 mxj 连接和 tea_system 数据库。

**步骤 2** 创建用于存储销售汇总信息的数据表 monsalesre（月度统计表），其中包括属性 monthNum（月份，INT）、totalSales（销售总量，INT）和 totalRevenue（销售金额，FLOAT），语句如下。

```
CREATE TABLE monsalesre(
monthNum INT,
totalSales INT,
totalRevenue FLOAT
);
```

**步骤 3** 创建事件 eve_monsalesre，实现的功能是自 2024 年 4 月 1 日零点起每月汇总一次数据表 ordersdetail、neworders 和 tea 中的相关数据，并将汇总结果插入数据表 monsalesre 中，语句如下。

```
CREATE EVENT eve_monsalesre
-- 设置事件的执行时间，定义为自 2024 年 4 月 1 日零点起每月执行一次
ON SCHEDULE EVERY 1 MONTH STARTS '2024-04-01 00:00:00'
DO
    -- 向月度统计表中插入数据
    INSERT INTO monsalesre(monthNum,totalSales,totalRevenue)
    -- 查询订单详情表中的数据，并进行计算
    SELECT MONTH(oTime),SUM(dNum),SUM(dNum*(tPrice/500))
    FROM ordersdetail od join neworders ne on od.oID=ne.oID
    JOIN tea ON od.tID=tea.tID
    -- 设置过滤条件：当前时间前一个月的数据
    WHERE MONTH(oTime)=MONTH(CURDATE()-INTERVAL 1 MONTH)
    -- 按月份对结果集分组
    GROUP BY MONTH(oTime);
```

茗香居通过使用事件提高了数据管理效率和系统响应速度，减少了开发人员的工作量，还增强了企业的市场竞争优势。

## 任务拓展

本任务介绍了事件的相关知识。随着数据库中数据量的不断增加，使用事件能够更加方便地进行数据分析和管理。下面给同学们留几个思考题。

（1）什么是事件？

（2）事件的操作有哪些？

（3）要想自 2024 年 8 月 31 日起，每周清空茶叶在线销售系统数据库中的数据表 cart，并且在 2028 年 12 月 31 日 12 点自动结束该操作，如何使用事件实现？

知识库

使用 SQL 语句清空数据表的语法格式为“TRUNCATE TABLE table_name;”，其中 TRUNCATE TABLE 是清空数据表的命令；table_name 是要清空的数据表的名称。

## 项目实训——处理学生选课系统数据库的业务

### 1. 实训目标

（1）熟悉数据库编程的基础知识。

（2）掌握创建、查看、执行、修改与删除存储过程的方法。

（3）掌握创建、查看与删除触发器的方法。

（4）掌握创建、查看、修改与删除事件的方法。

处理学生选课系统数据库的业务

### 2. 实训内容

在学生选课系统数据库 stud_sys 中处理业务，具体要求如下。

（1）创建存储过程 proc_1，实现查询数据表 student 中学号为 S202207 的学生信息的操作，其中包括学号、姓名、性别、出生日期和电话号码。

（2）创建存储过程 proc_2，实现按学生的学号查询数据表 student 中学生信息的操作，其中包括学号、姓名、性别、出生日期和班级编号，学生的学号通过参数传入存储过程。

（3）执行存储过程 proc_1；执行存储过程 proc_2，参数为 S202201。

（4）创建触发器 tri_des，实现当删除数据表 student 中某个学生的信息时，先将数据表 s_course 中的相应成绩信息删除的操作。

（5）删除数据表 student 中学号为 S202207 的学生的信息，然后查询数据表 student 和 s_course 中的数据，确认相应数据是否同步删除。

（6）创建触发器 tri_upcl，实现在更新数据表 class 中属性 classNo 的数据的同时将数据表 student 中相应数据全部更新的操作。

（7）将数据表 class 中软件技术 4 班的 classNo 的值更新为 C2022026，然后查询数据表 class 和 student 中的数据，确认相应数据是否同步更新。

（8）查看已创建的触发器。

（9）删除已创建的存储过程 proc_1。

（10）创建事件 eve_weektt，实现自 2024 年 8 月 31 日起，每两个月优化一次数据表 student 的操作。

## 项目评价

请学生结合本项目的学习情况，对学习成果进行自评，请教师进行师评和总评，并将评价结果填入表 7-1 中。

表 7-1　学习成果评价表

<table>
<tr><th rowspan="2">评价项目</th><th rowspan="2">评价内容</th><th rowspan="2">分值</th><th colspan="2">评价得分</th></tr>
<tr><th>自评</th><th>师评</th></tr>
<tr><td rowspan="3">理论知识</td><td>变量、常量、运算符、SQL 编程语句和 MySQL 常用函数</td><td>15</td><td></td><td></td></tr>
<tr><td>存储过程的优点，触发器的优点、缺点和分类，事件的概念</td><td>10</td><td></td><td></td></tr>
<tr><td>使用 SQL 语句管理存储过程、触发器与事件的语法格式</td><td>10</td><td></td><td></td></tr>
<tr><td rowspan="3">技术能力</td><td>使用 SQL 语句和 Navicat 创建、查看、执行、修改与删除存储过程</td><td>15</td><td></td><td></td></tr>
<tr><td>使用 SQL 语句和 Navicat 创建、查看与删除触发器</td><td>15</td><td></td><td></td></tr>
<tr><td>使用 SQL 语句和 Navicat 创建、查看、修改与删除事件</td><td>15</td><td></td><td></td></tr>
<tr><td>项目实训</td><td>代码规范、完整、运行良好</td><td>10</td><td></td><td></td></tr>
<tr><td>总评</td><td>综合素质、综合技能、操作规范性</td><td>10</td><td></td><td></td></tr>
<tr><td rowspan="3">信息汇总</td><td>班级</td><td></td><td>学生签字</td><td></td></tr>
<tr><td>教师签字</td><td></td><td>日期</td><td></td></tr>
<tr><td>最终评分</td><td colspan="3">自评（70%）+师评（30%）=________</td></tr>
</table>

下面对各评价项目进行说明。

（1）理论知识：通过理论测试评估学生对数据库编程的基本语法，以及存储过程、触发器、事件相关知识的掌握程度。

（2）技术能力：评估学生在存储过程、触发器和事件使用等方面的实际操作技能。

（3）项目实训：根据学生提交的代码的规范性、完整性和运行效果进行评分。

（4）总评：根据学生的综合素质、综合技能和操作规范性进行整体评价。

# 项目 8

# 数据库安全管理与维护

## 项目目标

### 知识目标

- 了解数据库的安全性控制。
- 掌握用户与权限的管理方法。
- 了解备份的类型。
- 掌握数据备份与恢复及数据导出与导入的方法。

### 技能目标

- 能够使用 SQL 语句和 Navicat 创建用户、重命名用户、修改用户密码和删除用户。
- 能够使用 SQL 语句和 Navicat 授予用户权限、查看用户权限和收回用户权限。
- 能够使用 mysqldump 命令、mysql 命令和 Navicat 备份和恢复数据。
- 能够使用 SQL 语句和 Navicat 导出和导入数据。

### 素质目标

- 懂得防患于未然的道理，提高应急能力，增强安全意识。

## 项目描述

本项目专注于数据库的安全管理与维护，通过两个精心设计的任务介绍数据库安全管理与维护的相关知识和技能，并以茶叶在线销售系统数据库为例，介绍如何在实际应用中高效地进行用户与权限的管理和数据库的备份与恢复。

任务 8.1　数据库安全管理：介绍数据库的安全性控制，以及管理用户与权限的操作。

任务 8.2　数据库的备份与恢复：介绍数据备份的基础知识，以及数据备份与恢复、数据导出与导入的操作。

总的来说，本项目不仅能够加深学生对数据库安全管理与维护相关知识的理解，还为他们将来在数据库安全及相关技术领域的职业发展奠定坚实的基础。图 8-1 为“数据库安全管理与维护”在数据库系统开发流程中的位置。

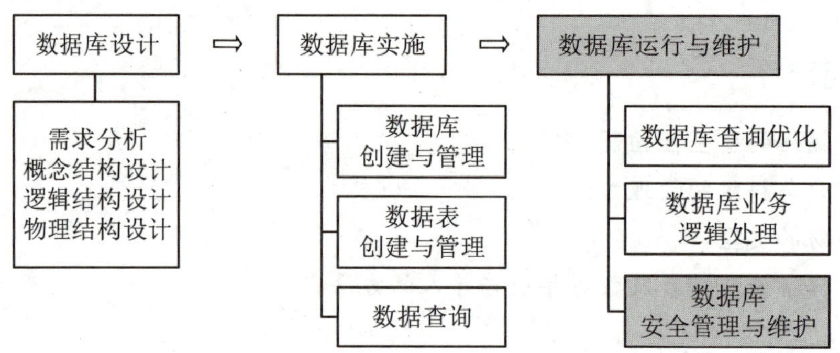


图 8-1　“数据库安全管理与维护”在数据库系统开发流程中的位置

## 文化赏析

### 茶叶中的黑茶

黑茶因成品茶的外观呈黑色而得名。黑茶属后发酵茶，茶叶中的微生物会参与发酵，使其具有独特的风味和保健功效。

我国的黑茶有普洱茶、青砖茶、黑砖茶和花砖茶等，其中普洱茶较为著名。

# 任务 8.1　数据库安全管理

## 任务描述

数据安全管理是确保数据库完整、可靠的基础，维护数据库安全是数据库管理员的重要职责。本任务将介绍数据库安全管理的相关知识，以及用户与权限管理的知识和技能。

### 8.1.1　数据库安全性控制

数据库安全性控制是指采取各种安全措施对数据库数据进行保护，以避免数据泄露。实际应用中，为保障数据库的安全，常对数据库进行安全性控制，常用的措施有用户标识和鉴定、用户权限控制、定义视图、数据加密与审计等。

#### 1. 用户标识和鉴定

用户标识和鉴定是数据库系统提供的最外层的安全保护措施，它的原理是由系统提供一定的方式让用户标识自己的身份，当用户要登录系统时，系统会对其身份进行验证，验证通过后用户才可以访问系统中的相关数据。

#### 2. 用户权限控制

不同用户对数据库有不同的操作权限。在数据库系统中，数据库管理员会预先定义用户的权限，使每个用户只能访问部分数据，以防止非法用户访问机密数据。

#### 3. 定义视图

视图可以限制用户的访问范围，将需要保密的数据隐藏起来，为数据提供一定程度的安全保护。

#### 4. 数据加密

数据加密是防止数据在存储和传输过程中泄露的有效手段。加密的基本思想是根据一定的算法将原始数据的格式（明文）转换为不可直接识别的格式（密文），从而使不知道解密算法的用户无法获知数据的内容。

#### 5. 审计

审计是一种监视措施，使用审计功能能够将用户对数据库的所有操作自动记录下来，并存放在审计日志中。当出现非法访问情况时，利用审计日志信息就可以找到非法访问的用户及访问的时间和内容等。

**提示**

在实际的数据库安全管理中，往往需要结合多种措施共同维护数据库的安全，本任务主要介绍管理用户与权限的相关内容。

## 8.1.2 用户管理

用户是在 MySQL 中具有特定操作权限的身份标识，它们具有各自的用户名和密码（有的用户可能没有密码），用于登录 MySQL。

创建用户

### 1. 创建用户

使用 SQL 语句创建用户的语法格式如下。

```
CREATE USER user_name@host
[IDENTIFIED BY password][,…];
```

其中，CREATE USER 是创建用户的命令；user_name@host 中的 user_name 是用户的名称，@是分隔符，host 是 MySQL 服务器的主机名（localhost 表示本地主机，'%'表示所有主机）；IDENTIFIED BY password 是可选项，IDENTIFIED BY 是设置密码的命令，password 是设置的密码，须以字符串的形式输入，省略该参数表示不设置密码；[,…]表示可以设置一个或多个用户，且多个用户之间用英文逗号分隔。

**提示** 

用户管理操作语法格式中的“@host”参数均可以省略，省略时表示 host 的值为'%'。若限制用户只能从指定主机登录 MySQL，则须设置“@host”参数。

此外，虽然创建用户时可以不设置密码，但是从安全的角度考虑需要设置密码。使用 CREATE USER 语句创建一个用户后，MySQL 会在系统数据库 mysql 的数据表 user 中添加一条新记录，表示用户创建成功。

【例 8-1】 创建本地用户 sales_manager，设置密码为 secure_password。

```
CREATE USER sales_manager@localhost
IDENTIFIED BY 'secure_password';
```

### 2. 重命名用户

使用 SQL 语句重命名用户的语法格式如下。

```
RENAME USER old_user_name@host
TO new_user_name@host[,…];
```

其中，RENAME USER 是重命名用户的命令；old_user_name@host 是要重命名的用户的名称及主机名；TO 是指明用户新名称的关键字；new_user_name@host 是用户的新名称及主机名；[,…]表示可以重命名一个或多个用户，且多个用户之间用英文逗号分隔。

**提示** 

若 MySQL 中不存在要重命名的用户（old_user_name@host）或用户的新名称（new_user_name@host）已存在，则执行重命名用户命令后 MySQL 会报错。

【例 8-2】 将本地用户 sales_manager 重命名为 order_manager。

```
RENAME USER sales_manager@localhost
TO order_manager@localhost;
```

### 3. 修改用户密码

在数据库管理中，定期修改用户密码是维护系统安全的关键措施。在 MySQL 中，可以修改所有用户密码和当前登录用户密码。需要注意的是，修改所有用户密码时须具有相应权限。

（1）使用 SQL 语句修改所有用户密码可以使用 ALTER USER 命令和 SET PASSWORD FOR 命令。

① 使用 ALTER USER 命令修改所有用户密码的语法格式如下。

```
ALTER USER user_name@host
IDENTIFIED BY new_password[,…];
```

其中，user_name@host 是要修改密码的用户的名称及主机名；IDENTIFIED BY 是设置用户密码的命令；new_password 是用户的新密码；[,…]表示可以修改一个或多个用户的密码，且多个用户及新密码之间用英文逗号分隔。

【例 8-3】 将本地用户 order_manager 的密码修改为 new_secure_password。

```
ALTER USER order_manager@localhost
IDENTIFIED BY 'new_secure_password';
```

② 使用 SET PASSWORD FOR 命令修改所有用户密码的语法格式如下。

```
SET PASSWORD FOR user_name@host=new_password;
```

其中，user_name@host 是要修改密码的用户的名称及主机名；new_password 是用户的新密码。

【例 8-4】 将本地用户 order_manager 的密码修改为 secure。

```
SET PASSWORD FOR order_manager@localhost='secure';
```

（2）使用 SQL 语句修改当前登录用户密码可以使用 SET PASSWORD 命令，语法格式如下。

```
SET PASSWORD=new_password;
```

其中，new_password 是用户的新密码。

【例 8-5】 登录 order_manager 用户并将登录密码修改为 new_secure。

启动 Navicat 后创建名为 new 的 MySQL 连接，该连接的用户为 order_manager，用户密码为 secure。打开查询界面并选择 new 连接，输入以下语句并执行。

```
SET PASSWORD='new_secure';
```

**提示** 

在未授予用户权限时，用户仅有管理当前用户的权限，相关连接中只有两个系统数据库，分别为 information_schema 和 performance_schema。修改用户名称或密码后，若关闭当前连接，则无法再次打开。要想重新打开连接，可启动 Navicat 后右击相应连接选项，在弹出的快捷菜单中选择“编辑连接”选项，在打开对话框的“用户名”编辑框中输入修改后的用户名称，或在“密码”编辑框中输入修改后的密码，单击“测试连接”按钮，输入正确将打开“连接成功”对话框，单击“确定”按钮关闭对话框，再次单击“确定”按钮，然后执行打开连接操作。

### 4. 删除用户

如果某个用户不再访问数据库，可将其删除。使用 SQL 语句删除用户的语法格式如下。

```
DROP USER user_name@host;
```

其中，DROP USER 是删除用户的命令；user_name@host 是要删除的用户的名称及主机名。

【例 8-6】 登录 root 用户并删除用户 order_manager。

启动 Navicat 后打开查询界面并选择 mxj 连接，输入以下语句并执行。

```
DROP USER order_manager@localhost;
```

**提示** 

使用 Navicat 同样可以创建用户、重命名用户、修改用户密码和删除用户。

使用 Navicat 创建用户的具体操作方法是，在 Navicat 窗口的左侧窗格中打开具有权限的用户的连接（如 mxj），在工具栏中单击“用户”按钮，打开用户对象界面，单击“新建用户”按钮，打开用户编辑界面（见图 8-2），在“常规”选项卡的“用户名”编辑框中输入用户名称，在“主机”编辑框中输入 MySQL 服务器的主机名，在“密码”和“确认密码”编辑框中输入相同的密码，单击“保存”按钮。

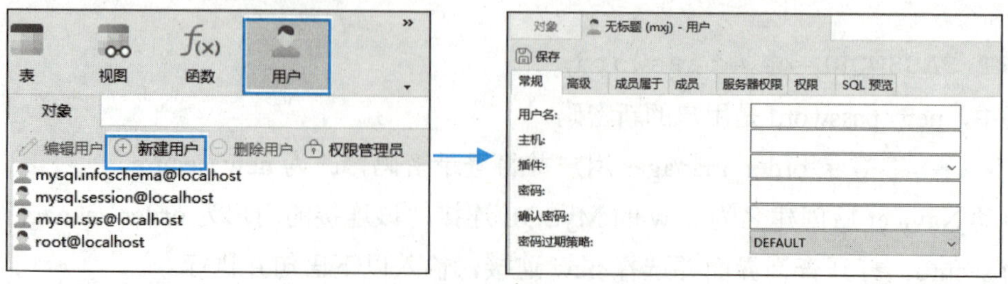


图 8-2 打开用户编辑界面

创建的用户将显示在用户对象界面中，选择用户选项，单击“编辑用户”按

钮，可打开相应用户编辑界面，在“常规”选项卡中重命名用户或修改用户密码，修改后单击“保存”按钮；在用户对象界面选择用户选项，单击“删除用户”按钮，打开“确认删除”对话框，勾选“我了解此操作是永久性的且无法撤销”复选框，单击“删除”按钮，可删除用户。

### 8.1.3　权限管理

在创建用户后，还需要授予用户权限，用户拥有权限后才能进行相关操作。授予用户权限之后还可以根据实际情况收回权限，以实现用户权限的管理。

#### 1. 授予用户权限

使用 SQL 语句授予用户权限的语法格式如下。

```
GRANT ALL PRIVILEGES|priv_type[,…] ON object
TO user_name@host[,…]
[WITH GRANT OPTION];
```

下面对上述语法格式进行说明。

（1）GRANT ON TO 是授予用户权限的命令。

（2）ALL PRIVILEGES、priv_type 和[,...]是授予的权限，其中 ALL PRIVILEGES 表示全部权限；priv_type 表示具体的权限；[,...]表示可以设置一个或多个权限，且多个权限名之间用英文逗号分隔。MySQL 中常用的权限有以下几种。

① SELECT：查询数据表或视图中数据的权限。

② INSERT：向数据表或视图中插入数据的权限。

③ UPDATE：修改数据表或视图中数据的权限。

④ DELETE：删除数据表或视图中数据的权限。

⑤ CREATE：创建数据库、数据表等数据库对象的权限。

⑥ ALTER：修改数据库、数据表等数据库对象的权限。

⑦ DROP：删除数据库、数据表等数据库对象的权限。

（3）object 是要授予用户操作权限的对象，可以是数据库、数据表、属性、视图或存储过程等。例如，对象为数据库 A 的数据表 ace，可设置为 A.ace。此外，*.*表示所有数据库的所有对象。

（4）user_name@host 和[,...]是授予权限的用户，其中 user_name@host 是用户的名称及主机名；[,...]表示授予权限的用户可以设置一个或多个，且多个用户之间用英文逗号分隔。

（5）WITH GRANT OPTION 是可选项，表示被授予权限的用户可以将自己拥有的权限授予其他用户。

【例 8-7】　创建本地用户 sys_manager，设置密码为 pass123456，然后授予该用户在茶叶在线销售系统数据库 tea_system 中查询数据表 tea 中数据的权限。

```
-- 创建用户
CREATE USER sys_manager@localhost
IDENTIFIED BY 'pass123456';
-- 授予用户权限
GRANT SELECT ON tea_system.tea
TO sys_manager@localhost;
```

### 2. 查看用户权限

使用 SQL 语句查看用户权限的语法格式如下。

```
SHOW GRANTS FOR user_name@host;
```

其中，SHOW GRANTS FOR 是查看用户权限的命令；user_name@host 是要查看的用户的名称及主机名。

【例 8-8】 查看用户 sys_manager 的权限。

```
SHOW GRANTS FOR sys_manager@localhost;
```

执行结果如图 8-3 所示。

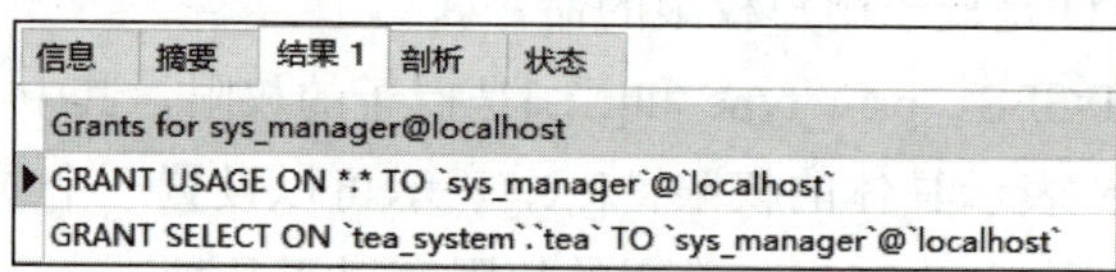

信息 摘要 结果 1 剖析 状态

| Grants for sys_manager@localhost |
|---|
| GRANT USAGE ON *.* TO `sys_manager`@`localhost` |
| GRANT SELECT ON `tea_system`.`tea` TO `sys_manager`@`localhost` |

图 8-3　查看用户 sys_manager 的权限

**提示**

在查看用户 sys_manager 权限的执行结果中，第 1 条权限 GRANT USAGE ON *.* TO 'sys_manager'@'localhost'是默认所有用户均拥有的权限，表示用户能够登录 MySQL。

### 3. 收回用户权限

收回用户权限包括收回特定权限和收回所有权限。

（1）使用 SQL 语句收回用户特定权限的语法格式如下。

```
REVOKE priv_type[,…] ON object
FROM user_name@host[,…];
```

其中，REVOKE FROM 是收回用户权限的命令；其他参数的含义与授予用户权限语法格式中参数的含义相同。

【例 8-9】 收回本地用户 sys_manager 查询数据库 tea_system 的数据表 tea 中数据的权限。

```
REVOKE SELECT ON tea_system.tea
FROM sys_manager@localhost;
```

（2）使用 SQL 语句收回用户所有权限的语法格式如下。

```
REVOKE ALL PRIVILEGES,GRANT OPTION FROM user_name@host[,…];
```

其中，“ALL PRIVILEGES,GRANT OPTION”表示用户的所有权限（包括用户将权限授予其他用户的权限）；其他参数的含义与收回用户特定权限语法格式中参数的含义相同。

【例 8-10】 收回本地用户 sys_manager 的所有权限。

```
REVOKE ALL PRIVILEGES,GRANT OPTION FROM sys_manager@localhost;
```

**提示** 

使用 Navicat 同样可以授予用户权限、查看用户权限和收回用户权限，具体操作方法是，在 Navicat 窗口的左侧窗格中打开具有权限的用户的连接（如 mxj），在工具栏中单击“用户”按钮，打开用户对象界面，选择用户选项（如 sys_manager@localhost），单击“编辑用户”按钮，打开相应用户编辑界面，选择“权限”选项卡，可查看用户的权限；单击“添加权限”按钮，打开“添加权限”对话框，在左侧列表中勾选要授予用户操作权限的对象复选框（如数据库 tea_system 的数据表 test），在右侧列表中勾选权限复选框（如 Create，见图 8-4），单击“确定”按钮，然后单击“保存”按钮，可为用户授予权限；在用户编辑界面的“权限”选项卡中取消勾选权限复选框，或选择权限选项后单击“删除权限”按钮，在打开的“确认删除”对话框中单击“删除”按钮，然后单击“保存”按钮，可收回用户的权限。

此外，授予用户权限后，在用户编辑界面的“权限”选项卡中勾选相应权限复选框，可为已授予用户操作权限的对象添加其他权限。

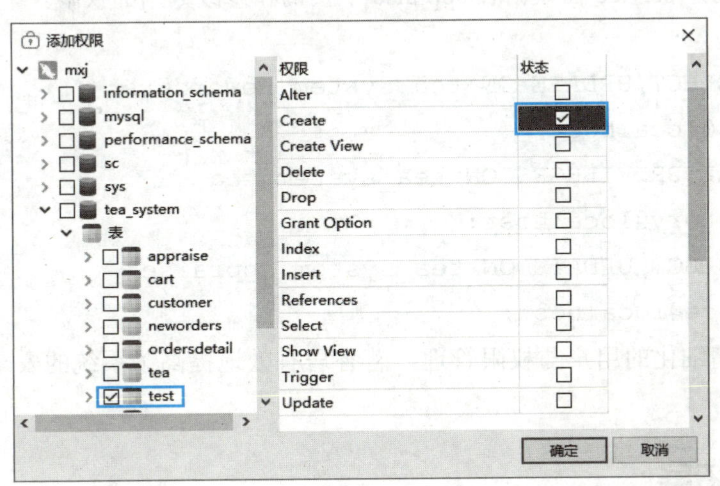


图 8-4 选择授予用户操作权限的对象和权限

## 任务实施——管理茶叶在线销售系统数据库的用户权限

为确保茶叶在线销售系统数据的安全性和完整性，茗香居计划对系统的用户与权限进行管理。为此，本任务实施将为销售人员、库存管理人员和客户服务人员创建 3 个不同的用户并分别授予其相应的权限。

步骤 1 启动 Navicat，打开查询界面并选择 mxj 连接。

步骤 2 为销售人员、库存管理人员和客户服务人员分别创建用户。

（1）销售人员的用户名为 sales，密码为 pass0001。

（2）库存管理人员的用户名为 inventory，密码为 pass0002。

（3）客户服务人员的用户名为 service，密码为 pass0003。

（4）以上用户均为本地用户。

语句如下。

```
CREATE USER sales@localhost
IDENTIFIED BY 'pass0001',
inventory@localhost
IDENTIFIED BY 'pass0002',
service@localhost
IDENTIFIED BY 'pass0003';
```

步骤 3 分别授予销售人员、库存管理人员和客户服务人员相应的权限。

（1）授予用户 sales 在数据表 neworders 中查询和修改数据的权限。

（2）授予用户 inventory 对数据表 tea 操作的全部权限。

（3）授予用户 service 在数据表 appraise 中查询和修改数据的权限。

语句如下。

```
GRANT SELECT,UPDATE ON tea_system.neworders
TO sales@localhost;
GRANT ALL PRIVILEGES ON tea_system.tea
TO inventory@localhost;
GRANT SELECT,UPDATE ON tea_system.appraise
TO service@localhost;
```

通过实施精细化的用户与权限管理，茗香居有效地提高了系统的安全性，降低了数据泄露的风险。

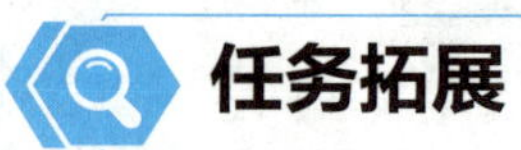

## 任务拓展

本任务介绍了数据库安全管理的相关知识。在数据库安全管理中，创建用户并进行

权限管理是核心任务，同学们需要重点掌握相关内容。下面给同学们留几个思考题。

（1）使用 SQL 语句创建用户的语法格式是什么？

（2）要创建一个可从所有主机登录 MySQL 服务器的用户 userStu，且用户密码为 123456，如何实现？

（3）使用 SQL 语句授予用户权限的语法格式是什么？

（4）要为用户 userStu 授予在茶叶在线销售系统数据库中查询和更新所有数据表的权限，如何实现？

（5）如何收回用户的权限？

# 任务 8.2 数据的备份与恢复

## 任务描述

数据备份与恢复是数据库维护的重要组成部分，它能够确保在出现系统故障、人为错误等不可预见事件时数据不会永久丢失。本任务将学习数据备份的类型，以及数据备份与恢复和数据导出与导入的具体方法。

### 8.2.1 数据备份的类型

按不同的标准，可将数据备份分为不同的类型，具体如下。

（1）按备份的内容划分，可将数据备份分为物理备份和逻辑备份。

① 物理备份。物理备份是指备份整个 MySQL 数据库服务器的物理文件，包括表空间文件、数据文件、日志文件等。物理备份的优点是备份和恢复速度快，适用于大型数据库的备份与恢复。

② 逻辑备份。逻辑备份是指备份 MySQL 数据库中的逻辑数据，包括数据表结构、记录、视图、存储过程、触发器等。逻辑备份的优点是具有良好的跨平台性，可以在不同平台上进行恢复，另外使用它可以有选择地备份或恢复特定的表或数据。

（2）按备份的数据范围划分，可将备份分为完全备份、增量备份和差异备份。

① 完全备份。完全备份是指备份 MySQL 数据库的所有物理文件和逻辑数据，通常用于全面的数据备份和恢复。完全备份是增量备份和差异备份的基础。

② 增量备份。增量备份是指备份 MySQL 数据库自上次完全备份或增量备份以来发生更改的数据，通常用于日常的数据备份和恢复。增量备份的优点是备份和恢复速度快、占用空间小。

③ 差异备份。差异备份是指备份 MySQL 数据库自上次完全备份以来发生更改的数

据，通常用于定期的数据备份和恢复。

增量备份与差异备份通常使用日志功能实现。

### 8.2.2 使用命令备份与恢复数据

在 MySQL 中，可以使用 mysqldump 命令备份数据。使用 mysqldump 命令备份数据后，可以使用 mysql 命令恢复数据。

#### 1. 使用 mysqldump 命令备份数据

使用 mysqldump 命令可将数据备份为特定类型的文件，文件扩展名为 sql。备份文件中的数据以 SQL 语句的形式保存。使用 mysqldump 命令可以备份数据表和数据库。

（1）使用 mysqldump 命令备份数据表的语法格式如下。

```
mysqldump -u user_name -p database_name [table_name
[…]]>[path\]file_name.sql
```

下面对上述语法格式进行说明。

① -u user_name 用于指定执行备份操作的用户，其中 user_name 是用户名称。

② -p 用于指定用户密码，但密码不在本行输入。

③ database_name 是要备份的数据表所在数据库的名称。

④ table_name 和[…]是可选项，其中 table_name 是要备份的数据表的名称；[…]表示可以设置一张或多张备份的数据表，且多个数据表名之间用空格分隔。省略该参数表示备份指定数据库中的所有数据表。

⑤ >是指明备份文件的符号。

⑥ path\是可选项，其中 path 是备份文件的存储地址，该地址必须已存在；\是地址和备份文件名之间的分隔符。省略该参数表示存储至当前文件夹所在地址（命令行窗口中显示的地址），如 C:\Users\Administrator。

⑦ file_name.sql 是备份文件名（包含文件扩展名）。

**提示**

若备份文件的存储地址和备份文件名中均无空格，则可直接输入地址和文件名；若备份文件的存储地址或备份文件名中有空格，则须将存储地址或备份文件名包含在英文双引号中（当备份文件的存储地址和备份文件名中均有空格时，须将其一起包含在英文双引号中）。

【例 8-11】 以 root 用户的身份将数据库 tea_system 中的数据表 tea 备份至 D 盘的 data 文件夹，且备份文件名为“tea.sql”。

首先在 D 盘创建名为“data”的文件夹，然后打开命令行窗口，输入备份语句并按“Enter”键。

```
C:\Users\Administrator>mysqldump -u root -p tea_system
tea>D:\data\tea.sql
```

继续输入 root 用户的密码并按“Enter”键，如图 8-5 所示。

```
管理员: C:\WINDOWS\system32\cmd.exe
C:\Users\Administrator>mysqldump -u root -p tea_system tea>D:\data\tea.sql
Enter password: **********

C:\Users\Administrator>
```

图 8-5　备份数据库 tea_system 中的数据表 tea

**提示**

使用 mysqldump 命令生成的备份文件可用记事本打开并查看，具体操作方法是，右击备份文件，在弹出的快捷菜单中选择“打开方式”/“记事本”选项。例如，使用记事本打开的 tea.sql 文件如图 8-6 所示。

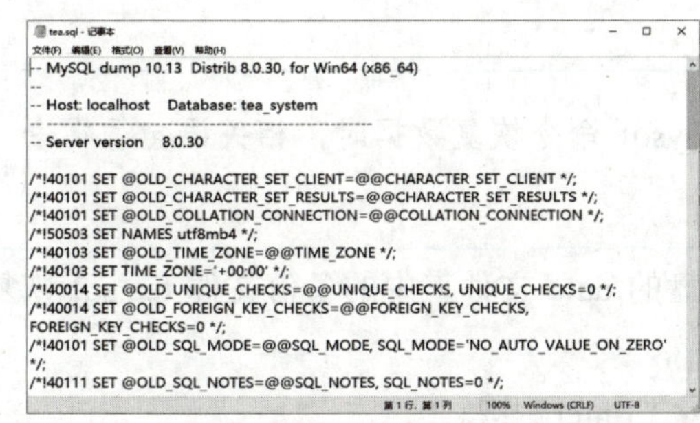

```
-- MySQL dump 10.13  Distrib 8.0.30, for Win64 (x86_64)
--
-- Host: localhost    Database: tea_system
-- ------------------------------------------------------
-- Server version	8.0.30

/*!40101 SET @OLD_CHARACTER_SET_CLIENT=@@CHARACTER_SET_CLIENT */;
/*!40101 SET @OLD_CHARACTER_SET_RESULTS=@@CHARACTER_SET_RESULTS */;
/*!40101 SET @OLD_COLLATION_CONNECTION=@@COLLATION_CONNECTION */;
/*!50503 SET NAMES utf8mb4 */;
/*!40103 SET @OLD_TIME_ZONE=@@TIME_ZONE */;
/*!40103 SET TIME_ZONE='+00:00' */;
/*!40014 SET @OLD_UNIQUE_CHECKS=@@UNIQUE_CHECKS, UNIQUE_CHECKS=0 */;
/*!40014 SET @OLD_FOREIGN_KEY_CHECKS=@@FOREIGN_KEY_CHECKS,
FOREIGN_KEY_CHECKS=0 */;
/*!40101 SET @OLD_SQL_MODE=@@SQL_MODE, SQL_MODE='NO_AUTO_VALUE_ON_ZERO'
*/;
/*!40111 SET @OLD_SQL_NOTES=@@SQL_NOTES, SQL_NOTES=0 */;
```

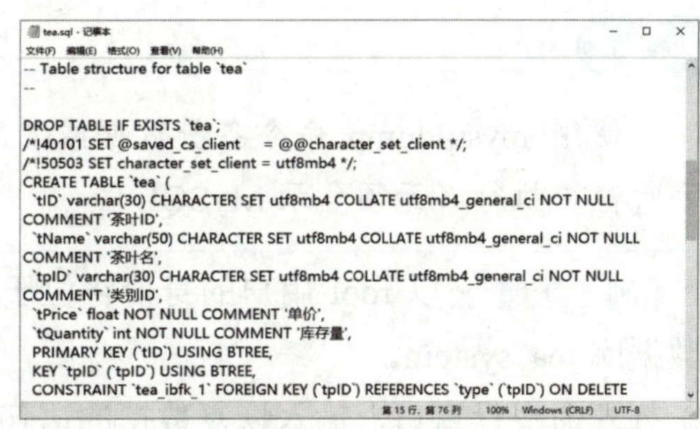

```
-- Table structure for table `tea`
--

DROP TABLE IF EXISTS `tea`;
/*!40101 SET @saved_cs_client     = @@character_set_client */;
/*!50503 SET character_set_client = utf8mb4 */;
CREATE TABLE `tea` (
  `tID` varchar(30) CHARACTER SET utf8mb4 COLLATE utf8mb4_general_ci NOT NULL
COMMENT '茶叶ID',
  `tName` varchar(50) CHARACTER SET utf8mb4 COLLATE utf8mb4_general_ci NOT NULL
COMMENT '茶叶名',
  `tpID` varchar(30) CHARACTER SET utf8mb4 COLLATE utf8mb4_general_ci NOT NULL
COMMENT '类别ID',
  `tPrice` float NOT NULL COMMENT '单价',
  `tQuantity` int NOT NULL COMMENT '库存量',
  PRIMARY KEY (`tID`) USING BTREE,
  KEY `tpID` (`tpID`) USING BTREE,
  CONSTRAINT `tea_ibfk_1` FOREIGN KEY (`tpID`) REFERENCES `type` (`tpID`) ON DELETE
```

图 8-6　使用记事本打开的 tea.sql 文件

备份文件中包含用于恢复数据的 SQL 语句及相关注释语句。其中，以“/*!”开始且以“*/”结尾的语句是一种特殊的注释语句，它可以被 MySQL 执行，但不会被其他数据库管理系统执行。

（2）使用 mysqldump 命令备份数据库的语法格式如下。

```
mysqldump -u user_name -p --all-databases|--databases
database_name [...]>[path\]file_name.sql
```

其中，--all-databases 表示备份所有数据库；--databases 表示备份一个或多个数据库；database_name 和[...]表示要备份的数据库的名称，且多个数据库名之间用空格分隔；其他参数的含义与备份数据表语法格式中参数的含义相同。

【例 8-12】　以 root 用户的身份将数据库 tea_system 和 sc 备份至 D 盘的 data 文件夹，且备份文件名为“database.sql”。

打开命令行窗口，输入备份数据的语句并按“Enter”键。

```
C:\Users\Administrator>mysqldump -u root -p --databases
tea_system sc>D:\data\database.sql
```

继续输入 root 用户的密码并按“Enter”键，如图 8-7 所示。

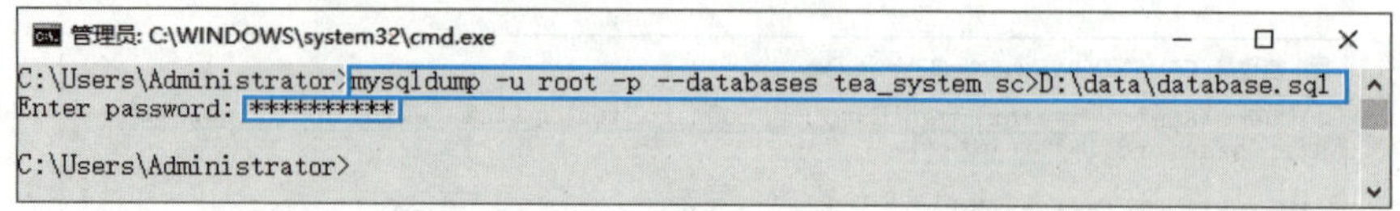


图 8-7　备份数据库 tea_system 和 sc

### 2. 使用 mysql 命令恢复数据

使用 mysql 命令恢复数据的语法格式如下。

```
mysql -u user_name -p [database_name]<[path\]file_name.sql
```

其中，database_name 是可选项，表示将数据表恢复至某个数据库，省略该参数表示恢复整个数据库；path\是可选项，path 是备份文件的存储地址，\是地址和备份文件名之间的分隔符，省略该参数表示备份文件位于当前文件夹；file_name.sql 是备份文件名。

**提示**

使用 mysqldump 命令备份数据或使用 mysql 命令恢复数据时，相关语句须在命令行窗口执行（无须登录 MySQL）。

【例 8-13】　以 root 用户的身份将位于 D 盘的 data 文件夹中的备份文件 tea.sql 恢复至数据库 tea_system。

打开命令行窗口，输入恢复数据的语句并按“Enter”键。

```
C:\Users\Administrator>mysql -u root -p
tea_system<D:\data\tea.sql
```

继续输入 root 用户的密码并按“Enter”键，如图 8-8 所示。

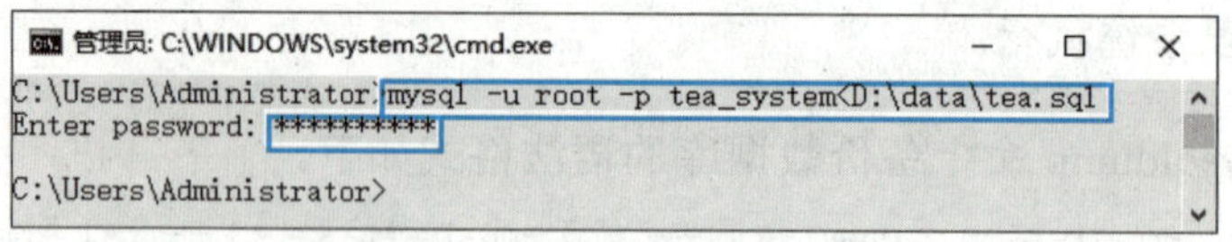


图 8-8　将备份文件 tea.sql 恢复至数据库 tea_system

**提示**

使用 Navicat 同样可以备份与恢复数据。使用 Navicat 备份数据的具体操作方法是，在 Navicat 窗口的左侧窗格中打开相应连接（如 mxj）和数据库（如 tea_system），在工具栏中单击“备份”按钮，打开备份文件对象界面，单击“新建备份”按钮，打开“新建备份”对话框（见图 8-9），单击“备份”按钮。若要备份指

定数据库对象，可选择“对象选择”选项卡（见图 8-10），然后在其中勾选要备份的数据库对象复选框。

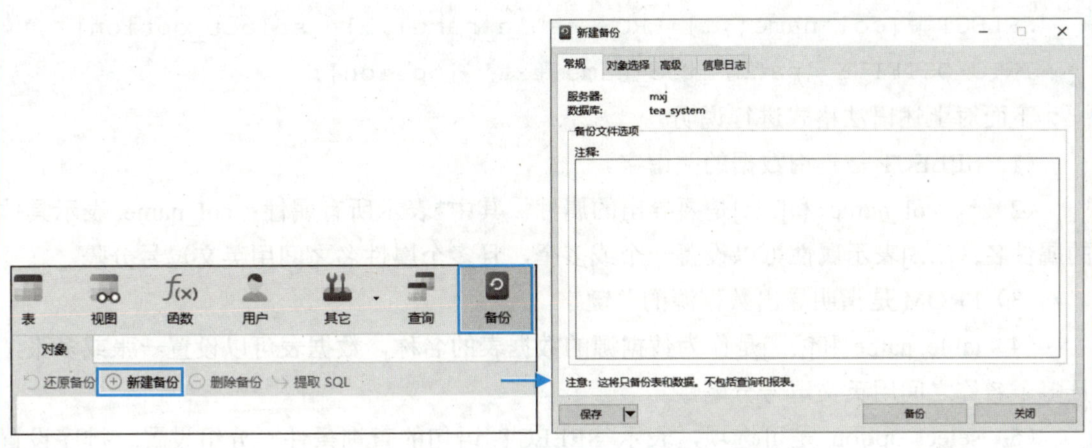


图 8-9　打开“新建备份”对话框

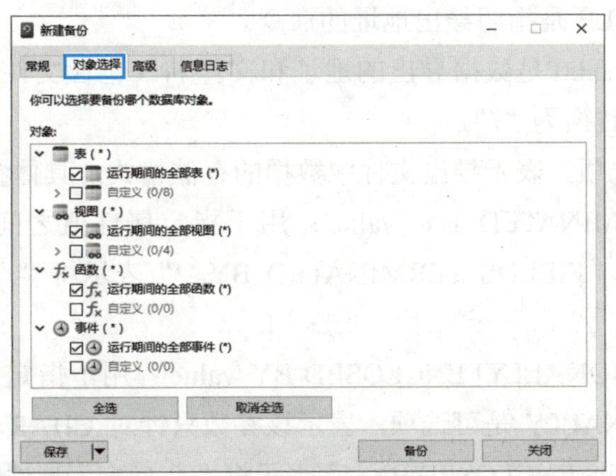


图 8-10　“新建备份”对话框的“对象选择”选项卡

备份完成后，备份文件显示在备份文件对象界面中，选择备份文件选项，单击“还原备份”按钮，在打开的对话框中单击“还原”按钮（若要还原指定数据库对象，可在“对象选择”选项卡中勾选相应复选框），接着在打开的对话框中单击“确定”按钮，可还原数据，还原完成后单击“关闭”按钮。需要注意的是，还原操作将覆盖原有数据，需谨慎操作。

### 8.2.3　使用命令导出与导入数据

数据的导出与导入操作主要用于备份和恢复数据表中的数据，且导出的数据通常保存在扩展名为 txt 的文件中。

### 1．使用 SELECT INTO OUTFILE 命令导出数据

使用 SELECT INTO OUTFILE 命令导出数据的语法格式如下。

```
SELECT *|col_name[,…] FROM table_name[,…] [select_option]
INTO OUTFILE 'path/file_name.txt' [option];
```

下面对上述语法格式进行说明。

（1）SELECT 是查询数据的关键字。

（2）*、col_name 和[,…]是要导出的属性，其中*表示所有属性；col_name 表示具体的属性名；[,…]表示属性可以设置一个或多个，且多个属性名之间用英文逗号分隔。

（3）FROM 是指明导出数据源的关键字。

（4）table_name 和[,…]是作为数据源的数据表的名称，数据表可以设置一张或多张，且多个名称之间用英文逗号分隔。

（5）select_option 是可选项，表示 SELECT 语句的查询条件、分组设置、排序设置等。简单来说，INTO OUTFILE 命令之前可以是任何 SELECT 语句。

（6）INTO OUTFILE 是指明导出地址的命令。

（7）'path/file_name.txt'是数据导出的地址和文件名（包含文件扩展名）。需要注意的是，地址中的“\”须替换为“/”。

（8）option 是可选项，表示导出文件中数据的存储格式，具体参数有以下几种。

① FIELDS TERMINATED BY 'value'：用于指定属性值之间的分隔符，默认值为“\t”（制表符）。例如，“FIELDS TERMINATED BY ','”表示将“,”指定为属性值之间的分隔符。

② FIELDS [OPTIONALLY] ENCLOSED BY 'value'：用于指定属性值两侧的符号，默认值为空。OPTIONALLY 是可选项，表示该参数只针对 CHAR 和 VARCHAR 类型的属性值。例如，“FIELDS ENCLOSED BY '.'”表示将“.”指定为属性值两侧的符号。

③ FIELDS ESCAPED BY 'value'：用于指定转义字符，默认值为“\”。例如，“FIELDS ESCAPED BY '*'”表示将“*”指定为转义字符。

④ LINES STARTING BY 'value'：用于指定每行开始的字符，默认值为空。例如，“LINES STARTING BY '?'”表示将“?”指定为每行开始的字符。

⑤ LINES TERMINATED BY 'value'：用于指定每行结束的字符，默认值为“\n”（换行符）。例如，“LINES TERMINATED BY '?'”表示将“?”指定为每行结束的字符。

**提示**

在使用 SELECT INTO OUTFILE 命令导出数据之前，需要确定 MySQL 是否允许进行数据导出操作。在 Navicat 的查询界面执行 SQL 语句“SELECT @@secure_file_priv;”查看 MySQL 的数据导出地址，若结果为地址（见图 8-11），则表示 MySQL 允许进行数据导出操作，且该地址为数据导出的地址；若结果为

NULL，则表示 MySQL 不允许进行数据导出操作，要想进行数据导出操作，须修改配置文件。

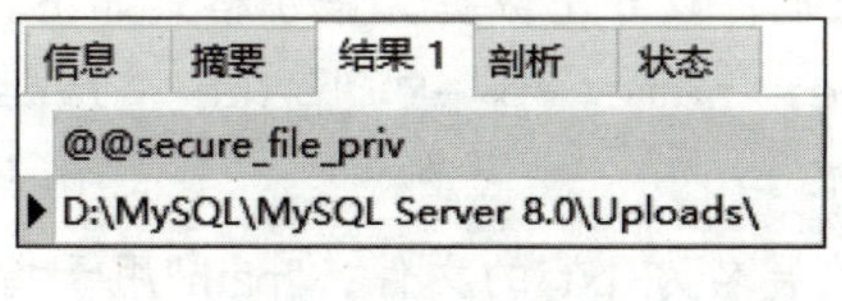


图 8-11　查看 MySQL 的数据导出地址

【例 8-14】　将数据库 tea_system 的数据表 appraise 中的所有数据导出至地址“D:\MySQL\MySQL Server 8.0\Uploads”，文件名为“appraise.txt”。

启动 Navicat，打开查询界面并选择 mxj 连接和数据库 tea_system，输入 SQL 语句并单击“执行”按钮。

```
SELECT * FROM appraise
INTO OUTFILE 'D:/MySQL/MySQL Server 8.0/Uploads/appraise.txt';
```

使用记事本打开 appraise.txt 文件，其中保存了数据表 appraise 的所有数据，如图 8-12 所示。

```
appraise.txt - 记事本
文件(F) 编辑(E) 格式(O) 查看(V) 帮助(H)
A001	U006	T004	茶汤清亮，茶汁香浓，如兰在舌，沁人心脾，芬芳甘洌，清香怡人，好评。	5	2022-03-16 11:20:06
A002	U007	T001	茶叶很好喝，好评。	4	2022-07-10 14:56:40
A003	U008	T002	色香俱浓怡心神，苦尽甘来功自成。	5	2022-03-22 03:15:11
A004	U001	T006	茶叶味道不错，口感醇厚，桂皮香很足，碎渣很少，不错，满意。	5	2022-03-20 12:10:34
A005	U003	T008	茶叶味道正宗，质量很好，外包装很好，价格也很实惠。	5	2022-05-27 10:25:13
A006	U005	T009	产品的口感还不错，价格也挺实惠，独立小包装喝起来比较方便。	5	2023-01-30 07:17:20
A007	U010	T012	新茶味道鲜美，香气扑鼻。	5	2024-05-11 12:30:00
第 1 行，第 1 列	100%	Unix (LF)	UTF-8
```

图 8-12　appraise.txt 文件中的数据

### 2. 使用 LOAD DATA INFILE 命令导入数据

使用 LOAD DATA INFILE 命令导入数据的语法格式如下。

```
LOAD DATA INFILE 'path/file_name.txt'
INTO TABLE table_name[option];
```

其中，INTO TABLE 是将数据导入数据表的命令；其他参数的含义与导出数据语法格式中参数的含义相同。

【例 8-15】　将“D:\MySQL\MySQL Server 8.0\Uploads”中的 appraise.txt 文件中的数据导入数据库 tea_system 的数据表 appraise 中。

启动 Navicat，打开查询界面并选择 mxj 连接和数据库 tea_system，输入 SQL 语句并单击“执行”按钮，删除数据表 appraise 中的数据（模拟数据丢失的场景）。

```
DELETE FROM appraise;
```

在删除数据 SQL 语句后输入以下语句并单击“执行”按钮，导入数据。

```
LOAD DATA INFILE 'D:/MySQL/MySQL Server 8.0/Uploads/appraise.txt'
INTO TABLE appraise;
```

**提示** 

使用 mysqldump 命令也可以导出数据，语法格式如下。

```
mysqldump -u user_name -p -T "path" database_name
table_name [option]
```

其中，-T 表示导出扩展名为 txt 的文件；"path"用于指定导出文件的地址，该地址必须已存在，且包含在英文双引号中，同时地址中的“\”须替换为“\\”；其他参数的含义与备份数据和导出数据的语法格式中参数的含义相同。

使用 mysqldump 命令导出数据后，目标地址中将出现一个扩展名为 sql 的文件和一个扩展名为 txt 的文件。

使用 mysqlimport 命令也可以导入数据，语法格式如下。

```
mysqlimport -u user_name -p database_name
"path\\file_name.txt" [option]
```

其中，"path\\file_name.txt"用于指定导入数据的文件的地址和文件名，且 path 中的“\”须替换为“\\”；其他参数的含义与恢复数据和导入数据的语法格式中参数的含义相同。mysqlimport 命令也须在命令行窗口执行（无须登录 MySQL）。

**提示**

使用 Navicat 也可以导出与导入数据。

使用 Navicat 导出数据的具体操作方法是，在 Navicat 窗口的左侧窗格中打开相应连接和数据库，在数据库对象列表中右击“表”选项，在弹出的快捷菜单中选择“导出向导”选项，打开“导出向导”对话框，选中导出格式单选钮，或保持默认设置（导出扩展名为 txt 的文件），单击“下一步”按钮，在打开的界面中勾选要导出数据的数据表复选框，单击相应行的“导出到”编辑框，单击右侧出现的…按钮，打开“另存为”对话框，选择目标地址（任意地址）后单击“保存”按钮，接着单击“下一步”按钮，在打开的界面中选择要导出的属性，或保持默认设置（导出所有属性），继续单击“下一步”按钮，在打开的界面中设置附加选项，或保持默认设置，继续单击“下一步”按钮，在打开的界面中单击“开始”按钮，最后单击“关闭”按钮。

使用 Navicat 导入数据的具体操作方法是，在 Navicat 窗口的左侧窗格中打开相应连接和数据库，在数据库对象列表中右击“表”选项，在弹出的快捷菜单中选择“导入向导”选项，打开“导入向导”对话框，选中导入类型单选钮，单击“下一步”按钮，在打开的界面中单击“添加文件”按钮，打开“打开”对话框，选择目标文件后单击“打开”按钮，继续单击“下一步”按钮，在打开的界面中根据提示

依次进行相应设置并单击“下一步”按钮，设置完成后单击“开始”按钮，最后单击“关闭”按钮。

## 任务实施——备份与恢复茶叶在线销售系统数据库

为确保茶叶在线销售系统数据的安全性，茗香居计划备份和导出系统数据。为此，本任务实施将备份数据库 tea_system 中的全部数据，并导出重要数据表中的数据。若数据丢失，则使用备份文件恢复数据。

**步骤 1** 打开命令行窗口，备份数据库 tea_system 至 D 盘的 data 文件夹，备份文件名为“tea_system.sql”，语句如下。

```
C:\Users\Administrator>mysqldump -u root -p
tea_system>D:\data\tea_system.sql
```

按“Enter”键，输入 root 用户的密码，再次按“Enter”键。

**步骤 2** 启动 Navicat，打开查询界面并选择 mxj 连接和 tea_system 数据库。

**步骤 3** 导出数据表 neworders 和 ordersdetail 中的数据至地址“D:\MySQL\MySQL Server 8.0\Uploads”，文件名为“order.txt”，语句如下。

```
SELECT * FROM neworders ne,ordersdetail od WHERE ne.oId=od.oID
INTO OUTFILE 'D:/MySQL/MySQL Server 8.0/Uploads/order.txt'
```

**步骤 4** 若数据丢失，在命令行窗口使用备份文件 tea_system.sql 恢复数据，语句如下。

```
C:\Users\Administrator>mysql -u root -p
tea_system<D:\data\tea_system.sql
```

按“Enter”键，输入 root 用户的密码，再次按“Enter”键。

通过备份、导出和恢复数据，茗香居保障了系统数据的安全性。

## 任务拓展

本任务介绍了数据备份与恢复的相关知识。在系统运行过程中，定期备份数据是保证数据安全的重要手段，同学们应养成备份数据的好习惯。下面给同学们留几个思考题。

（1）数据备份的类型有哪些？

（2）备份与恢复数据的命令有哪些？

（3）如何导出茶叶在线销售系统数据库中的数据？

## 项目实训——管理与维护学生选课系统数据库

### 1. 实训目标

（1）掌握使用 SQL 语句和 Navicat 管理用户和权限的方法。

（2）掌握使用 mysqldump 命令、mysql 命令和 Navicat 备份与恢复数据的方法。

（3）掌握使用 SQL 语句和 Navicat 导出和导入数据的方法。

### 2. 实训内容

管理与维护学生选课系统数据库，具体要求如下。

（1）创建本地用户 xiaoming，设置密码为 xm123456。

（2）创建可从所有主机登录 MySQL 的用户 tom，设置密码为 tom123。

（3）授予用户 xiaoming 创建数据表的权限。

（4）授予用户 tom 查询数据表 student 的权限。

（5）收回用户 tom 查询数据表 student 的权限。

（6）备份整个数据库。

（7）导出数据表 student 中的数据。

管理与维护学生选课系统数据库

## 项目评价

请学生结合本项目的学习情况，对学习成果进行自评，请教师进行师评和总评，并将评价结果填入表 8-1 中。

表 8-1　学习成果评价表

| 评价项目 | 评价内容 | 分值 | 评价得分 | |
|---|---|---|---|---|
| | | | 自评 | 师评 |
| 理论知识 | 数据库的安全性控制 | 5 | | |
| | 使用 SQL 语句管理用户与权限的语法格式 | 10 | | |
| | 数据备份的类型 | 5 | | |
| | 使用 mysqldump 命令和 mysql 命令备份与恢复数据的语法格式 | 5 | | |
| | 使用 SQL 语句导出与导入数据的语法格式 | 5 | | |
| 技术能力 | 使用 SQL 语句和 Navicat 创建、重命名与删除用户及修改用户密码 | 15 | | |
| | 使用 SQL 语句和 Navicat 授予、查看与收回用户权限 | 15 | | |
| | 使用 mysqldump 命令、mysql 命令和 Navicat 备份与恢复数据 | 10 | | |
| | 使用 SQL 语句和 Navicat 导出与导入数据 | 10 | | |
| 项目实训 | 代码规范、完整、运行良好 | 10 | | |
| 总评 | 综合素质、综合技能、操作规范性 | 10 | | |
| 信息汇总 | 班级 | | 学生签字 | |
| | 教师签字 | | 日期 | |
| | 最终评分 | 自评（70%）+师评（30%）=______________ | | |

下面对各评价项目进行说明。

（1）理论知识：通过理论测试评估学生对数据库的安全性控制和备份的分类，以及管理用户与权限、备份与恢复数据的方法等的掌握程度。

（2）技术能力：评估学生在管理用户与权限及备份与恢复数据等方面的操作技能等。

（3）项目实训：根据学生提交的代码的规范性、完整性和运行效果进行评分。

（4）总评：根据学生的综合素质、综合技能和操作规范性进行整体评价。

# 项目 9

# 图书管理系统开发

## 项目目标

### 知识目标

- 了解数据库访问接口的实现方法。
- 了解应用程序功能的实现方法。

### 技能目标

- 能够根据实际情况进行需求分析。
- 能够根据需求分析的结果进行数据库设计与实施。

### 素质目标

- 培养良性竞争意识，懂得与竞争伙伴共同成长的道理。

## 项目描述

如今，许多学校都在校内建设了图书馆，学生可以在图书馆借阅各种图书。由于图书馆的图书数量庞大、种类繁多，不适合使用人工方式处理相关信息。为此，本项目将开发一个图书管理系统以实现相关信息的高效管理。

任务 9.1　图书管理系统需求分析：确定图书管理系统的用户及其功能需求。

任务 9.2　图书管理系统模块设计：设计图书管理系统的功能模块，并确定系统的数据需求。

任务 9.3　图书管理系统数据库设计与实施：对图书管理系统数据库进行概念结构设计、逻辑结构设计和物理结构设计，并使用 SQL 语句创建数据库及数据表。

任务 9.4　图书管理系统数据库访问接口实现：编写图书管理系统数据库访问接口的相关代码。

任务 9.5　图书管理系统功能实现：编写图书管理系统中图书信息管理模块的相关代码。

总的来说，本项目能够帮助学生深入理解并掌握数据库开发技术的相关知识和操作，积累数据库开发经验并快速适应企业工作。

# 任务 9.1　图书管理系统需求分析

### 任务描述

需求分析在系统开发中占据着核心位置，它是明确开发目标的重要依据。本任务将先对图书管理系统的用户进行分析，然后对用户的需求进行分析，用户需求也就是系统的功能需求。

### 任务实施

步骤 1　确定图书管理系统的用户。

图书管理系统的主要用户是读者，对于学校的图书馆而言，读者就是学生。学生的主要操作包括到图书馆借阅图书和归还图书，这些操作需要图书馆的管理员进行登记，所以管理员也是图书管理系统的用户。总的来说，图书管理系统的用户是读者和管理员。

步骤 2 确定用户的需求。

通过实际调查可知，读者借阅图书与归还图书的操作都必须在图书馆完成，故这些操作不能由计算机实现。因此，读者的需求包括查询图书信息和个人借阅信息，以及修改个人信息。

管理员负责管理图书管理系统的所有信息，包括确认图书的借阅情况，即当有读者想要借阅图书或归还图书时，在系统中登记。因此，管理员的需求包括管理用户信息、图书信息、借阅信息，以及修改个人信息。

# 任务 9.2 图书管理系统功能模块设计

## 任务描述

本任务将根据图书管理系统需求分析的结果设计系统的功能模块，并确定系统的数据需求。

## 任务实施

步骤 1 绘制图书管理系统功能模块设计图。

通过需求分析结果可知，图书管理系统主要包括两个模块，分别为读者模块和管理员模块。

（1）读者模块。读者使用图书管理系统可以实现查询图书信息、查询（个人）借阅信息和修改个人信息 3 个功能。

（2）管理员模块。管理员使用图书管理系统可以实现 4 个功能。

① 管理用户信息。用户是指读者和管理员。用户信息除了读者和管理员的个人信息外，还包含所有用户登录系统时使用的登录名和登录密码信息。管理用户信息就是对这些信息进行增加、修改、查询和删除操作。

② 管理图书信息。管理图书信息包括增加图书信息、修改图书信息、查询图书信息和删除图书信息。

③ 管理借阅信息。管理借阅信息包括查询借阅信息、管理借出信息和管理归还信息。

④ 修改个人信息。

根据读者模块和管理员模块的功能划分绘制图书管理系统功能模块设计图，如图 9-1 所示。

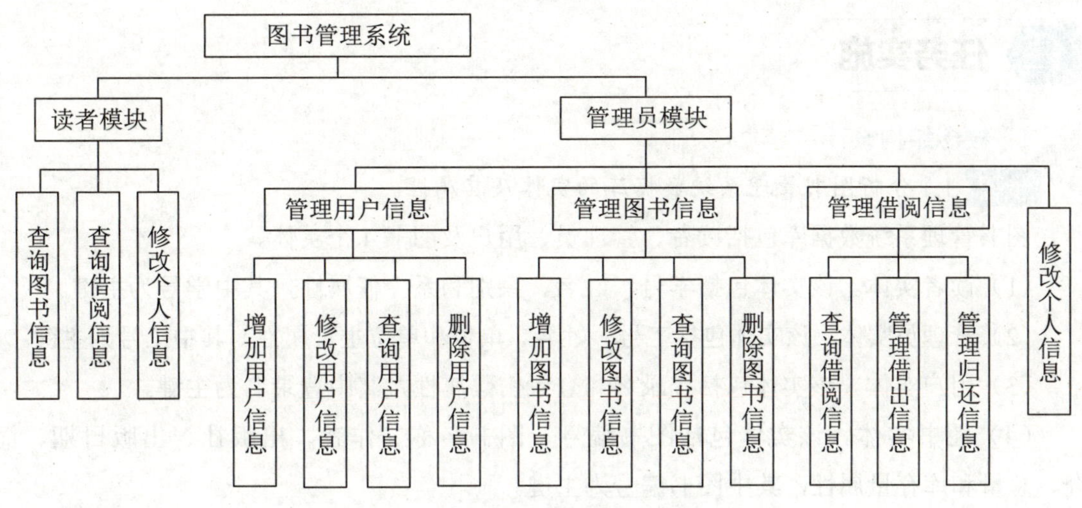


图 9-1　图书管理系统功能模块设计图

步骤 2　根据图书管理系统功能模块设计图分析数据需求。

图书管理系统主要包括读者信息、管理员信息、用户信息、图书信息和借阅信息，它们的具体数据需求如下。

（1）读者信息包括学号、姓名、系别和系主任等。

（2）管理员信息包括工号、姓名、单位和单位主管等。

（3）用户信息包括登录名和登录密码等。

（4）图书信息包括图书编号、图书名称、作者、出版社、出版日期、摘要、总量和库存量等。

（5）借阅信息包括图书名称、借阅人、借出时间和归还时间等。

## 任务 9.3　图书管理系统数据库设计与实施

### 任务描述

本任务将根据图书管理系统需求分析和功能模块设计的结果对系统数据库进行设计与实施，以便后续与应用程序连接并实现管理功能。

## 任务实施

### 1. 概念结构设计

步骤1 分析图书管理系统数据库的实体及其属性。

图书管理系统数据库包括读者、管理员、用户及图书4个实体。

（1）读者实体。该实体包括学号、姓名、系别和系主任属性，其中学号为主键。

（2）管理员实体。该实体包括工号、姓名、单位和单位主管属性，其中工号为主键。

（3）用户实体。该实体包括登录名和登录密码属性，其中登录名为主键。

（4）图书实体。该实体包括图书编号、图书名称、作者、出版社、出版日期、简介、总量和库存量属性，其中图书编号为主键。

步骤2 分析图书管理系统数据库中实体之间的联系。

（1）一名读者就是一个用户，所以读者实体与用户实体之间具有名为“包含”的一对一联系。

（2）一名管理员就是一个用户，所以管理员实体与用户实体之间具有名为“包含”的一对一联系。

（3）一名读者可以借阅多种图书，一种图书可以被多名读者借阅，所以读者实体与图书实体之间具有名为“借阅”的多对多联系，且该联系具有借出时间与归还时间属性。

步骤3 绘制图书管理系统数据库全局E-R图。

分析图书管理系统数据库的实体及联系，可以发现以下问题。

（1）读者实体与管理员实体中的部分属性存在异名同义的情况。

① 读者实体的系别属性与管理员实体的单位属性均指对应实体的管理部门，读者实体的系主任属性与管理员实体的单位主管属性均指对应实体的管理部门主管，所以可将系别和单位属性修改为部门属性，将系主任和单位主管属性修改为部门主管属性。

② 读者的学号就是读者作为用户登录系统时的登录名，所以将读者实体的学号属性修改为登录名；同理，将管理员实体的工号属性也修改为登录名。

（2）读者实体与管理员实体均与用户实体具有名为“包含”的联系，因此可将联系名分别修改为“包含1”与“包含2”。

解决冲突问题后，绘制图书管理系统数据库全局E-R图，如图9-2所示。

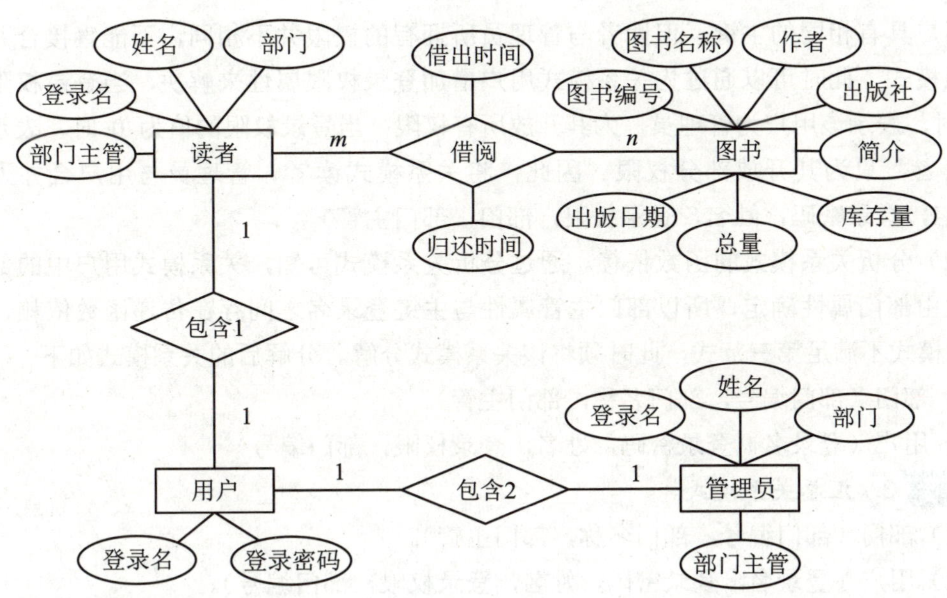


图 9-2 图书管理系统数据库全局 E-R 图

### 2. 逻辑结构设计

**步骤 1** 将图书管理系统数据库全局 E-R 图转换为关系模型。

（1）将实体转换为关系模式。

① 读者实体：读者（登录名，姓名，部门，部门主管）。

② 管理员实体：管理员（登录名，姓名，部门，部门主管）。

③ 用户实体：用户（登录名，登录密码）。

④ 图书实体：图书（图书编号，图书名称，作者，出版社，出版日期，简介，总量，库存量）。

（2）将实体之间的联系转换为关系模式。

① 读者与用户实体之间的“包含 1”联系无须转换为独立的关系模式，只需要与关系模式用户合并，由于关系模式用户中包含读者实体的主键且联系本身无属性，因此关系模式用户保持不变。

② 管理员与用户实体之间的“包含 2”联系无须转换为独立的关系模式，只需要与关系模式用户合并，由于关系模式用户中包含管理员实体的主键且联系本身无属性，因此关系模式用户保持不变。

③ 读者与图书实体之间的“借阅”联系转换为关系模式借阅，并在其中添加读者与图书实体的主键及联系本身的属性，即借阅（图书编号，登录名，借出时间，归还时间）。

**步骤 2** 规范化关系模式。

（1）合并具有相同主键的关系模式。通过分析关系模式可知，关系模式读者、管理员与用户具有相同的主键，但读者与管理员所拥有的权限并不相同，不能直接合并这两个关系模式，此时可以通过为关系模式用户增加登录权限属性来解决，当登录权限的值为 1 时，表示该用户为管理员，为其开放所有权限；当登录权限的值为 0 时，表示该用户为读者，只为其开放部分权限。因此，将关系模式读者、管理员与用户合并为用户（登录名，登录密码，姓名，登录权限，部门，部门主管）。

（2）分析关系模式的函数依赖。通过分析关系模式可知，关系模式用户中的部门主管属性由部门属性确定，所以部门主管属性与主键登录名之间存在传递函数依赖，因此该关系模式不满足第三范式，此时须将该关系模式分解。分解后的关系模式如下。

① 部门（部门编号，部门名称，部门主管）。

② 用户（登录名，登录密码，姓名，登录权限，部门编号）。

步骤 3 汇总关系模式。

（1）部门（部门编号，部门名称，部门主管）。

（2）用户（登录名，登录密码，姓名，登录权限，部门编号）。

（3）图书（图书编号，图书名称，作者，出版社，出版日期，简介，总量，库存量）。

（4）借阅（图书编号，登录名，借出时间，归还时间）。

### 3．物理结构设计

根据关系模式确定数据表的结构，具体内容如表 9-1～表 9-4 所示。

表 9-1　dept（部门表）的结构

| 属性名 | 数据类型 | 约束 |
|---|---|---|
| did（部门序号） | INT | 自增，主键 |
| dname（部门名称） | VARCHAR(20) | 不为空 |
| manager（部门主管） | VARCHAR(20) | 不为空 |

表 9-2　users（用户表）的结构

| 属性名 | 数据类型 | 约束 |
|---|---|---|
| uid（用户序号） | INT | 自增，主键 |
| uname（登录名） | VARCHAR(20) | 不为空 |
| pwd（登录密码） | VARCHAR(20) | 不为空 |
| realname（姓名） | VARCHAR(20) | 不为空 |
| role（登录权限） | CHAR(2) | 不为空 |
| did（部门序号） | INT | 外键，不为空 |

表 9-3　book（图书表）的结构

| 属性名 | 数据类型 | 约束 |
| --- | --- | --- |
| bid（图书序号） | INT | 自增，主键 |
| bno（图书编号） | VARCHAR(20) | 不为空 |
| title（图书名称） | VARCHAR(40) | 不为空 |
| author（作者） | VARCHAR(40) | 不为空 |
| publish（出版社） | VARCHAR(40) | 不为空 |
| pdate（出版日期） | DATE | 不为空 |
| tips（简介） | VARCHAR(200) | 无约束 |
| gross（总量） | INT | 值域大于或等于 0 |
| inventory（库存量） | INT | 值域大于或等于 0 |

表 9-4　borrow（借阅表）的结构

| 属性名 | 数据类型 | 约束 |
| --- | --- | --- |
| boid（借阅序号） | INT | 自增，主键 |
| bid（图书序号） | INT | 外键，不为空 |
| uid（用户序号） | INT | 外键，不为空 |
| borrowdate（借出时间） | VARCHAR(50) | 不为空 |
| returndate（归还时间） | VARCHAR(50) | 无约束 |
| returnflag（还书标识） | CHAR(1) | 不为空，取值为 T 或 F |

其中，出于应用程序编码方面的考虑，为数据表 users、book 和 borrow 添加了自增属性作为主键；为数据表 dept 的属性 did 添加自增约束并统一注释为“部门序号”；将数据表 borrow 的属性 borrowdate 和 returndate 的数据类型设置为 VARCHAR(50)；添加属性 returnflag，用于表示图书是否归还，当取值为 T 时，表示图书已归还，当取值为 F 时，表示图书未归还。

**提示**

在向数据表中插入数据时，如果希望每条记录都有自动生成的序号，则可以为数据表添加自增属性。自增属性是指添加了自增约束的属性。添加自增约束的关键字为 AUTO_INCREMENT，具体添加方法与添加主键约束的方法类似。此外，一张数据表中仅能有一个自增属性，且自增属性必须使用 INT 类型并具有索引，其默认值为 1，每次向数据表中添加一条记录时，该属性的值会自动增加 1。

4. 数据库实施

启动 Navicat 并创建 lms 连接，打开查询界面输入以下语句并执行，创建图书管理系统数据库 manage_book 及数据表 dept、users、book 和 borrow，语句如下。

```
CREATE DATABASE manage_book;
USE manage_book;
CREATE TABLE dept(                    -- 先创建数据表 dept，以便设置外键
did INT AUTO_INCREMENT PRIMARY KEY,
dname VARCHAR(20) NOT NULL,
manager VARCHAR(20) NOT NULL
);
CREATE TABLE users(                   -- 创建数据表 users
uid INT AUTO_INCREMENT PRIMARY KEY,
uname VARCHAR(20) NOT NULL,
pwd VARCHAR(20) NOT NULL,
realname VARCHAR(20) NOT NULL,
role CHAR(2) NOT NULL,
did INT NOT NULL,
FOREIGN KEY(did) REFERENCES dept(did)
);
CREATE TABLE book(                    -- 创建数据表 book
bid INT AUTO_INCREMENT PRIMARY KEY,
bno VARCHAR(20) NOT NULL,
title VARCHAR(40) NOT NULL,
author VARCHAR(40) NOT NULL,
publish VARCHAR(40) NOT NULL,
pdate DATE NOT NULL,
tips VARCHAR(200),
gross INT NOT NULL,
inventory INT NOT NULL,
CHECK(gross>=0),
CHECK(inventory>=0)
);
CREATE TABLE borrow(                  -- 创建数据表 borrow
boid INT AUTO_INCREMENT PRIMARY KEY,
bid INT NOT NULL,
```

```
uid INT NOT NULL,
borrowdate VARCHAR(50) NOT NULL,
returndate VARCHAR(50),
returnflag CHAR(1) NOT NULL,
FOREIGN KEY(bid) REFERENCES book(bid),
FOREIGN KEY(uid) REFERENCES users(uid),
CHECK(returnflag='T' OR returnflag='F')
);
```

## 任务 9.4　图书管理系统数据库访问接口实现

### 任务描述

图书管理系统使用的开发语言为 Java 语言，使用的数据库为 MySQL。本任务将使用 Java 数据库连接技术 JDBC（Java database connectivity）实现 Java 应用程序与 MySQL 的连接。

### 任务实施

步骤 1　下载 MySQL 的 JDBC 驱动程序。

访问 MySQL 官方网站并下载相应版本的 JDBC 驱动程序，然后将其添加到 Java 开发工具的相应文件目录中（根据实际情况配置环境变量）。

步骤 2　编写连接 MySQL 的方法，代码如下。

```
public class GetConnection{
    //声明一个空连接
    private static Connection conn=null;
    private static String
addr="jdbc:mysql://localhost:3306/manage_book?useSSL=false&serve
rTimezone=UTC";                                        //地址
    private static String uName="root";                //用户名
    private static String psd="Password01";            //密码
    public static Connection getconnection(){
        try{
            if(conn==null){
```

```
            //加载 JDBC 驱动并建立连接
            Class.forName("com.mysql.cj.jdbc.Driver");
            conn=DriverManager.getConnection(addr,uName,psd);
        }
      }
      catch(Exception e){
         e.printStackTrace();
      }
      return conn;
   }
}
```

# 任务 9.5 图书管理系统功能实现

## 任务描述

在应用程序与 MySQL 建立连接之后，就可以编写代码实现图书管理系统的功能了。本任务将实现图书管理系统的图书信息管理功能。

## 任务实施

步骤 1 实现增加图书信息功能。编写向图书管理系统数据库 manage_book 的数据表 book 中插入数据的方法，代码如下。

```
  public class DynamicBookInsert{
     public static void main(String[] args){
        String
url="jdbc:mysql://localhost:3306/manage_book?useSSL=false&server
Timezone=UTC";
        String user="root";
        String password="Password01";
        Scanner scanner=new Scanner(System.in);
        System.out.print("请输入图书编号: ");
        String bno=scanner.nextLine();
        System.out.print("请输入图书名称: ");
```

```
        String title=scanner.nextLine();
        System.out.print("请输入作者: ");
        String author=scanner.nextLine();
        System.out.print("请输入出版社: ");
        String publish=scanner.nextLine();
        System.out.print("请输入出版日期(yyyy-MM-dd格式): ");
        String pdateStr=scanner.nextLine();
        java.sql.Date pdate=java.sql.Date.valueOf(pdateStr);
        System.out.print("请输入简介: ");
        String tips=scanner.nextLine();
        System.out.print("请输入总量: ");
        int gross=scanner.nextInt();
        System.out.print("请输入库存量: ");
        int inventory=scanner.nextInt();
        try(Connection
conn=DriverManager.getConnection(url,user,password)){
            //增加图书信息
            String sql="INSERT INTO
book(bno,title,author,publish,pdate,tips,gross,inventory)"+"VALU
ES(?,?,?,?,?,?,?,?)";
            PreparedStatement stmt=conn.prepareStatement(sql);
            stmt.setString(1,bno);
            stmt.setString(2,title);
            stmt.setString(3,author);
            stmt.setString(4,publish);
            stmt.setDate(5,pdate);
            stmt.setString(6,tips);
            stmt.setInt(7,gross);
            stmt.setInt(8,inventory);
            int rowsAffected=stmt.executeUpdate();
            if (rowsAffected>0){
              System.out.println("成功插入"+rowsAffected+"行数据。");
            }else{
               System.out.println("插入数据失败。");
            }
```

```
        }catch(SQLException e){
            e.printStackTrace();
        }
    }
}
```

步骤 2 实现修改图书信息功能。编写修改图书管理系统数据库 manage_book 的数据表 book 中的数据的方法，代码如下。

```
public class DynamicBookUpdate{
    public static void main(String[] args){
    String
url="jdbc:mysql://localhost:3306/manage_book?useSSL=false&server
Timezone=UTC";
    String user="root";
    String password="Password01";
    Scanner scanner=new Scanner(System.in);
    System.out.print("请输入要修改图书的图书编号: ");
    String bno=scanner.nextLine();
    Scanner.nextLine();
    System.out.print("请输入新的图书名称: ");
    String title=scanner.nextLine();
    System.out.print("请输入新的作者: ");
    String author=scanner.nextLine();
    System.out.print("请输入新的出版社: ");
    String publish=scanner.nextLine();
    System.out.print("请输入新的出版日期（yyyy-MM-dd 格式）: ");
    String pdateStr=scanner.nextLine();
    java.sql.Date pdate=java.sql.Date.valueOf(pdateStr);
    System.out.print("请输入新的简介: ");
    String tips=scanner.nextLine();
    System.out.print("请输入新的总量: ");
    int gross=scanner.nextInt();
    System.out.print("请输入新的库存量: ");
    int inventory=scanner.nextInt();
    try(Connection
conn=DriverManager.getConnection(url,user,password)){
```

```
        //修改图书信息
        String sql="UPDATE book SET
title=?,author=?,publish=?,pdate=?,tips=?,gross=?,inventory=?
WHERE bno=?";
        PreparedStatement stmt=conn.prepareStatement(sql);
        stmt.setString(1,title);
        stmt.setString(2,author);
        stmt.setString(3,publish);
        stmt.setDate(4,pdate);
        stmt.setString(5,tips);
        stmt.setInt(6,gross);
        stmt.setInt(7,inventory);
        stmt.setString(8,bno);
        int rowsAffected=stmt.executeUpdate();
        if (rowsAffected>0){
          System.out.println("成功修改"+rowsAffected+"行数据。");
          }else{
              System.out.println("未找到匹配的图书，修改失败。");
          }
        }catch(SQLException e){
          e.printStackTrace();
        }
     }
  }
```

步骤 3 实现查询图书信息功能。编写查询图书管理系统数据库 manage_book 的数据表 book 中的数据的方法，代码如下。

```
   public class DynamicBookQuery{
      public static void main(String[] args){
        String
url="jdbc:mysql://localhost:3306/manage_book?useSSL=false&server
Timezone=UTC";
        String user="root";
        String password="Password01";
        try (Connection
conn=DriverManager.getConnection(url,user,password)){
```

```
            //查询图书信息
            String sql="SELECT * FROM book";
            try (PreparedStatement stmt=conn.prepareStatement(sql)){
                try (ResultSet rs=stmt.executeQuery()){
                    while (rs.next()){
                        int bid=rs.getInt("bid");
                        String bno=rs.getString("bno");
                        String title=rs.getString("title");
                        String author=rs.getString("author");
                        String publish=rs.getString("publish");
                        java.sql.Date pdate=rs.getDate("pdate");
                        String tips=rs.getString("tips");
                        int gross=rs.getInt("gross");
                        int inventory=rs.getInt("inventory");
                        System.out.println("图书序号："+bid);
                        System.out.println("图书编号："+bno);
                        System.out.println("图书名称："+title);
                        System.out.println("作者："+author);
                        System.out.println("出版社："+publish);
                        System.out.println("出版日期："+pdate);
                        System.out.println("简介："+tips);
                        System.out.println("总量："+gross);
                        System.out.println("库存量："+inventory);
                    }
                }
            }
        }catch (SQLException e){
            e.printStackTrace();
        }
    }
}
```

步骤 4 实现删除图书信息功能。编写删除图书管理系统数据库 manage_book 的数据表 book 中的数据的方法，代码如下。

```
public class DynamicBookDelete{
    public static void main(String[] args){
```

```
        String
url="jdbc:mysql://localhost:3306/manage_book?useSSL=false&server
Timezone=UTC";
        String user="root";
        String password="Password01";
        Scanner scanner=new Scanner(System.in);
        System.out.print("请输入要删除图书的图书编号：");
        String bno=scanner.nextLine();
        try (Connection
conn=DriverManager.getConnection(url,user,password)){
            //删除图书信息
            String sql="DELETE FROM book WHERE bno=?";
            PreparedStatement stmt=conn.prepareStatement(sql);
            stmt.setString(1,bno);
            int rowsAffected=stmt.executeUpdate();
            if (rowsAffected>0){
               System.out.println("成功删除"+rowsAffected+"行数据。");
            }else{
                System.out.println("未找到匹配的图书，删除失败。");
            }
        }catch(SQLException e){
            e.printStackTrace();
        }
    }
}
```

# 项目评价

请学生结合本项目的学习情况，对学习成果进行自评，请教师进行师评和总评，并将评价结果填入表 9-5 中。

表 9-5　学习成果评价表

<table>
<tr><th rowspan="2">评价项目</th><th rowspan="2" colspan="2">评价内容</th><th rowspan="2">分值</th><th colspan="2">评价得分</th></tr>
<tr><th>自评</th><th>师评</th></tr>
<tr><td rowspan="4">技术能力</td><td colspan="2">对应用程序进行需求分析</td><td>10</td><td></td><td></td></tr>
<tr><td colspan="2">对应用程序进行模块设计</td><td>20</td><td></td><td></td></tr>
<tr><td colspan="2">对应用程序进行数据库设计与实施</td><td>40</td><td></td><td></td></tr>
<tr><td colspan="2">实现应用程序与数据库的连接及应用程序的相关功能</td><td>20</td><td></td><td></td></tr>
<tr><td>总评</td><td colspan="2">综合素质、综合技能、操作规范性</td><td>10</td><td></td><td></td></tr>
<tr><td rowspan="3">信息汇总</td><td>班级</td><td colspan="2"></td><td>学生签字</td><td></td></tr>
<tr><td>教师签字</td><td colspan="2"></td><td>日期</td><td></td></tr>
<tr><td>最终评分</td><td colspan="4">自评（70%）+师评（30%）=______________</td></tr>
</table>

下面对各评价项目进行说明。

（1）技术能力：评估学生在数据库系统应用开发方面的操作技能等。

（2）总评：根据学生的综合素质、综合技能和操作规范性进行整体评价。

# 附　录

## 附录 A1　茶叶在线销售系统数据库物理模型图

茶叶在线销售系统数据库物理模型图如图 A1-1 所示。

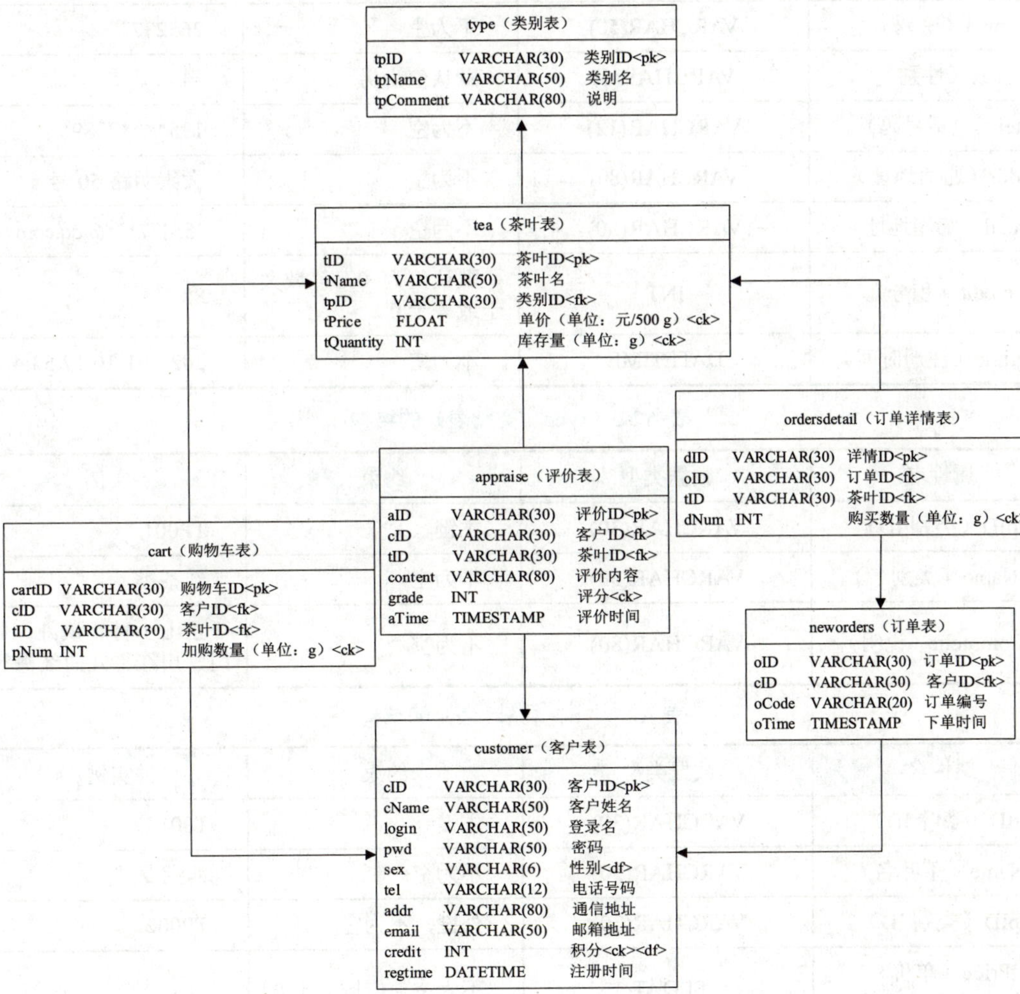

**type（类别表）**

| | | |
|---|---|---|
| tpID | VARCHAR(30) | 类别ID<pk> |
| tpName | VARCHAR(50) | 类别名 |
| tpComment | VARCHAR(80) | 说明 |

**tea（茶叶表）**

| | | |
|---|---|---|
| tID | VARCHAR(30) | 茶叶ID<pk> |
| tName | VARCHAR(50) | 茶叶名 |
| tpID | VARCHAR(30) | 类别ID<fk> |
| tPrice | FLOAT | 单价（单位：元/500 g）<ck> |
| tQuantity | INT | 库存量（单位：g）<ck> |

**ordersdetail（订单详情表）**

| | | |
|---|---|---|
| dID | VARCHAR(30) | 详情ID<pk> |
| oID | VARCHAR(30) | 订单ID<fk> |
| tID | VARCHAR(30) | 茶叶ID<fk> |
| dNum | INT | 购买数量（单位：g）<ck> |

**appraise（评价表）**

| | | |
|---|---|---|
| aID | VARCHAR(30) | 评价ID<pk> |
| cID | VARCHAR(30) | 客户ID<fk> |
| tID | VARCHAR(30) | 茶叶ID<fk> |
| content | VARCHAR(80) | 评价内容 |
| grade | INT | 评分<ck> |
| aTime | TIMESTAMP | 评价时间 |

**cart（购物车表）**

| | | |
|---|---|---|
| cartID | VARCHAR(30) | 购物车ID<pk> |
| cID | VARCHAR(30) | 客户ID<fk> |
| tID | VARCHAR(30) | 茶叶ID<fk> |
| pNum | INT | 加购数量（单位：g）<ck> |

**neworders（订单表）**

| | | |
|---|---|---|
| oID | VARCHAR(30) | 订单ID<pk> |
| cID | VARCHAR(30) | 客户ID<fk> |
| oCode | VARCHAR(20) | 订单编号 |
| oTime | TIMESTAMP | 下单时间 |

**customer（客户表）**

| | | |
|---|---|---|
| cID | VARCHAR(30) | 客户ID<pk> |
| cName | VARCHAR(50) | 客户姓名 |
| login | VARCHAR(50) | 登录名 |
| pwd | VARCHAR(50) | 密码 |
| sex | VARCHAR(6) | 性别<df> |
| tel | VARCHAR(12) | 电话号码 |
| addr | VARCHAR(80) | 通信地址 |
| email | VARCHAR(50) | 邮箱地址 |
| credit | INT | 积分<ck><df> |
| regtime | DATETIME | 注册时间 |

图 A1-1　茶叶在线销售系统数据库物理模型图

# 附录 A2 茶叶在线销售系统数据库的数据表结构

茶叶在线销售系统数据库（tea_system）的数据表结构如表 A2-1～表 A2-7 所示。

表 A2-1 customer（客户表）的结构

| 属性名 | 数据类型 | 约束 | 实例 |
| --- | --- | --- | --- |
| cID（客户 ID） | VARCHAR(30) | 主键 | U001 |
| cName（客户姓名） | VARCHAR(50) | 不为空 | 刘明 |
| login（登录名） | VARCHAR(50) | 不为空 | liuming |
| pwd（密码） | VARCHAR(50) | 不为空 | 265237 |
| sex（性别） | VARCHAR(6) | 默认值为男 | 男 |
| tel（电话号码） | VARCHAR(12) | 不为空 | 135****7089 |
| addr（通信地址） | VARCHAR(80) | 不为空 | 大崇明路 50 号 |
| email（邮箱地址） | VARCHAR(50) | 不为空 | 355477***@qq.com |
| credit（积分） | INT | 默认值为 0，值域大于或等于 0 | 88 |
| regtime（注册时间） | DATETIME | 不为空 | 2022-01-10 17:53:42 |

表 A2-2 type（类别表）的结构

| 属性名 | 数据类型 | 约束 | 实例 |
| --- | --- | --- | --- |
| tpID（类别 ID） | VARCHAR(30) | 主键 | TP001 |
| tpName（类别名） | VARCHAR(50) | 不为空 | 红茶类 |
| tpComment（说明） | VARCHAR(80) | 不为空 | 正山小种、滇红、祁门、川红、九曲红梅等 |

表 A2-3 tea（茶叶表）的结构

| 属性名 | 数据类型 | 约束 | 实例 |
| --- | --- | --- | --- |
| tID（茶叶 ID） | VARCHAR(30) | 主键 | T001 |
| tName（茶叶名） | VARCHAR(50) | 不为空 | 西湖龙井 |
| tpID（类别 ID） | VARCHAR(30) | 外键，不为空 | TP002 |
| tPrice（单价）（单位：元/500 g） | FLOAT | 不为空，值域大于 0 | 716 |
| tQuantity（库存量）（单位：g） | INT | 不为空，值域大于或等于 0 | 5022 |

表 A2-4 cart（购物车表）的结构

| 属性名 | 数据类型 | 约束 | 实例 |
|---|---|---|---|
| cartID（购物车 ID） | VARCHAR(30) | 主键 | G001 |
| cID（客户 ID） | VARCHAR(30) | 外键，不为空 | U006 |
| tID（茶叶 ID） | VARCHAR(30) | 外键，不为空 | T004 |
| pNum（加购数量）（单位：g） | INT | 不为空，值域大于 0 | 250 |

表 A2-5 neworders（订单表）的结构

| 属性名 | 数据类型 | 约束 | 实例 |
|---|---|---|---|
| oID（订单 ID） | VARCHAR(30) | 主键 | D001 |
| cID（客户 ID） | VARCHAR(30) | 外键，不为空 | U006 |
| oCode（订单编号） | VARCHAR(20) | 不为空 | 20220306152356139 |
| oTime（下单时间） | TIMESTAMP | 不为空 | 2022-03-06 15:23:56 |

表 A2-6 ordersdetail（订单详情表）的结构

| 属性名 | 数据类型 | 约束 | 实例 |
|---|---|---|---|
| dID（详情 ID） | VARCHAR(30) | 主键 | X001 |
| oID（订单 ID） | VARCHAR(30) | 外键，不为空 | D001 |
| tID（茶叶 ID） | VARCHAR(30) | 外键，不为空 | T004 |
| dNum（购买数量）（单位：g） | INT | 不为空，值域大于 0 | 250 |

表 A2-7 appraise（评价表）的结构

| 属性名 | 数据类型 | 约束 | 实例 |
|---|---|---|---|
| aID（评价 ID） | VARCHAR(30) | 主键 | A001 |
| cID（客户 ID） | VARCHAR(30) | 外键，不为空 | U006 |
| tID（茶叶 ID） | VARCHAR(30) | 外键，不为空 | T004 |
| content（评价内容） | VARCHAR(80) | 不为空 | 茶汤清亮，茶汁香浓，如兰在舌，沁人心脾，芬芳甘洌，清香怡人，好评 |
| grade（评分） | INT | 不为空，值域大于或等于 0 且小于或等于 5 | 5 |
| aTime（评价时间） | TIMESTAMP | 不为空 | 2022-03-16 11:20:06 |

# 附录 B1 学生选课系统数据库物理模型图

学生选课系统数据库物理模型图如图 B1-1 所示。

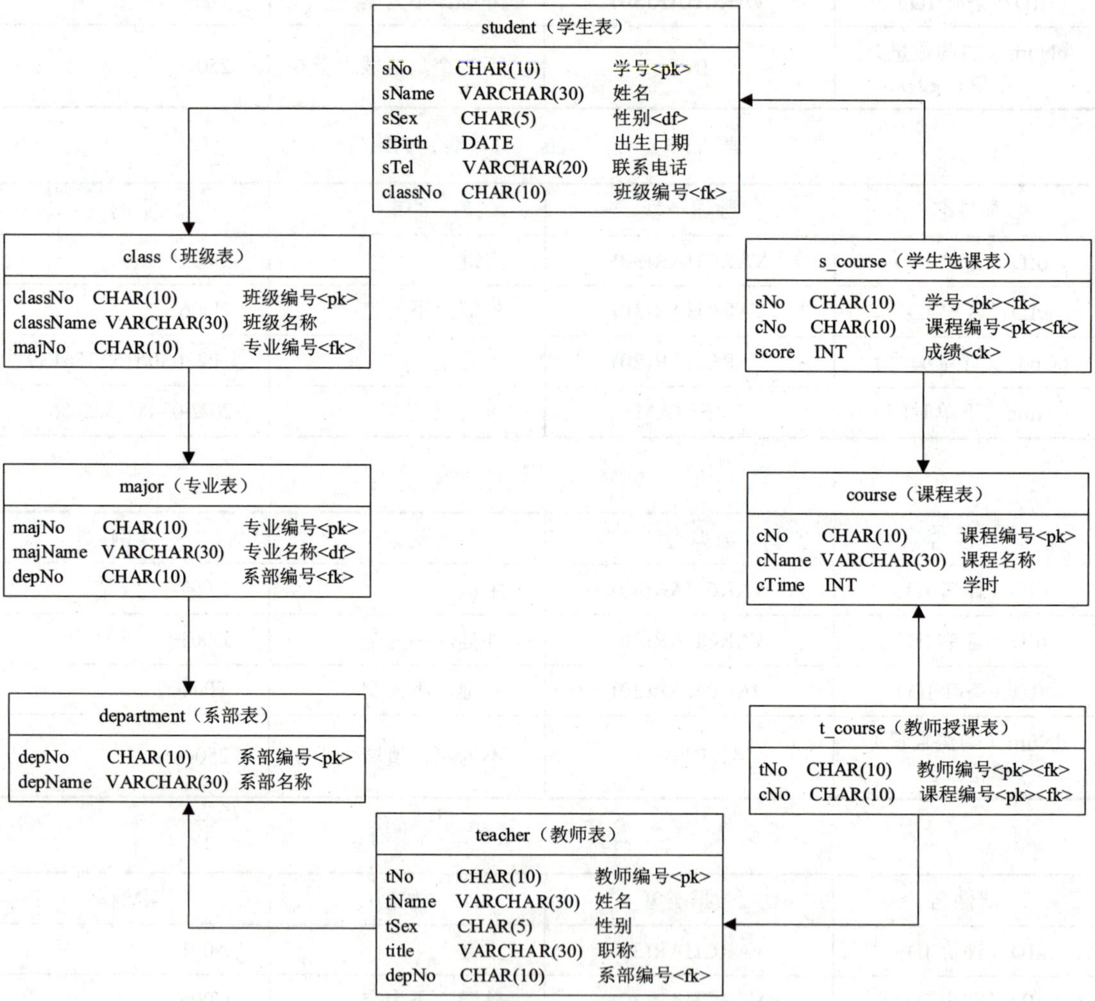

| student（学生表） | | |
|---|---|---|
| sNo | CHAR(10) | 学号<pk> |
| sName | VARCHAR(30) | 姓名 |
| sSex | CHAR(5) | 性别<df> |
| sBirth | DATE | 出生日期 |
| sTel | VARCHAR(20) | 联系电话 |
| classNo | CHAR(10) | 班级编号<fk> |

| class（班级表） | | |
|---|---|---|
| classNo | CHAR(10) | 班级编号<pk> |
| className | VARCHAR(30) | 班级名称 |
| majNo | CHAR(10) | 专业编号<fk> |

| s_course（学生选课表） | | |
|---|---|---|
| sNo | CHAR(10) | 学号<pk><fk> |
| cNo | CHAR(10) | 课程编号<pk><fk> |
| score | INT | 成绩<ck> |

| major（专业表） | | |
|---|---|---|
| majNo | CHAR(10) | 专业编号<pk> |
| majName | VARCHAR(30) | 专业名称<df> |
| depNo | CHAR(10) | 系部编号<fk> |

| course（课程表） | | |
|---|---|---|
| cNo | CHAR(10) | 课程编号<pk> |
| cName | VARCHAR(30) | 课程名称 |
| cTime | INT | 学时 |

| department（系部表） | | |
|---|---|---|
| depNo | CHAR(10) | 系部编号<pk> |
| depName | VARCHAR(30) | 系部名称 |

| t_course（教师授课表） | | |
|---|---|---|
| tNo | CHAR(10) | 教师编号<pk><fk> |
| cNo | CHAR(10) | 课程编号<pk><fk> |

| teacher（教师表） | | |
|---|---|---|
| tNo | CHAR(10) | 教师编号<pk> |
| tName | VARCHAR(30) | 姓名 |
| tSex | CHAR(5) | 性别 |
| title | VARCHAR(30) | 职称 |
| depNo | CHAR(10) | 系部编号<fk> |

图 B1-1 学生选课系统数据库物理模型图

# 附录 B2 学生选课系统数据库的数据表结构

学生选课系统数据库（stud_sys）的数据表结构如表 B2-1～表 B2-8 所示。

表 B2-1 course（课程表）的结构

| 属性名 | 数据类型 | 约束 | 实例 |
| --- | --- | --- | --- |
| cNo（课程编号） | CHAR(10) | 主键 | CN001 |
| cName（课程名称） | VARCHAR(30) | 不为空 | 数据库开发技术 |
| cTime（学时） | INT | 不为空 | 96 |

表 B2-2 department（系部表）的结构

| 属性名 | 数据类型 | 约束 | 实例 |
| --- | --- | --- | --- |
| depNo（系部编号） | CHAR(10) | 主键 | D001 |
| depName（系部名称） | VARCHAR(30) | 不为空 | 电子与信息工程学院 |

表 B2-3 major（专业表）的结构

| 属性名 | 数据类型 | 约束 | 实例 |
| --- | --- | --- | --- |
| majNo（专业编号） | CHAR(10) | 主键 | M001 |
| majName（专业名称） | VARCHAR(30) | 默认值为计算机应用技术 | 计算机软件技术 |
| depNo（系部编号） | CHAR(10) | 外键，不为空 | D001 |

表 B2-4 class（班级表）的结构

| 属性名 | 数据类型 | 约束 | 实例 |
| --- | --- | --- | --- |
| classNo（班级编号） | CHAR(10) | 主键 | C2022011 |
| className（班级名称） | VARCHAR(30) | 不为空 | 软件技术 1 班 |
| majNo（专业编号） | CHAR(10) | 外键，不为空 | M001 |

表 B2-5 student（学生表）的结构

| 属性名 | 数据类型 | 约束 | 实例 |
| --- | --- | --- | --- |
| sNo（学号） | CHAR(10) | 主键 | S202201 |
| sName（姓名） | VARCHAR(30) | 不为空 | 王朔 |
| sSex（性别） | CHAR(5) | 默认值为男 | 男 |

（续表）

| 属性名 | 数据类型 | 约束 | 实例 |
|---|---|---|---|
| sBirth（出生日期） | DATE | 不为空 | 2003-07-01 |
| sTel（联系电话） | VARCHAR(20) | 无约束 | 181****0900 |
| classNo（班级编号） | CHAR(10) | 外键，不为空 | C2022031 |

表 B2-6　s_course（学生选课表）的结构

| 属性名 | 数据类型 | 约束 | 实例 |
|---|---|---|---|
| sNo（学号） | CHAR(10) | 与 cNo 组合为主键，不为空，外键 | S202201 |
| cNo（课程编号） | CHAR(10) | 与 sNo 组合为主键，不为空，外键 | CN001 |
| score（成绩） | INT | 不为空，值域大于或等于 0 且小于或等于 100 | 89 |

表 B2-7　teacher（教师表）的结构

| 属性名 | 数据类型 | 约束 | 实例 |
|---|---|---|---|
| tNo（教师编号） | CHAR(10) | 主键 | T12022001 |
| tName（姓名） | VARCHAR(30) | 不为空 | 赵思宇 |
| tSex（性别） | CHAR(5) | 不为空 | 男 |
| title（职称） | VARCHAR(30) | 不为空 | 教授 |
| depNo（系部编号） | CHAR(10) | 外键，不为空 | D001 |

表 B2-8　t_course（教师授课表）的结构

| 属性名 | 数据类型 | 约束 | 实例 |
|---|---|---|---|
| tNo（教师编号） | CHAR(10) | 与 cNo 组合为主键，外键，不为空 | T12022001 |
| cNo（课程编号） | CHAR(10) | 与 cNo 组合为主键，外键，不为空 | CN001 |

# 参考文献

[1] 林子雨. 数据库系统原理：微课版［M］. 北京：人民邮电出版社，2024.

[2] 万常选，廖国琼，吴京慧，等. 数据库系统原理与设计［M］. 第 4 版. 北京：清华大学出版社，2024.

[3] 李锡辉，王敏. MySQL 数据库技术与项目应用教程：微课版［M］. 第 2 版. 北京：人民邮电出版社，2022.

[4] 王臻. MySQL 网络数据库［M］. 上海：上海交通大学出版社，2021.

[5] 耿祥义，张跃平. Java 2 实用教程：题库+微课视频版［M］. 第 6 版. 北京：清华大学出版社，2021.